重大生态工程生态技术评估

刘孝盈　朱毕生　齐实　陈月红 等　著

中国水利水电出版社
www.waterpub.com.cn
·北京·

内 容 提 要

本书在"十三五"国家重点研发计划课题"近年来国家重大生态工程关键技术评估"（2016YFC0503704）研究等成果的基础上凝练总结而成。全书采用文献检索、资料分析、模型与平台构建计算和理论分析等多种研究手段，建立了京津风沙源、黄河上中游、南方石漠化以及水利和交通行业工程的生态技术清单和参数库，在评估筛选的基础上形成了关键技术清单和生态技术群与单项生态技术，构建了针对重大生态工程的生态技术定量评价指标体系与筛选评价系统，开展了三大国家重大生态工程和两大行业的生态技术的适应性评估，为国内和"一带一路"沿线国家生态技术评估提供了可行解决方案和科学依据。

本书可供从事水土保持、水利、交通、生态等行业研究、规划、设计和管理的科技人员及高等院校有关专业的师生参考。

图书在版编目（CIP）数据

重大生态工程生态技术评估 / 刘孝盈等著. -- 北京：
中国水利水电出版社，2022.11
ISBN 978-7-5226-1006-1

Ⅰ．①重… Ⅱ．①刘… Ⅲ．①生态工程－生态效应－评估－中国 Ⅳ．①X171.4

中国版本图书馆CIP数据核字（2022）第170291号

书　　名	重大生态工程生态技术评估 ZHONGDA SHENGTAI GONGCHENG SHENGTAI JISHU PINGGU
作　　者	刘孝盈　朱毕生　齐　实　陈月红　等　著
出版发行	中国水利水电出版社 （北京市海淀区玉渊潭南路 1 号 D 座　100038） 网址：www.waterpub.com.cn E - mail：sales@mwr.gov.cn 电话：（010）68545888（营销中心）
经　　售	北京科水图书销售有限公司 电话：（010）68545874、63202643 全国各地新华书店和相关出版物销售网点
排　　版	中国水利水电出版社微机排版中心
印　　刷	天津嘉恒印务有限公司
规　　格	184mm×260mm　16 开本　15.25 印张　371 千字
版　　次	2022 年 11 月第 1 版　2022 年 11 月第 1 次印刷
印　　数	0001—1000 册
定　　价	**88.00 元**

　　本书立足我国四大典型土壤流失区以及水利交通行业的关键技术评估，通过分析国家水土流失分布格局和水土保持技术需求，详细阐述了不同区域水土保持技术的产生、发展和演变特征，构建了不同流失区水土保持技术评价方法和指标体系，为我国几十年水土保持工作的客观评价提供了实用的参考价值，本书为科技工作者提供了新思路，期待助推水土保持和环境保护事业的快速发展。

　　日益增强的人类活动导致全球60％的生态系统处于退化或者不可持续状态，荒漠化、水土流失、石漠化等退化土地已经至少占全球土地面积的四分之一。中国是生态退化最为严重的国家之一，荒漠化、水土流失、石漠化、森林生态系统退化等问题突出，占我国国土面积的22％左右，威胁着生态系统功能和人类生计。针对这些问题，我国于20世纪50年代起实施生态保护工程，同时对西北干旱区生态恢复、黄土高原水土流失综合治理、南方喀斯特区石漠化生态恢复等技术开展了机理与示范研究，形成了多种生态治理模式和修复技术。自第十个五年计划开始，已研发面向不同类型的生态综合整治关键技术214项，集成综合治理模式64项，集成了生态恢复技术体系100多项，并开始了对生态治理最佳案例的梳理。

　　然而，长期以来，生态技术研究工作缺乏实施效果评价、忽视生态技术应用、忽略生态技术地域和经济适宜性，缺乏科学合理的指标体系和方法模型，对生态技术及其组合予以评价、优选和推荐，在很大程度上影响着生态治理的效果。以生物方法为主的生态技术在生态退化治理中具有重要作用，因此，摸清生态技术需求，理清生态技术家底，推介优良生态技术，引入国外先进技术并对国外生态治理提供关键技术服务，将有力支撑我国和全球生态治理，有助于促进实现"一带一路"提出的"共建绿色丝绸之路、形成我国国际竞争新优势"愿景。

　　本书从生态治理技术评价依据、评价原则、评价思路和评价过程4个方面分析了评价工作所面临的问题，初步形成了生态技术的评价理论。首次提出了应从时间维度、空间维度和技术维度三个维度评价生态技术。综合比较多种评价方法，根据研究区相关资料和基础数据获取情况，选用典型相关分析法、层次分析法、模糊综合评价法、TOPSIS 法与熵权法和粗糙集法，对我国生态治理技术使用效果进行了分区域分问题评价，梳理了我国北方土石山区、京津风沙源区、南方石漠化区、黄土高原区、水利交通行业主要的生态治理技术，对不同区域常见的生态治理技术进行综合评价，为未来生态治理工程选择生态治理技术提供依据。

本书还对水利和交通行业中的重大生态治理工程及所涉及的关键生态治理技术进行了全面梳理，通过文献检索和实地调研，识别出了水利交通行业中重大生态治理工程和关键生态技术。根据关键生态治理技术识别的结果，选取层次分析法、模糊聚类法和专家打分法等对关键生态治理技术效果进行了分析，提炼了相应的评价指标，建立了生态技术评价数据集，最终选择适合的评估方法建立了水利交通行业重大生态治理工程中关键生态治理技术的指标评价体系，并对水利行业重大生态治理工程中关键生态治理技术进行了全面综合评价，可为水利行业生态建设的可持续发展和生态治理技术的推广应用提供有效的技术支持。

本书还构建了我国重大生态工程技术评价筛选系统平台，系统平台主要实现了三个方面的功能。

（1）实现了生态技术的精准筛选检索。首页查询检索功能，通过不同条件如脆弱区、技术类型、治理目的、环境要素、行政区等要素进行筛选检索，通过限制条件获得适宜的生态技术列表。

（2）提供了生态技术录入提交及自测打分依据和平台。用户可对新兴、效益良好、性价比优良的技术进行补充提交，按照系统技术参数和技术详情格式，对技术资料进行填充，并将相关材料作为附件进行上传提交。管理员在后台对收集用户上传的技术资料，进行审核、编辑、校正和发布。对未在数据库中的某种生态技术实际情况进行点选，根据各指标权重，通过系统内部置入计算公式，可以计算出该项生态技术的定量评价分值。

（3）实现了检索热点分析与意见收集功能。系统定期对用户的搜索、查看内容、查看次数进行记录分析统计，了解用户关注的脆弱区类型、治理目的、技术类型等要素，为后续技术库的填充丰富提供参考依据。系统集合了科普宣传、技术检索、技术评价、技术上传、意见反馈等功能。该平台将为广大生态行业工作人员和科研人员提供一个科学有效的生态技术评价筛选平台，为我国未来生态工程治理选择适当的生态技术提供依据。

余新晓

北京林业大学教授

2022 年 10 月

时光荏苒，白驹过隙。眨眼间，我们已从"十三五"国家重点研发计划之始进入到了尾声。犹记 2016 年年中在陕西西安神仙的圆桌会议上，来自中国科学院水利部水土保持研究所、中国科学院地理与环境研究所的谢高地研究员、水利部水土保持监测中心的张长印正高级工程师和中国水利水电科学研究院的宁堆虎正高级工程师以及本人和诸多受邀专家学者（恕不一一赘述）晚上八点齐聚一堂，海阔天空自由翱翔畅想着共同合作申请国家"十三五"重大研发项目中的"生态技术评价方法、指标体系及全球生态治理技术评价"方向，谋划了项目申报书有关内容、项目负责人和课题负责人人选，当时情形依然历历在目，策划有关人员担任项目负责人和课题负责人及项目申报书有关内容等，至晚各自才散去。此后，实际落实了项目负责人由中国科学院地理与环境研究所的甄霖研究员担任，下辖六个课题，课题负责人分别由甄霖、王继军、姜志德、刘孝盈、张长印和马建霞分别担任。

作为第四课题负责人，我负责主持完成"近年来我国重大生态工程关键技术评估"的课题研究。在这六年时间内，我与团队成员们魂绕梦牵、苦心孤诣、殚精竭虑，大家为国效力，不计酬劳，无论节假日、不分昼夜，只要身体和头脑允许，始终奋力开展研究。一分辛劳，一分收获，一分耕耘，一分喜悦，最终向上级部门圆满地提交研究成果，获得了应有的荣誉感和成就感。大量的研究成果已经通过论文、专著、专利、标准、软著等发表和体现。

本专著是其中部分成果内容，本书除了前述有刘孝盈，朱毕生，齐实和陈月红为代表的贡献外，参加本书编写的还有丁新辉、郭米山、张鹏、高本虎、纪玉琨、宁晨东、张思琪、郭郑曦、马福生、朱国平、张科利、郑好、孙美、王炜炜、伍冰晨、蒋九华、丁珮钰、李依璇、刘宝华、柯奇画、罗建勇、苏溥雅、李月、任贺静、王翔宇、陈吟、赵莹、蒋庆云、王志述、姜帅、罗舒元、王雪、赵华、申军、吕新丰、韩通、刘乔木、刘行刚、张升东、马骏、高泽旭、祁生林、杨书君、付晓、陈国亮、孙毅、陈振、尹书乐、杨咏欣、戴晗、陈莹炜、李焰等人。

由于时间和水平有限，书中错漏和不足之处在所难免，敬请广大专家和读者朋友们给予批评指正。

　　本书的编写出版得到"十三五"国家重点研发计划"典型脆弱生态修复与保护研究"重点专项"生态技术评价方法、指标体系及全球生态治理技术评价项目"的"近年来国家重大生态工程关键技术评估"课题(2016YFC0503704)与国家自然科学基金项目联合基金项目重点支持项目"水土保持措施配置对流域水沙过程的影响和作用"项目(U2243210)等研究基金的资助,在此表示衷心感谢。

刘孝盈

2022 年 10 月

本书从生态治理技术评价依据、评价原则、评价思路和评价过程 4 个方面分析了生态技术评价工作所面临的问题，初步形成了生态技术的评价理论；首次提出了从时间维度、空间维度和技术维度 3 个维度评价生态技术。本书综合比较多种评价方法，根据研究区相关资料和基础数据获取情况，选用典型相关分析法、层次分析法、模糊综合评价法、TOPSIS 法、熵权法和粗糙集法，对我国生态治理技术使用效果进行了分区域、分问题评价，梳理了我国北方土石山区、京津风沙源区、南方石漠化区、黄土高原区、水利交通行业主要的生态治理技术，对不同区域常见的生态治理技术进行综合评价，为未来生态治理工程选择生态治理技术提供依据。主要结论如下：

北方土石山区板栗林土壤侵蚀治理技术包括水平沟、水平阶、木枋、地埂、苔藓覆盖、生草覆盖和农林间作等。由于板栗生产方式和栗农老龄化严重等问题，该区普遍使用的水保措施有水平沟、地埂、木枋。经实际调查，木枋措施的减流拦沙效果并不理想。典型相关分析表明不同防治措施下板栗林土壤侵蚀特征因子受降雨因素的影响不同，在水平沟和地埂的作用下，板栗林下水土流失受最大 30min 降雨强度影响较大，而无措施情况下则主要受降雨量的影响。因此，我们提出了在小流域尺度上，主要采用生草覆盖和农林间作等措施恢复板栗林生产力；而在坡面尺度上，采用水平沟和地埂等工程措施，配合生草覆盖和苔藓覆盖等生物措施，从而实现小流域间和坡面内水土保持措施的协同作用。

新中国成立 70 多年来，我国在实践中探索出多种防治风沙危害的措施，主要有植物治沙、机械沙障固沙、封沙育草、机械沙障与栽植灌木相结合等。目前在评价沙障固沙技术实施效果时采用的指标不够科学和全面，本研究基于文献频次法和层次分析法共筛选出 14 项二级指标和 25 项三级指标，构建出沙障固沙技术评价指标体系。该指标体系以技术效益为主导，兼顾功能性和应用性综合评价，从而对京津风沙源区沙障固沙技术进行全面评价。采用分层模糊积分模型对 6 种沙障固沙技术进行综合评价和排序，最终筛选出麦草沙障、秸秆沙障、黏土沙障、砾石沙障、塑料沙障和沙袋沙障 6 种经济性、技术性能和环境效益较优的技术模式，为沙障固沙工程建设提供参考。

针对南方岩溶区石漠化问题，主要的治理措施有封育、经济林、优良牧草、石改梯、植物篱垠、整地、饲料青贮、引流截水和能源开发。本研究选择对植物防护工程、坡改梯工程和封育3种治理模式进行评价，采用TOPSIS法与熵权法相结合的评价模型，利用层次分析法构建了岩溶区石漠化生态治理模式评价指标体系，并确定了各评价指标的评分标准。采用熵权法确定岩溶区石漠化生态治理模式评价指标的权重。TOPSIS法评价结果为植物防护工程模式最佳，坡改梯工程模式次之，封育模式最末，其结果与实际情况相符合。水土保持林和经济林结合鱼鳞坑、水平阶等工程措施兼顾经济效益和生态效益，可为岩溶区石漠化问题的治理提供有效的防护。

黄土高原区水土流失治理按治理范围可分为小流域综合治理技术和区域综合治理技术，按治理对象可分为坡面治理技术、沟道工程技术、矿山修复技术和水库绿化技术。本研究以6种生态治理技术为研究对象，建立了2级黄土高原水土流失生态治理技术评价指标体系框架，分别从技术成熟度、技术应用难度、技术效益和技术推广潜力4个方面分析了影响水土流失生态治理技术的因子，共有12个2级指标；然后对梯田、坝地、造林、种草、经济林、封育6种生态治理技术进行实证分析，根据各指标间的不可分辨关系实现属性约简，获得由4个1级指标、7个2级指标组成的黄土高原水土流失生态治理技术评价指标体系；然后由属性重要性计算各二级指标的权重，再由层次分析法得出各一级指标的权重；最后加权求和得到6种生态治理技术的综合评价结果，即经济林（11.67）＞坝地（11.17）＞梯田（11.0）＞种草（9.67）＞造林（9.17）＞封育（8.67）。

本研究还对水利和交通行业中的重大生态治理工程及所涉及的关键生态治理技术进行了全面梳理，通过文献检索和实地调研，识别出了水利交通行业中重大生态治理工程和关键生态技术。根据关键生态治理技术识别的结果，选取层次分析法、模糊聚类法和专家打分法等对关键生态治理技术效果进行了分析，提炼了相应的评价指标，建立了生态技术评价数据集，最终选择适合的评估方法建立了水利交通行业重大生态治理工程中关键生态治理技术的指标评价体系，并对水利行业重大生态治理工程中关键生态治理技术进行了全面综合评价，可为水利行业生态建设的可持续发展和生态治理技术的推广应用提供有效的技术支持。

通过整合上述成果中的技术清单、参数库、三级定量指标打分方法，以及三大工程两大行业生态技术评价结果，构建了我国重大生态工程技术评价筛选系统平台。系统平台主要实现了三个方面的功能：

（1）实现了生态技术的精准筛选检索。首页查询检索功能，通过不同条件如脆弱区、技术类型、治理目的、环境要素、行政区等要素进行筛选检索，通过限制条件获得适宜的生态技术列表。

（2）提供了生态技术录入提交及自测打分依据和平台。用户可对新兴、效益良好、性价比优良的技术进行补充提交，按照系统技术参数和技术详情格式，对技术资料进行填充，并将相关材料作为附件进行上传提交。管理员在后台对收集用户上传的技术资料，进行审核、编辑、校正和发布。对未在数据库中的某种生态技术实际情况进行点选，根据各指标权重，通过系统内部置入计算公式，可以计算出该项生态技术的定量评价分值。

（3）实现了检索热点分析与意见收集功能。系统定期对用户的搜索、查看内容、查看次数进行记录分析统计，了解用户关注的脆弱区类型、治理目的、技术类型等要素，为后续技术库的填充丰富提供参考依据。

系统集合了科普宣传、技术检索、技术评价、技术上传、意见反馈等功能。

该平台将为广大生态行业工作人员和科研人员提供一个科学有效的生态技术评价筛选平台，为我国未来生态工程治理选择适当的生态技术提供依据。

目录

第1章

概　　述

　　中国是世界上生态问题较为突出的国家之一，尤其是北方土石山区土壤侵蚀、京津风沙源区沙漠化、南方喀斯特区石漠化、黄土高原水土流失等问题。从 20 世纪 50 年代起，我国就开始实施生态保护工程，主要开展水土流失、荒漠化、石漠化和土壤侵蚀相关的机理和防治研究。根据科研项目的 5 年计划为期限进行统计，截至目前，我国已经形成大量针对不同类型区的生态治理技术以及由各种技术集成的治理模式，进而形成了针对不同生态问题的生态治理技术体系。针对生态治理技术及其集成效果进行评价是技术优选和推荐工作的基础，影响着生态工程治理的效果及生态技术的推广。然而，长期以来，由于缺少完善的生态监测系统和长期的观测数据，缺乏生态治理技术实施效果评价，生态治理指标体系和评价模型不够科学，极大地限制了生态治理技术在生态脆弱区的应用和推广。因此，亟须对我国已开展的生态治理工程进行梳理，筛选出优良的生态治理技术。一方面可以吸取失败教训，总结成功经验，将综合评价值高的生态治理技术应用在未来生态治理工程中；另一方面可以借鉴国外先进生态技术，同时把推广潜力大的生态技术介绍到"一带一路"沿线国家的生态治理工程中，为全球生态环境管理事业贡献中国智慧。

　　通过分类梳理我国不同区域生态治理工程及其运用的关键生态治理技术，以构建生态治理技术评价指标体系与创新生态治理技术评价方法研究为基础，对北方土石山区经济林土壤侵蚀生态治理工程、京津风沙源区沙漠化治理工程、黄土高原水土保持重点防治工程、南方岩溶区石漠化综合治理工程等典型生态工程关键生态技术进行评估；分析比较不同区域生态工程使用的技术或技术群的成熟度、应用难度、适用情况、生态效益、经济效益、社会效益、推广潜力等。生态治理技术评价的主要步骤如下：①根据获取的数据情况灵活选用评价方法；②采用专家调查法和文献荟萃分析法筛选对应一级、二级框架指标的三级评价指标；③根据被评价对象相关数据获取情况采用主客观赋权相结合的方法确定评价指标的权重；④根据最终评价结果提出具有前瞻性和实用性的适合不同区域环境问题的生态治理技术。

1.1　我国生态问题治理研究概述

　　我国的生态系统和环境极其恶劣脆弱，生态脆弱的土地面积约占全国土地总面积的 55%。由于气候和自然地理条件的影响，过去的几十年间脆弱生态区的分布已经覆盖了我国不同地区，包括西北干旱沙漠、高海拔寒冷青藏高原和黄土高原地区。日益密集的人为活动使土地退化、水土流失、荒漠化、石漠化以及泥石流等生态问题越发严重，影响的总土地面积约占全国土地总面积的 22%，威胁着生态系统功能和人类生计。

　　针对上述问题，我国自 20 世纪 50 年代起开始实施生态保护工程，同时对西北干旱区生态恢复、黄土高原水土流失综合治理、南方喀斯特区石漠化生态恢复等技术开展了机理与示范研究，形成了多种生态治理模式和修复技术。自第十个五年计划开始，我国已研发面向不同类型的生态综合整治关键技术 214 项，集成综合治理模式 64 项，集成生态恢复技术体系 100 多项，并开始了对生态治理最佳案例的梳理。

　　黄土高原地区总面积 64 万 km^2，水土流失面积达到 45.4 万 km^2，其中年侵蚀模数大于 5000t/km^2 强度的水蚀面积为 14.65 万 km^2，占全国同类面积的 38.8%；年侵蚀模数大于 15000t/km^2 的剧烈水蚀面积为 3.67 万 km^2，占全国同类面积的 89%。黄土高原水土流失情况如图 1-1 所示。中华人民共和国成立初期，黄土高原输入黄河下游的泥沙多年平均量为 16 亿 t，其中有 4 亿 t 淤积在黄河下游的河道上，致使河道快速淤高，平均每年淤高 10cm，造成下游河床高出两岸地面 3～10cm，最高处达 15cm，成为举世闻名的"地上悬河"。河道淤高易引发河道两岸洪涝灾害，使 1 亿多人口面临洪水的严重威胁。同时由于严重的水土流失，大部分降水以地表径流流走，地下水补给严重不足，干旱出现机会增多。黄土高原地区面积大，而且水蚀、风蚀强度十分严重，每年进入黄河的泥沙相当于尼罗河、密西西比河、亚马孙河和长江 4 条大河输沙量的总和。20 世纪 50 年代以来，黄土高原开展了大规模的水土保持工作，黄土高原生态环境局部得到改善，但整体恶化趋势尚未根本遏制，治理难度相当大。据研究，过去黄土高原地区林草措施保存面积仅为统计面积的 30% 左右，而且多为幼年林或者近于衰败的低效林，人工造林地区都不同程度地出现了土壤水分亏缺、林木生长受抑的现象。

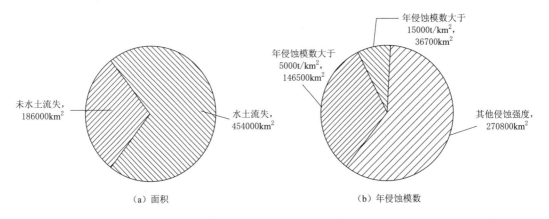

图 1-1 黄土高原水土流失情况

喀斯特在世界上分布广泛，面积达 5.1 亿 km²，占地球总面积的 10%。集中连片的喀斯特主要分布在欧洲中南部、北美东部和中国南方地区。其中，欧洲中南部、北美东部的生态现状是良好的，有关喀斯特的研究主要集中在水文地质和喀斯特演化方面；中国南方喀斯特地区是以贵州为中心，包括贵州、广西、云南、四川、重庆、湖北、湖南和广东等南方 8 个省（市）地区，面积超过 55 万 km²，是世界上喀斯特发育最典型、最复杂、景观类型最多的地区，堪称世界的喀斯特博物馆。

但近半个世纪以来，由于喀斯特本身脆弱的地质环境背景和不合理的人类活动，水土流失非常严重、石漠化呈加剧趋势、旱涝等自然灾害频繁，人类的生存和发展受到严重的威胁，喀斯特石漠化已成为中国南方喀斯特地区最严重的地质灾害之一。西南喀斯特地区的土壤受水土流失、草原沙化、石漠化以及泥石流影响严重。受影响的总土地面积约占全国土地总面积的 22%，威胁生态系统服务，为了解决这些问题，中国政府早在 19 世纪 50 年代，就在黄土高原侵蚀区及中国南方的一些石漠化地区研究了生态恢复的技术。如今，这些举措已经发展成为多种生态恢复模式技术系统。

我国近代的生态建设始于 20 世纪 20 年代，在发展历程中不断发生变化。大体可分为起步探索阶段（1923—1949 年）、试验推广阶段（1950—1978 年）、普及发展阶段

（1979—2007 年）。自 2007 年进入生态文明建设阶段，突显出我国生态文明建设的新生态技术，我国生态建设发展阶段见表 1-1。

表 1-1　　　　　　　　　　　　　　我国生态建设发展阶段

年　　份	起步探索阶段（1923—1949 年）
1923	首次研究坡面土壤流失量
1933	成立黄河水利委员会
1940	首次提出"水土保持"一词
1945	中国水土保持协会在重庆成立
20 世纪 40 年代	设立了水土保持试验站，对水土保持的技术措施进行试验，对水土流失形成的因子进行观测，研究水土流失的规律
	试验推广阶段（1950—1978 年）
1950	开始普遍推行水土保持工作
1957	国务院决定成立水土保持委员会；同年 7 月，发布了《中华人民共和国水土保持暂行纲要》
1960	全国共有各级水土保持试验站、工作站 181 处
	普及发展阶段（1979—2006 年）
1980	首次提出小流域的概念，颁布《水土保持条例》
1988	长江上游被列为全国水土保持重点防治区
1991	中国第一部《水土保持法》诞生
1996	我国签署《联合国防治荒漠化公约》，颁布水利行业标准 SL 190—1996《土壤侵蚀分类分级标准》
	生态文明建设阶段（2007 年至今）
2007	国家制定"大力推进生态文明建设"的战略决策
2014	中国完成"国家生态保护红线"划定工作
2015	生态文明建设首度被写入国家五年规划
2017 年至今	生态文明被提升为千年大计

经过多年生态建设工作的开展，我国的生态环境已明显改善。我国开展的多项重大生态工程如天然林保护工程、退牧还草工程、三北防护林工程、长江防护林工程、退耕还林工程、京津风沙源治理工程、黄河上中游水土流失治理工程及石漠化重点治理生态工程和全国性大面积水土流失治理性工作已取得明显成效和重大成果，我国重大生态工程及建设成效见表 1-2。

表 1-2　　　　　　　　　　　　　　我国重大生态工程及建设成效

重大生态工程名称	成　　效
天然林保护工程	截至 2019 年，天然林保护工程累计完成公益林建设任务 2.75 亿亩；后备森林资源培育 1220 万亩；中幼林抚育 2.19 亿亩
退牧还草工程	累计增产鲜草 8.3 亿 t
三北防护林工程	截至 2018 年，累计营造防风固沙林 788.2 万 hm²，治理沙化土地 3362 万 hm²，保护和恢复沙化草原 1000 多万 hm²，工程区森林覆盖率由 1977 年的 5.05% 提高到了 2018 年的 13.57%
长江防护林工程	截至 2018 年，累计完成营造林面积 1190.16 万 hm²，工程区森林覆盖率从 19.9% 增加至 41.0%，林木绿化率达到 45.4%

续表

重大生态工程名称	成　　　效
退耕还林工程	退耕还林（草）近 2 亿亩；匹配荒山造林和封山育林 3 亿亩
京津风沙源治理工程	一期工程累计完成营造林 752.61 万 hm²，其中退耕还林 109.47 万 hm²；截至 2018 年，二期工程已完成 11.55 万亩
黄河上中游水土流失治理工程	2012—2017 年，新增水土流失综合治理面积 6.3 万 km²，治理小流域 2200 多条，改造坡耕地 1100 多万亩，营造水土保持林草 5040 万亩，加固淤地坝 1600 多座
石漠化重点治理生态工程	根据《岩溶地区石漠化综合治理规划大纲（2006—2015）》，到 2015 年累计完成石漠化治理面积约 7 万 km²，占工程区石漠化总面积的 54%；新增林草植被面积 942 万 hm²；植被覆盖度提高 8.9%；建设和改造坡耕地 77 万 hm²；每年减少土壤侵蚀量 2.8 亿 t

据 2018 年《中国水土保持公报》显示，全国共有水土流失面积 273.69 万 km²。其中，水蚀面积 115.09 万 km²，风蚀面积 158.60 万 km²。与第一次全国水利普查（2011 年）相比，全国水土流失面积减少了 21.23 万 km²，减幅为 7.20%，如图 1-2 和图 1-3 所示。

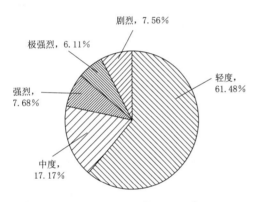

图 1-2　全国各级强度水土流失面积比例图

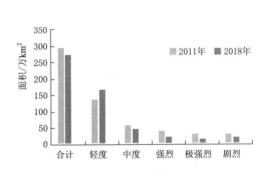

图 1-3　全国水土流失面积变化图

据第五次荒漠化和沙化监测结果，《中国荒漠化和沙化状况公报》显示，截至 2014 年，我国荒漠化土地面积 261.16 万 km²，沙化土地面积 172.12 万 km²。与 2009 年相比，荒漠化土地面积净减少 12120km²，沙化土地面积净减少 9902km²，如图 1-4～图 1-7 所示。

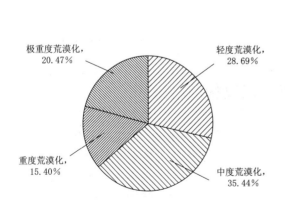

图 1-4　全国荒漠化程度现状

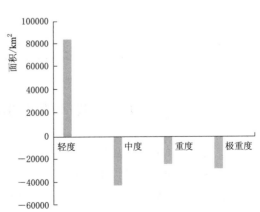

图 1-5　荒漠化程度动态变化（与 2009 年比较）

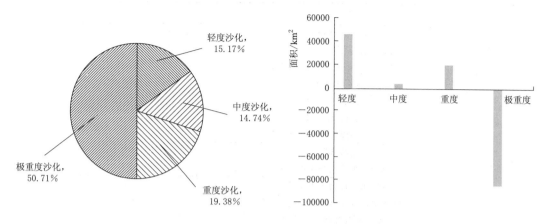

图 1-6　全国沙化程度现状　　　　图 1-7　沙化程度动态变化（与 2009 年比较）

　　据第三次石漠化监测结果，《中国·岩溶地区石漠化状况公报》显示，截至 2016 年年底，岩溶地区石漠化土地总面积为 1007 万 hm²，占岩溶面积的 22.3%，占国土面积的 9.4%。与 2011 年相比，岩溶地区石漠化土地总面积净减少 193.2 万 hm²，减少了 16.1%，如图 1-8 和图 1-9 所示。可见水土流失、荒漠化、沙化及石漠化情况均有所减缓，说明我国生态环境建设成效显著。

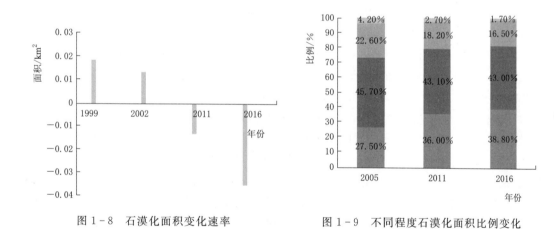

图 1-8　石漠化面积变化速率　　　　图 1-9　不同程度石漠化面积比例变化

1.2　我国重大生态工程现状与趋势

　　世纪之交，我国启动多项重大生态工程，实施了天然林资源保护、退耕还林（草）、"三北"防护林体系建设（四期）、长江及珠江防护林体系建设（二期）、京津风沙源治理及退牧还草等重大生态工程以及黄河上中游水土流失重点治理、石漠化防治等重大生态工程。我国主要区域生态恢复工程见表 1-3。

表 1 - 3　　　　　　　　　　　　　我国主要地区性生态恢复工程

恢复目标	生 态 恢 复 项 目	实施年限	投资额度/亿元
森林生态系统	长江流域防护林体系工程	2001—2010	205.6
	京津风沙源治理工程	2001—2010	558.7
	速生丰产用材林基地建设工程	2001—2015	718
	沿海防护林体系工程	2001—2010	39.1
	珠江流域防护林体系工程	2001—2010	52.9
	太行山绿化工程	2001—2010	36
	平原绿化工程	2001—2010	12.5
草地生态系统	退牧还草工程	2003—2007	143
	草原保护建设利用重点工程	2007—2020	—
水土流失	国家水土保持重点建设工程	1983 年至今	25.4
	革命老区水土保持重点建设工程	2010—2020	652.5
	首都水资源水土保持项目	2001—2010	221.5
	长江上中游水土保持重点防治工程	1989 年至今	152.3
	黄土高原淤地坝工程	2003 年至今	—
	珠江上游南北盘江石灰岩地区水土保持综合治理试点工程	2004—2006	2
	东北黑土区水土流失综合防治试点工程	2004—2020	260
	黄河上中游水土保持重点防治工程	1986 年至今	—
荒漠化	岩溶地区石漠化综合治理	2006—2015	22
	沙漠化地区综合治理工程	—	—

注："—"表示数据缺失。

1.2.1　天然林保护工程

2000 年，天然林资源保护工程启动实施。一期工程实施时段为 2000—2010 年，总投资 1186 亿元，工程区森林面积净增约 1000 万 hm^2，森林覆盖率显著增加，森林生态系统功能明显增强，水土流失强度和面积大幅降低。2011 年起，天然林资源保护二期工程（2011—2020 年）启动，工程范围和投资规模均有所提升。

工程核心区覆盖长江上游、黄河上中游区和东北，内蒙古等森林区，整个工程覆盖的天然林面积达 0.76 亿 hm^2，占全国天然林面积的 69%。天保工程主要分为三期进行，初期（1998—2000 年）工程试验期，2000—2010 年工程核心建设期，2011—2050 年工程成果期。天然林保护工程的核心是公益林建设，所以其生态效益评价主要是围绕公益林建设展开，其有效评价主要从 3 个方面进行：人工造林、飞播造林和封山育林。评价选取了 7 个关键性指标，分别是人工造林计划完成率、人工造林成活率、人工造林保存率、飞播造林计划完成率、飞播造林成效率、封山育林计划完成率、封山育林成效率。

1.2.2　退牧还草工程

草原是西部、北部干旱地区维护生态平衡的主要植被类型。草原本身就属于生态环境脆弱区，且近代叠加了人类超阈值活动的强烈影响，特别是近几十年因人口的增加而引起草地超载、草地退化、沙漠化尤为明显。西部 6 省区因各种因素造成的草地退化面积已达 26117.7 万 hm^2，超过草地总面积的 60%，局部已威胁到原住民族的生存。为了恢复草地生产力、改善草地的生态环境、提高牧民的生活水平，以及促进草地畜牧业可持续发展，国务院颁发了《关于加强草原保护和建设的若干意见》，并提出要在牧区实行退牧还草政策。它是国家继退耕还林还草政策之后在生态建设方面出台的又一重大战略举措。中国西部 11 个省区"退牧还草"工程计划用 5 年的时间，使 10 亿亩退化的草原得到基本恢复。

1.2.3 三北防护林工程

1978 年，三北防护林工程启动，规划实施年限为 1978—2050 年，分为三个阶段、八期工程实施，计划造林约 3560 万 hm²。2011 年起，三北防护林建设进入第二阶段五期工程，范围覆盖我国 13 个省（自治区、直辖市）的 600 个县，面积 395.25 万 km²。三北工程建设 40 年累计完成造林保存面积 3000 多万 hm²，工程区森林覆盖率由 1977 年的 5.05% 提高到了 2018 年的 13.57%，在中国北疆筑起了一道抵御风沙、保持水土、护农促牧的绿色长城。

20 世 70 年代以前，中国三北（东北、华北和西北）地区森林植被稀少、生态状态脆弱、风沙危害严重，沙漠化土地面积快速扩展，年风沙天数长达 80d 以上。为了减少水土流失和改善人民生活环境，1978 年，中国启动三北防护林体系建设工程，开创了中国生态工程建设的先河。40 年来，三北工程在中国北方初步形成了一道抵御生态灾害、促进乡村振兴的绿色长城。中国科学院发布的《三北防护林体系建设 40 年综合评价报告》显示，三北工程 40 年累计营造防风固沙林 788.2 万 hm²，治理沙化土地 3362 万 hm²，保护和恢复沙化草原 1000 多万 hm²，有效遏制了风沙蔓延态势。三北工程将继续开展大规模国土绿化行动，力争到 2020 年，工程区森林覆盖率提升到 14% 左右；到 2035 年，提前15 年完成工程总体规划目标，森林覆盖率提高到 15% 以上；到 2050 年，在风沙区、西北荒漠区、黄河上中游区、东北华北平原区建成功能完备的生态安全屏障。

1.2.4 长江防护林工程

为保护长江一江清水，充分利用长江水利资源优势，国家决定引水入京，配套实施了长江上游防护林和生态公益林建设工程。长江防护林工程实施以来，森林覆盖率提高，水土流失得到有效控制，土壤侵蚀量显著降低，各地区新营造或更新了大片河（海）岸、平原绿化、农田林网绿化等基干林带，宜林荒山变森林。

据相关统计显示，道路、沟渠、河流两岸绿化率达到了 85% 以上。初步建立的防护林体系形成了区域农业生产和水利设施的生态屏障，增强了抵御旱、洪、风沙等自然灾害的能力，扩大了生物生存空间，珍稀动植物种群数量也不断增加。

自 20 世纪 80 年代以来，我国先后启动实施长江、珠江流域防护林体系建设和太行山、平原绿化工程。2001—2010 年，这四项工程二期建设顺利完成。国家和地方总计投资 1098.5 亿元，完成造林 1174.2 万 hm²，低效林改造 31.4 万 hm²，长防、珠防、太行山绿化、平原绿化工程区森林覆盖率分别增加了 4.7%、12.2%、7.7%、1.3%。

1.2.5 退耕还林工程

退耕还林工程是发展中国家规模最大的生态恢复项目。工程涉及陕西省、山西省等25 个省（自治区、直辖市）1897 个县（市、区、旗）。工程目标是对水土流失严重、产量低而不稳的丘陵区坡耕地和平原区沙化耕地进行生态恢复，宜林则林，宜草则草，因地制宜进行综合治理。截至2012年，退耕还林工程实现造林约2940万 hm²，其中退耕造林926万 hm²，使得工程区的植被覆盖度和生态系统服务得到了显著提升。新一轮造林已于2014年启动，重点落实25°以上陡坡耕地、重点地区的严重沙化耕地、重要水源地坡耕地以及西部地区实施生态移民的腾退耕地等目标的生态恢复。

1.2.6 京津风沙源治理工程

京津风沙源治理工程是党中央、国务院为改善和优化京津及周边地区生态环境状况，减轻风沙危害，紧急启动实施的一项具有重大战略意义的生态建设工程。京津风沙源治理工程是为固土防沙、减少京津沙尘天气而出台的一项针对京津周边地区土地沙化的治理措施。京津风沙源治理工程自2000年6月启动以来，国家已累计投资近50亿元，完成治理面积228万 hm²。一期工程于2002年启动，二期工程项目于2018年也已开工。工程采取以林草植被建设为主的综合治理措施，具体措施见表1-4。

表1-4　　　　　　　　　　京津风沙源治理工程措施

措施类型	具　体　内　容
林业措施	退耕还林，营造林，人工造林，飞播造林，封山育林
农业措施	人工种草，飞播牧草，围栏封育，基本草场建设，草种基地，禁牧，建暖棚
水利措施	包括水源工程，节水灌溉，小流域综合治理和生态移民

截至2010年，通过对现有植被的保护，封沙育林，飞播造林、人工造林、退耕还林、草地治理等生物措施和小流域综合治理等工程措施，使工程区可治理的沙化土地得到基本治理，生态环境明显好转，风沙天气和沙尘暴天气明显减少，从总体上遏制沙化土地的扩展趋势，使北京周围生态环境得到明显改善。

1.2.7 黄河上中游水土流失治理工程

黄河上中游地区水土流失治理成效显著。据统计，黄河上中游已完成初步治理面积14.98万 km²，占这一地区水土流失总面积的34.8%。近20多年来，平均入黄泥沙减少了3亿 t。黄河上中游地区综合治理水土流失为当地群众带来了实惠。据黄河上中游管理局分析，目前各项水土保持措施累计增加粮食产量538亿 kg，累计净增经济收入188亿元。流域内138个水土流失重点县已由严重缺量转为粮食基本自给，初步解决了温饱问题。黄土高原中上游水土流失具体治理措施见表1-5。

表1-5　　　　　　　　　　黄土高原中上游水土流失治理措施

位　置		采　取　主　要　措　施
黄河上游		建立生态保护区、退耕退牧还林； 爆破、飞机轰炸排凌汛
黄河中游	工程措施	固沟、保塬、护坡
	农业措施	平整土地、栽培种植、田间管理、增施肥料，以及轮耕套种、选育良种、地膜覆盖、喷灌滴灌、科学施肥等
	生物措施	退耕还林、退耕还草、大力种草植树，实行乔灌草结合

1.2.8　石漠化重点治理生态工程

岩溶地区石漠化综合治理工程实施范围界定为贵州、云南、广西、湖南、湖北、四川、重庆、广东 8 省（自治区、直辖市）的 451 个县（市、区）。工程区土地总面积 105.45 万 km^2，岩溶面积 44.99 万 km^2，其中石漠化面积 12.96 万 km^2；总人口 2.22 亿人，其中，农业人口 1.79 亿人，少数民族人口 4537 万人。

根据《岩溶地区石漠化综合治理规划大纲（2006—2015 年）》，石漠化综合治理工程总目标是：通过加强对林草植被的保护和建设，合理开发利用草地资源，发展草食畜牧业；加强基本农田建设，抓好蓄水保土工程以及农村能源建设、易地扶贫搬迁、合理开发利用当地资源等，到 2015 年，完成石漠化治理面积约 7 万 km^2，占工程区石漠化总面积的 54%；新增林草植被面积 942 万 hm^2，植被覆盖度提高 8.9%；建设和改造坡耕地 77 万 hm^2，每年减少土壤侵蚀量 2.8 亿 t。用将近 10 年的时间，控制住人为因素可能产生的新的石漠化现象，生态恶化的态势得到根本改变，土地利用结构和农业生产结构不断优化，草食畜牧业和特色产业得到发展，人民生活水平持续稳步提高，农村经济逐渐步入稳定协调可持续发展的轨道。其中"十一五"（2006—2010 年）期间的目标是：在稳定现有石漠化治理资金渠道，逐步增加投入力度，继续实施面上治理的基础上，安排专项资金重点开展 100 个县（市、区）的石漠化综合治理试点工作，探索石漠化治理模式和不同条件的治理方式；到 2010 年，治理石漠化面积约 3 万 km^2，占工程区石漠化总面积的 23%，植被覆盖度提高 3.6 个百分点，每年减少土壤侵蚀量 5588 万 t。

1.3　国内外生态技术的发展与我国生态技术需求及评价分析

目前生态技术尚无准确、普遍认同的定义，一般而言生态技术是指为解决生态问题，恢复退化、受损或毁坏的生态系统而采取的各种技术手段。生态技术具有多目标、多功能的特性，其应用所产生的效益可协调人与自然的关系，促进区域经济发展和生态文明建设。生态技术在恢复退化生态系统方面发挥着越来越关键的作用，但是利益相关者的期望和目标决定了选择定量选项以及恢复的程度，探索和应用具体经济、生态修复的技术来缓解人为诱发变化对地球生态系统的破坏是实现可持续发展的关键，同时在 2030 年实现退化土地面积全球零增长。

生态技术的发展解释过程和机制的理论基础创新促进生态系统的良性恢复，这种发展探讨生态退化的机制、方法论用于恢复的生态技术已经从 20 世纪开始进行探索。20 世纪早期开始，美国、德国等发达国家启动了大批生态保护项目，并提出根据生态退化机理、适应性、稳定性机制等基本准则，实现土地利用优化管理、生态适应性以及生态稳定性，并从中积累了数量众多的生态技术。这些技术从以单一目标为主演化为兼顾生态、经济、民生等多目标的复合模式，标志着生态治理技术已经成为区域可持续发展的重要组成部分，生态技术在脆弱生态退化区的治理中发挥着越来越重要的作用。

随着我国生态工程建设不断取得新的成绩和生态建设事业的迅猛发展，我国生态技术发展也进入快车道，各方面的生态技术标准也在不断发展和完善中，对生态技术的需求也不断增大。截至 2020 年 4 月，现行的国标 16 项，行标 30 项，内容涉及安全、水土流失防护、环境保护、管护验收、设计要求等 5 方面。其中涉及《水土保持综合治理技术规范-坡耕地治理技术》（GB/T 16453.1—2008）、《荒地治理技术》（GB/T 16453.2—2008）、《沟壑治理技术》（GB/T 16453.3—2008）、《小型蓄排引水工程》（GB/T 16453.4—2008）、《风沙治理技术》（GB/T 16453.5—2008）、《崩岗治理技术》（GB/T 16453.6—2008）等均已在 2009 年开始实施，为我国生态技术的应用提供规范标准。

截至目前，我国已形成大量针对不同类型区的生态治理技术以及由各种技术集成的治理模式，进而形成针对不同生态问题的治理技术体系。针对生态治理技术及其集成效果进行评价是技术优选和推荐工作的基础，影响着生态工程治理的效果及生态技术的推广。然而，长期以来，由于缺少完善的生态监测系统和长期的观测数据，缺乏生态治理技术实施效果评价，指标体系和评价模型不够科学，极大地限制了生态治理技术在生态脆弱区的推广和应用。因此，亟需对我国已开展的生态治理工程进行梳理，筛选出适宜的生态治理技术，一方面可以吸取失败教训，总结成功经验，将综合评价值高的生态治理技术应用在未来生态治理工程中；另一方面借鉴国外先进生态技术，同时把推广潜力大的生态技术介绍到"一带一路"沿线国家的生态治理工程中，为全球生态环境管理事业贡献中国智慧。

当前，亟需根据我国生态建设的迫切需要，摸清我国生态治理工程，尤其是重大生态工程的生态技术需求，理清我国生态工程的生态技术家底，评价筛选和推介优良的生态技术与模式，借鉴国外生态治理的经验，为我国未来生态治理工程提供关键技术服务，这将有力支撑我国和全球生态治理，有助于促进实现"一带一路"提出的"共建绿色丝绸之路，形成我国国际竞争新优势"愿景。

我国重大生态工程生态技术的评价主要应包含两个方面：①针对黄河上中游水土流失治理、南方石漠化综合治理和京津风沙源北方荒漠化治理等重大生态工程进行总体生态技术识别和梳理，并进行定性评估；②针对重大生态工程的关键技术和技术模式进行定性定量评价，推介出有利于我国政府后续重大生态工程采纳和"一带一路"沿线国家开展生态工程的生态技术和模式清单，为我国生态文明建设国家战略提供技术支撑和提供我国的生态治理"中国方案"。

综合评价是指对由多因素影响的对象进行总体评价，评价对象既可以是对自然科学中各种事物，如环境监测、地质灾害、气候特征、工程成效、技术效应等；也可以是社会科学和经济学领域的总体或个体，如人居环境、小康建设进程、社会发展、生活质量、教学水平等。评价对象不同所选取的评价指标也不同，为了使评价结果客观、全面和准确，需要分解影响客观事物的因素和子因素，从而构造繁简不同的指标体系，通过多种方法获取评价指标值，并进行主客观赋权，最终得到分层评价值和综合评价值，据此分析评价结果。

技术评价应当坚持以人为本，以全面、协调、可持续的科学发展观为指导思想。章穗等通过对科技指标进行海选、筛选和理性分析构建了科技综合评价指标体系，并用熵权法客观地对评价指标进行赋权，建立了中国"十五"期间的科学技术发展状况评价模型。顾雪松等利用 R 聚类法将同一准则层内的指标定量筛选，构建了科学技术综合评价指标体系。该指标体系用18%的指标反映了98%的原始信息。石宝峰利用 Topsis 法建立了二次赋权的优劣解距离排序的科学评价模型。谈毅等认为技术评价起源于从社会的角度上关注技术发展，通过向决策者提供技术未来可能影响的信息。曹卫兵从技术供需协调的角度认为应充分考虑评价主体，吸纳技术需求主体，技术供给主体和供需协调主体的意见，实现对技术综合作用和影响的全面分析和评价，技术客体评价是对技术事实知识性认识和价值认识的综合集成。

目前，关于技术评价的研究主要集中在农业、工程、生物等方面。

1.3.1　农业技术综合评价

农业的发展关乎国计民生，高效农业离不开生态治理技术的应用。与农业相关的生态技术主要包括旱地农业和农业机械化等。在对农业生态技术进行评价时，首先关注的是技术效益，通常将其作为技术选择的依据。黄光群等以经济、社会和生态综合效益为主导，较为系统地提出了中国农业机械化工程集成技术评价的框架和方法，初步建立了农业机械化工程集成技术一般性评价指标和权重体系。陈源泉基于农业技术评价的经济效益、生态功能以及环境影响3个方面的需求，选择能值、生态系统服务、生命周期评价3种生态经济评价方法对吉林省4种保护性耕作模式，结果表明采用单一方法难以全面系统评价某一具体的农业生产技术。翟治芬等分别应用 AHP、Rough Set 和 ARM 对甘肃省武威市的地膜覆盖、秸秆覆盖和常规畦田灌溉在大田中的应用效果进行了综合评价。结果表明，AHP 法和 Rough Set 法对评价指标各有侧重，ARM 修正了 AHP 法和 Rough Set 法。单一指标评价体系往往难以全面反映农业生态技术，将技术各评价指标包含的信息进行综合，更全面地评价农业生态技术的优劣，将为评价农业生态技术提供重要的决策支持。

贺诚等通过对区域尺度农业高效节水技术综合效益的形成机制与形成环节的分析，探讨了区域尺度的评价体系与指标体系，并在此基础上结合综合效益形成机制建立了区域综合效益的评价指标，为研究区域尺度的农业高效节水综合效益评价提供了计量工具。朱兴业等总结了喷灌机组喷灌面积、喷灌强度、组合均匀度和能耗等多种单技术评价指标，筛选影响其技术特性的5个重要指标，应用所建的评价模型对4套喷灌机组进行综合评价。张庆华等运用层次分析法评价了综合考虑项目的国民经济评价、技术评价和社会评价以及内部收益率、净现值、效益费用比、投资回收期、灌水均匀度、灌水强度、灌溉水利用率、节水灌溉技术的安全性和可靠性、地形适应性、作物的适应性、施工难易程度等因素的节水灌溉技术，阐述了综合评价节水灌溉方式的总排序、单排序及其各影响因素权重的计算方法。路振广在建立完善节水灌溉综合评价指标体系的基础上，应用构建的系统模糊综合评价熵权模型对低压管道输水改进的5种节水灌溉工程技术形式进行了综合评价，综合排序为：微喷带灌、畦（沟）灌、半固定式喷灌、固定式喷灌和移动式喷灌。刘玉甫等以模糊集理论和熵理论法构建系统模糊综合评价数学模型，并对波涌灌、闸管灌、水平畦灌等不同灌溉方式综合评价，筛选出水平畦灌是最适合塔里木盆地的地面灌溉方式。在不同尺度和不同区域内对农业生态技术进行评价需要建立不同的评价指标体系，因为尺度和区域不同，影响农业生态技术效果的因素也不尽相同，如何较为全面地筛选评价指标是开展农业生态技术评估面临的首要问题。笔者认为首先要考虑区域差异性，然后考虑特定尺度下研究所关注的重点，最后从技术角度考虑影响技术实施效果的因素，进而建立比较完善的评价指标体系。需要指出的是，即使是同一区域，其评价指标也不是一成不变的，评价指标体系应当因地制宜地符合研究所需，在技术应用难度、技术相宜性等准则性指标中只有技术效益具有一定的可比性，其他准则性指标均需要根据实际情况来确定。

1.3.2　工程技术综合评价

许多学者对工程生态技术的综合评价问题进行了研究，但却缺乏对社会效益、经济效益及环境效益的综合性评价。国内外水环境技术的应用主要在水质分析、水污染治理以及评价指数处理等方面。王锦国等选择太子河本溪段 5 个断面进行水环境评价，结果表明，与其他方法相比，可拓评价法用于环境质量综合评价是合理可行的。刘扬等采用层次分析法（AHP）从技术性能、经济效益和管理效益等角度对人工湿地、稳定塘、慢速渗滤系统、快速渗滤系统、地下渗滤系统和地表漫流系统等 6 种技术进行综合评价，结果表明人工湿地是小城镇分散型生活污水处理方案的首选。张文静介绍了地下水污染修复的 3 种典型技术：抽出处理技术、监测天然衰减技术、原位修复技术，从工程投资、运行成本及治理时间等方面进行比较，为选择地下水污染修复技术提供合理依据。郭伟通过对比 24 种生态技术的水质净化效果，综合考虑其经济效益和生态效益，并结合比较运行管理性能，得出不同的技术在各项指标上效益差别很大。沈丰菊等从经济、技术、环境的角度筛选评价指标，采用主客观综合赋权法确定各评价指标的权重，通过分层模糊积分法筛选出 10 种技术模式作为中国农村生活污水处理典型技术模式。要杰等采用改进的模糊层次分析法从经济、技术和管理等角度对 8 种污水处理工艺进行综合评价，结果表明 CASS 工艺得分最高。郭劲松等通过对小城镇污水处理技术选择各种影响因素的分析，建立了小城镇污水处理技术评价指标体系，从而为进一步进行西部小城镇污水处理技术综合评价研究提供了依据。赵翠等通过分析影响农村供水消毒技术综合性能的相关因素，采用灰色关联度求解各项指标权重，应用层次分析法建立了农村供水消毒技术评价指标体系。徐得潜等采用模糊层次法从经济效益、社会和生态环境效益、对河道基本功能的影响、污染情况、自然条件等 5 个方面，系统构建了乡村河道生态修复技术评价指标体系。评价结果排序为植物修复、人工湿地、河道曝气、生态浮床。目前采用的评价方法主要是模糊层次分析法、可拓评价法等。各种评价方法都有局限性和适用性，导致评价结果也缺少可比性。评价指标方面主要关注技术实施后的经济、社会和生态效益，技术性能和管理效益等方面，一般考察角度不同，选择的评价指标就不同，而且不够全面，所以建立合理可靠的评价指标体系是开展技术评价工作的基础。另外，评价指标的权重过多依赖专家打分法，尤其是定性指标，导致评价结果受人为因素的影响较重。笔者认为关于水污染治理技术评价可以分为评价技术的效果，比较技术的属性两个方面。虽然不同水环境问题治理应用的技术相同，如均使用植物吸附技术，但由于主要治理目标的差别很大，因此，仅以一个综合评价指数判定技术的优劣是不够全面的。

1.3.3　生物技术综合评价

国内外面源污染控制技术的研究工作表明，目前存在很多面源污染控制技术。每种处理技术的侧重点都不同，实际应用中，在对各种污染控制处理技术进行评价时需考虑很多指标，一般包括：技术适用程度、环境影响情况、经济成本与效益等。张萍建立了考虑环境、经济和生态效益的面源污染控制技术评价指标体系，评价指标包括总磷、氨氮及化学需氧量去除率、建设及运行成本、技术稳定度、管理方便度和生态协调性等。评价结果表明：土壤净化槽对生活污水污染控制效果最优；基质化栽培在畜禽养殖污染控制备选方案中最优；人工湿地在农业径流污染控制方案中最优。刘有发采用 AHP 法建立垃圾渗滤液处理技术综合评价体系，筛选出较好的处理垃圾渗滤液工艺，供相关单位在废水处理技术选择设计时的参考。龙腾锐等基于 MATLAB 编程的层次分析法（M-AHP）得到主观权重，采用熵权法获得客观权重，通过主客观权重加权确定评价指标的权重。然后按照模糊积分评价模型得出综合评价值，从 3 种备选方案中得出了 MBR（膜生物反应器）＋NF（纳滤）工艺为垃圾填埋场渗滤液处理最佳方案。赵云皓等设计了技术生命周期评价方法，提出一种能够从更环境友好、更技术可靠、更经济可行等技术需求角度，分析、判断、筛选重金属污染防治技术的综合评价方法。这些研究表明只考虑某些方面来评价处理技术难以达到科学合理的要求。因此，在选择评价方法时，需要对各指标加以综合考虑，首要任务就是确定评价因素对评价目标的贡献，即确定评价指标的权重，提出科学合理的赋权方法，对全面评价面源污染控制技术具有重要意义。

本研究主要关注对技术实施效果的评价，人们对农业、工程、生物生态技术的研究大多是在技术的原理和应用效果等方面，多限于实例应用和具体技术参数的优化研究，生态技术的综合效益评价仍未见系统研究。除了应综合考虑当地的自然、经济和社会条件，还需因地制宜选择原理成熟、应用难度小、生态社会效益突出、经济合理和推广潜力大的生态技术。因此，亟需从不同角度考察生态技术的实施效果，既能实现对现有生态技术效果全面了解，又能为将来生态治理工程筛选有潜力的生态技术。

1.4 研究内容和方法

1.4.1 研究内容

1. 典型国家生态工程关键技术识别

根据不同区域存在的生态环境问题，选取北方土石山区、京津风沙源区、南方岩溶区和黄土高原区 4 个地域。针对燕山山区经济林土壤侵蚀、京津风沙源区荒漠化、南方喀斯特区石漠化和黄土高原水土流失问题，全面梳理近年来我国在这些地区实施的生态工程所采用的生态技术，采用实地调查法、文献频度法识别关键生态技术。

2. 典型国家生态工程关键技术评价

采取多种数理统计方法，对生态工程关键技术按完整性、稳定性和先进性等技术成熟度要素；按技能需求水平和技术应用成本等技术应用难度指标；按目标适宜性、立地适宜性、经济发展适宜性和政策法律适宜性等技术相宜性指标；按生态效益、经济效益和社会效益等技术效应指标；按生态建设需求度和技术可替代性等技术推广潜力指标等具体领域全面梳理生态治理工程中的关键技术。采用区域覆盖和典型小流域详查相结合的方法，通过全面调查区域内生态工程的实施过程，从技术成熟度、技术应用难度、技术相宜性、技术效应和技术推广潜力5个方面开展土壤侵蚀、荒漠化、石漠化和水土流失等问题的关键生态治理技术评估。

3. 适宜未来生态工程的关键技术筛选

根据国内外生态技术发展趋势以及我国生态文明发展需求，以不同目标的生态技术评价结果为基础，依据目前我国生态技术发展现状和趋势，推荐适宜的生态技术，并按技术成熟度、技术应用难度、技术相宜性、技术效应和技术推广潜力5个方面筛选出针对不同治理目标、不同区域、不同发展阶段的生态技术和技术模式，形成生态技术筛选方法，从而实现针对不同治理目标的生态技术体系的优化配置。

1.4.2 研究方法

采用文献荟萃分析法，广泛搜集相关生态治理工程中的技术以及影响技术效果的因素，包括定性和定量两方面。根据评价目的筛选合适的评价指标，构建评价指标体系。

采用专家调查法和资料搜集法汇总所选用评价指标的相关数据信息。资料来源可以是科研论文、统计年鉴、试验观测数据以及生态治理工程实施报告和共享数据等。

利用典型相关分析法分析北方土石山区影响经济林土壤侵蚀生态治理技术的降雨因素。由于这些生态治理技术布设的地理环境相同，地面植被也相同，所以对影响生态治理技术效果的降雨因素进行典型相关分析可以得到与降雨因素相关度低的生态治理技术，再通过线性回归得到降雨条件下水土流失量的变化趋势，从而说明哪种生态治理技术效果好。

首先通过文献荟萃法梳理现有的沙障固沙技术，根据文献频度法筛选影响沙障固沙技术效果的指标。将这些指标按照层次分析法分类划层，建立沙障固沙技术评价指标体系。根据模糊综合评价法比较京津风沙源区不同沙障固沙技术的效果，筛选出各项指标效果良好的沙障固沙技术。

根据南方岩溶区石漠化治理施工报告等资料，确定现有的石漠化问题治理模式。筛选影响这些治理模式的因素，建立石漠化治理模式评价指标体系。通过优劣解距离法计算南方岩溶区石漠化生态治理模式与最优解的距离，明晰生态治理模式在哪些方面能够改进。

根据国家数据共享中心提供的数据资料梳理黄土高原水土流失主要的生态治理技术，并从中筛选出影响这些生态技术的因素。然后采用粗糙集理论分析黄土高原水土流失生态治理技术，明确各种生态治理技术的优势和劣势，筛选出适合将来生态治理工程的生态技术。

1.5 存 在 的 问 题

我国生态环境问题十分严重和突出，但我国政府高度重视生态治理问题，已通过许多重大生态工程开展了大量治理工作，取得了显著成绩，特别是在水土流失治理、荒漠化防治和石漠化治理方面做了大量工作，并取得了举世瞩目的成就，许多重大生态治理工程都对改善生态环境、改善人民生活和促进当地经济发挥了重要作用，很多重要的生态技术和技术模式都将对发展中国家和"一带一路"沿线国家有重要的参考价值和分享意义，有效地评价这些生态技术和技术模式无疑将对我国未来重大生态工程建设和生态文明建设具有积极的指导意义，也对提升我国在生态治理领域的国际影响和话语权有重要作用。

国内外在生态治理方面做了大量工作，但由于生态治理周期长而研发时间短，目前生态治理工程的生态技术在评价方面，还缺乏有效、可靠的评价方法、评价模型和评价指标体系以及大量的实测数据，目前我国正在努力研究开发可靠的生态技术评价方法、评价模型与评价指标体系，以及生态技术的定量评价。

通过广泛查阅国内外相关文献，目前在评价理论和方法及案例研究方面主要存在以下问题：

（1）缺少完善的生态监测系统和长期的观测数据。我国生态监测系统的建立还有待完善，科研工作缺少延续性。科研任务往往根据国家科研计划而定，一定程度上起到了全国统一规划的作用，但在小流域尺度上却存在"铁打的监测点，流水的实验"的现象，即研究人员接到科研任务后在小流域展开实验，当科研任务结束，数据获取工作也停止，这就导致缺乏长期的观测数据。然而，评价工作最重要的环节就是获取基础数据，没有监测数据，评价方法再先进也难以得到科学的结果。

（2）缺乏生态治理技术实施效果评价。目前对生态治理技术评价尚缺乏实例研究。面对具体的环境问题，需要有条理地进行分析，构建有针对性的评估框架，并依此选取评价指标和搜集评价数据。针对某一区域存在的生态问题实施的生态技术，尚缺乏在时间维度和空间维度上的比较。我们专注于发现问题和解决问题，却忽略了对解决方法的效果进行比较。缺少总结也使得各种生态技术"百花齐放"，究其根源仍是局限于针对特定问题。综合运用农业、生物和工程三大方面的技术，如何看待这些技术或技术组合的效果对评估生态治理技术是十分必要的。

（3）指标体系和评价模型不够科学。现有的评价模型已经十分丰富，但是有的评价模型主观性太强而饱受争议，有的太过理论化、抽象化而难以解释，还有的虽然兼顾主客观因素，却因数据量不足而影响科学性。所以，选用合理的评价模型对生态治理技术评价工作至关重要，没必要追求建立一个所有生态治理技术均适用的评估框架。综合文献发现，五花八门的生态技术效果并不"稳定"，研究者往往只关心其中一些方面的效益，对于其他效益要么一笔带过，要么忽略不提，这就使得在利用文献构建指标体系时遇到很大的困难，有时虽然评价指标入选了，却难以获得有效数据；有些评价指标的数据值虽能找到，这些指标却因其在文献中出现的频次过低而不能纳入指标体系中。

（4）评价方法选取过于随意。由于对所研究问题缺少充分了解，导致机械地选用评价方法，如层次分析法和专家打分法，加大了评价模型的主观性。事实上应在仔细研究评价问题的基础上，科学选取评价指标，合理构建评价模型，以实用性和数据易获取程度为准则来确定选择哪一种评价方法，最好能使用评价数据对评价结果进行验证。

（5）评价范围不够明确。现有的研究往往忽略时间的界限和地域的限制，有时还将不同属性的生态技术进行比较，这就使得评价工作缺少合理的基础。生态治理技术具有时空维度和治理属性。一般情况下，针对不同生态治理技术开展评价需要至少满足以下几点：①相同或相近时间段内的生态治理技术；②相同或相近环境问题的生态治理技术；③相同或相近属性的生态治理技术。

第2章

我国重大生态工程及其治理技术分类

随着社会经济的发展，人类对自然的改造力度不断增强以及对资源的过度开发利用，导致全球众多区域生态系统退化或丧失，进而引发一系列生态环境问题，如土壤侵蚀、土地荒漠化、水体污染、水资源短缺及生物多样性降低等。如何防止自然生态系统持续退化，修复受损生态系统，整治日趋恶化的生态环境，是改善生态系统、实现区域社会经济协调、可持续发展的关键，也是全球面临的重大难题和热点。生态工程是通过一定的生物、生态以及工程的技术和方法，人为改变和切断生态系统退化的主导因子或过程，保护生态系统的结构和功能，实现生态系统健康发展，保持和提升生态系统对人类社会经济发展的支撑作用。因此，重大生态工程技术实施情况受到国内外学者的高度重视。

《全国生态环境保护纲要》《国民经济和社会发展第十三个五年规划纲要》都对生态工程提出了明确的要求，生态保护与修复工作愈发受到重视。改革开放以来，中国已经批准实施了大批重大生态工程，具体见表 2-1，这些工程大多已经显现出一定的效益，对未来生态保护工作提供了一定的借鉴和指导意义。我国针对林草资源保护、水土流失治理、风沙源治理及石漠化治理等问题实施了一系列的重要生态工程。以水土流失防治为例，1983 年我国实施了第一个国家专款专项的生态工程，即国家水土保持重点工程（八大片国家水土流失重点治理工程），第一次有规划、有步骤、大规模地实施了水土流失综合治理，随后又在黄河上中游、长江上中游等地区开展了相关水土保持重点防治工作。针对生态问题开展的生态工程还包括风沙源治理工程和荒漠化治理工程，典型的风沙源治理工程有三北防护林体系工程、京津风沙源治理工程等，有效遏制了风沙蔓延，减少了沙尘天气出现；主要的石漠化治理工程如岩溶地区石漠化综合治理工程，减少了裸露岩石面积，改善了植被立地条件。我国也十分重视自然保护地的建设，以保护林草资源和生物多样性为代表的工程包括天然林资源保护、退耕还林、动植物保护及自然保护区建设、退牧还草工程、草原保护建设利用重点工程等，有效加强了对现有天然林及野生动植物资源的保护，集中治理生态脆弱和严重退化草原，对改善全国生态环境有重要影响。

表 2-1 我国实施的重大生态治理工程概况

关键治理事项	生态工程名称	规划时期	主管部门	主 要 成 效
森林及生物资源保护	天然林资源保护	1998—2010 年一期 2011—2020 年二期	国家林草局	截至 2019 年，累计完成公益林建设任务 2.75 亿亩、后备森林资源培育 1220 万亩、中幼林抚育 2.19 亿亩
	退耕还林（草）	1999—2021 年	国家林草局	截至 2019 年，已实施退耕还林还草 5 亿多亩，工程实施规模近 8000 万亩
	长江流域防护林体系工程	1989—2000 年一期 2001—2010 年二期 2011—2020 年三期	国家林草局	截至 2018 年，三期工程共营造林 152.36 万 hm²，林木绿化率达到 45.4%
	野生动植物保护及自然保护区建设	2001—2050 年	国家林草局	截至 2017 年，我国自然保护区已经占国土面积的 14.8%，形成较为完善的中国自然保护区网络
草地资源保护	退牧还草工程	2003 年至今	农业农村部	截至 2018 年，投入资金 295.7 亿元，累计增产鲜草 8.3 亿 t

关键治理事项	生态工程名称	规划时期	主管部门	主 要 成 效
草地资源保护	草原保护建设利用重点工程	2007—2020 年	农业农村部	实施了退牧还草、沙化草原治理、西南岩溶地区草地治理、草业良种、草原防灾减灾、草原自然保护区建设游牧民人草畜三配套、农区草地开发利用和牧区水利等工程
风沙源治理	三北防护林体系工程	1978—2050 年	国家林草局	截至 2020 年，三北工程累计完成造林保存面积 3014 万 hm²，工程区森林覆盖率由 5.05% 提高到 13.57%
	京津风沙源治理工程	2003—2012 年一期 2013—2022 年二期	国家林草局	截至 2019 年，累计完成营造林 1.33 亿亩，仅 2009—2014 年，工程区流动沙地面积减少 154.5 万亩
水土流失治理	国家水土保持重点工程	1983 年至今	水利部	实施 25 年来，投入 10.3 亿元，综合治理水土流失 4.5 万 km²，建立大批示范工程
	长江上中游水土保持重点防治工程	1989 年至今	水利部	治理 20 年来，长江上游水土流失最为严重的"四大片"水土流失面积减少 40%~60%，治理区有林地面积增加 40%
	黄土高原淤地坝工程	2003 年至今	水利部	截至 2011 年，共建设淤地坝 5.8 万座，淤地面积 927.6km²，规划到 2020 年淤地坝数量将达到 16.3 万座
	黄河上中游水土保持重点防治工程	1986 年至今	水利部	2012—2017 年，新增水土流失综合治理面积 6.3 万 km²，治理小流域 2200 多条，改造坡耕地 1100 多万亩，营造水土保持林草 5040 万亩，加固淤地坝 1600 多座
石漠化治理	岩溶地区石漠化综合治理	2006—2015 年	国家发展和改革委	石漠化土地面积 5 年间减少了 193.2 万 hm²，岩溶地区石漠化发生率由 26.5% 下降到 22.3%

随着生态建设工作的开展以及生态治理技术的成熟，生态工程由单一措施、分散治理、零星示范的行业、团体行为发展成为长期规划、综合治理、协调推进的国家重大生态建设工程，工程实施规模、覆盖面积不断扩大，治理针对性、有效性不断增加。为进一步发挥重大生态工程的示范作用，提升生态工程治理效果，本书以"京津风沙源治理工程""黄河上中游水土保持重点防治工程""南方石漠化综合治理工程"为例，探讨这些工程的概况、规划、设计、生态治理技术、治理效果等，并从生态治理技术的适用性、适用范围、效果等方面，分析我国重大生态工程技术的应用情况。

2.1 京津风沙源治理工程

2.1.1 工程基本情况

京津风沙源治理工程（一期）建设范围西起内蒙古的达茂旗，东至内蒙古的阿鲁科尔沁旗，南起山西的代县，北至内蒙古的东乌珠穆沁旗，涉及北京、天津、河北、山西及内蒙古等5省（自治区、直辖市）75个县（旗），具体治理范围如图2-1所示。京津风沙源工程（二期）建设区继续扩大，西起内蒙古乌拉特后旗，东至内蒙古阿鲁科尔沁旗，南起陕西定边县，北至内蒙古东乌珠穆沁旗，地理坐标为东经105°12′~121°01′，北纬36°49′~46°40′，治理范围如图2-2所示。

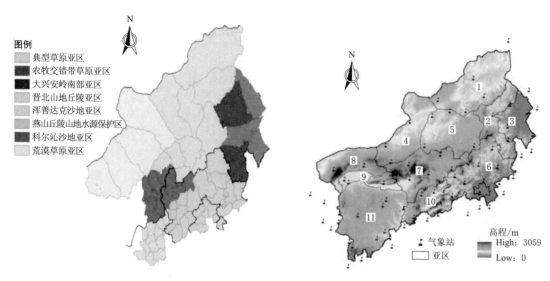

图2-1 京津风沙源治理一期工程区范围   图2-2 京津风沙源治理二期工程区范围

1. 一期工程

京津风沙源治理一期工程将工程区分为4个大区，分别是北部干旱草原沙化治理区、浑善达克沙地治理区、农牧交错带沙化土地治理区、燕山丘陵山地水源保护区，工程范围划分及其生态特征见表2-2。

表2-2   工程范围划分及其生态特征

工程分区	面积/km²	主　要　区　域	生　态　问　题	治　理　思　想
北部干旱草原沙化治理区	175613	内蒙古锡林郭勒盟、乌兰察布盟、包头市等辖区7个旗（县、市）	超载过牧，草地沙化和退化严重	加强草原建设，改进牧业生产方式；以水定需，以草定需
浑善达克沙地治理区	154333	内蒙古锡林郭勒盟和赤峰市辖区的17个旗（县、市、区）	过度开垦，灌草面积降低、固定沙丘活化	保护现有林草，扩大林草植被建设，遏制沙丘活化趋势
农牧交错带沙化土地治理区	54452	内蒙古乌盟、山西大同、朔州、河北张家口市等辖区的24个旗（县）	土壤疏松、侵蚀沙化，易起沙尘	禁垦封牧，扩大植被建设，改变传统农牧业生产模式
燕山丘陵山地水源保护区	73820	北京、天津、张家口地区南部和承德地区共27个县	人工樵采、陡坡耕种，水土流失和土地沙化严重	保护和建设好丘陵山地的防护林体系，提升植被生态功能

2. 二期工程

在继承一期工程基本分区理论、方法的基础上，二期工程范围西扩，由北京、天津、河北、山西、内蒙古 5 个省（自治区、直辖市）75 个县（旗、市、区）扩大至包括陕西在内 6 个省（自治区、直辖市）138 个县（旗、市、区）。5 个建设区分别为：①乌兰察布高原退化荒漠草原治理区；②鄂尔多斯高原沙化土地治理区；③浑善达克—科尔沁沙地沙化土地治理区；④锡林郭勒高原—乌珠穆沁盆地退化草原治理区；⑤坝上高原及华北北部丘陵山地水源涵养治理区。与一期工程治理分区相比，新增加鄂尔多斯高原沙化土地治理区，将"坝上农牧交错地带沙化土地治理区"与"燕山丘陵山地水源涵养区"合并，将浑善达克沙地与科尔沁沙地进行一体化治理。

在以上分区施策的基础上，规划在风沙传输路径中的源区和加强区重点构建 6 道生态防护带。即：①沿中蒙边界从乌拉特后旗至东乌珠穆沁旗，构建北部荒漠草原—典型草原灌草固沙带；②在工程区西路、西北路，沿黄河两岸构建风沙阻隔带；③在工程区中南部，利用坝上高原至雁北高原区域内复杂的地形地貌，建设乔、灌、草相结合的坝上—雁北高原风沙阻隔带；④在工程区东南部坝下地区，依托燕山山地丘陵，建设离京津地区最近的风沙防护带和最主要的水源涵养带；⑤在工程区西南部毛乌素沙地东缘，建设乔灌草相结合的固沙阻沙带；⑥在工程区东部浑善达克—科尔沁南缘，以西拉木伦河流域为重点，建设乔、灌、草相结合的固沙、阻沙带。

2.1.1.1　工程特点

1. 地形地貌

工程区地貌由平原、山地、高原 3 大部分组成，西部、西北、北部被太行山北端、燕山山地西部环绕。东部浑善达克沙地是锡林郭勒高平原的重要组成部分，西部乌兰察布高平原由阴山北麓的丘陵、地势平缓的凹陷地带及横贯东西的石质丘陵隆起带组成，境内多为干河床或古河道。

2. 气候特征

京津风沙源区地貌单元复杂，气候特征差异较大，总体上气候干旱，热量偏低且多风，降雨时空分布不均。包含暖温带半湿润区、温带半湿润区、温带半干旱区、温带干旱区、温带极干旱区等 2 个气候带 5 个气候区。年均气温 7.5℃，温差较大。年均降水量为 459.5mm，全年降水量分布不均，雨季降水量为 297.7mm，占全年降水量的 65%，年蒸发量平均为 2110mm。

3. 土壤特征

在地形地貌和气候影响下，工程区土壤复杂多样。内蒙古高原地带性土壤以温带、暖温带条件下形成的黑钙土、栗钙土、棕钙土为主，栗钙土的分布占有绝对优势，燕山山地以石灰土、石质土为主。

4. 水环境特征

工程区内具有内流和外流两大河流区系，内流河主要包括安固里河、大清沟；外流河主要包括永定河、滦河、潮白河和辽河。工程区内水资源总量 229 亿 m^3，其中地表水 123 亿 m^3，蓄饮水工程 74424 处，地下水资源量 132 亿 m^3，地下水可开采资源量 59 亿 m^3。

5. 植被特征

工程区幅员辽阔，植被类型丰富多样。燕山山脉及太行山北麓天然植被以温带、暖温带落叶阔叶林为主，建群种主要包括辽东栎、蒙古栎、槲栎、麻栎、栓皮栎等落叶栎类，以及白桦、山杨、榆树等小叶落叶树种，现存植被多为次生杨桦林及荆条、胡枝子、山杏等落叶灌丛，人工林多选用油松和落叶松。内蒙古高原天然植被以灌草植被为主，包括大针茅、克氏针茅和党花针茅等类型，人工植被以阔叶乔木和旱生灌木为主。人工植被多分布于东部地区，植被质量和数量均呈由东向西、由南向北的下降趋势。

工程区幅员辽阔，地貌类型、气候特征、土壤特征、植被地带特征差异显著，因此，为有效开展治理工程，合理工程建设布局，将工程区域加以区分，分而治之。

2.1.1.2　工程建设任务与目标

一期京津风沙源治理工程于 2000 年 6 月开始试点，2003 年 3 月全面展开。据国家发展改革委、财政部和国家林业局统计，截至 2011 年年底，工程形成了 4 条大型防护林带，累计完成营造林 752.6 万 hm²（其中退耕还林 109.47 万 hm²），草地治理 933.3 万 hm²，暖棚建设 1100 万 m²，饲料机械购置 12.7 万套，小流域综合治理 1.54 万 hm²，节水灌溉和水源工程共 21.3 万处，生态移民 18 万人。为进一步减少京津地区沙尘危害，提高工程区经济社会可持续发展能力，构建我国北方绿色生态屏障，在巩固一期工程建设成果基础上，实施京津风沙源治理二期工程。

2012 年 9 月，国务院常务会议讨论通过了《京津风沙源治理二期工程规划（2013—2022 年）》，为期 10 年。二期工程规划包含以下 7 大任务：

（1）加强林草植被保护，提高现有植被质量。规划公益林管护 730.36 万 hm²、禁牧 2016.87 万 hm²、围栏封育 356.05 万 hm²。

（2）加强林草植被建设，增加植被覆盖率。规划人工造林 289.73 万 hm²、飞播造林 67.79 万 hm²、飞播牧草 79.15 万 hm²、封山（沙）育林育草 229.16 万 hm²。

（3）为加强重点区域沙化土地治理，遏制局部区域流沙侵蚀，规划工程固沙 37.15 万 hm²。

（4）合理利用水土资源，提高水土保持能力和水资源利用率，规划小流域综合治理 2.11 万 hm²，水源工程 10.36 万处、节水灌溉工程 6.01 万处。

（5）合理开发利用草地资源，促进畜牧业健康发展。规划人工饲草基地 68.13 万 hm²、草种基地 6.25 万 hm²，配套建设暖棚 2135 万 hm²、青贮窖 1223 万 hm²、贮草棚 236 万 hm²，购置饲料机械 60.72 万台（套）。

（6）降低区域生态压力。规划易地搬迁 37.04 万人。

（7）加强保障体系建设，提高工程建设水平。

工程建设目标明确，到 2022 年，一期工程建设成果开始步入良性循环，二期工程区内可治理的沙化土地得到基本治理，沙化土地扩展的趋势得到根本遏制；京津地区的沙尘天气明显减少，风沙危害明显减轻；生态环境明显改善，可持续发展能力进一步提高；林草植被质量提高，生态系统稳定性增强，基本建成京津及华北北部地区的绿色生态屏障。

2.1.2　工程建设主要技术措施

京津风沙源治理是一项十分复杂的系统工程，采取了荒山荒地荒沙营造林、退耕还林、营造农田（草场）林网、草地治理、禁牧舍饲、小型水利设施、水源工程、小流域综合治理和生态移民等一系列技术措施，具体见表 2-3，总体扼制沙化土地扩展的趋势，使工程区生态环境得到明显改善。

表 2 - 3 京津风沙源治理工程技术措施

治理措施	治理技术	适用条件	典型应用地区
林地恢复措施	封山育林	未退化或轻度退化的生态系统,其土层厚度、土壤理化性质、植被覆盖度及植被配置均较好	燕山丘陵、华北北部丘陵山地地带,主要包括北京、天津、张家口、承德等地
	荒山造林	中度、重度退化生态系统,土层薄、土壤贫瘠、土地沙化,植被覆盖度极低	
	抗旱保水	气候干旱少雨、蒸散发量大,土壤沙化、植被覆盖度较低	
	退耕还林	土壤贫瘠,产量低下,坡度较陡(一般>25°)	
草原治理措施	飞播草种	大面积、集中连片沙化土地,飞播有效面积 80% 以上,降雨 200mm 以上,草原界限清晰	北部干旱草原地带,主要包括内蒙古锡林郭勒盟等地
	禁牧舍饲	根据草原退化程度及其建设现状,确定禁牧舍饲的方式、时间、范围和面积	
物理化学工程措施	覆盖措施、阻沙导风设施、机械沙障	风速高、风力大,土壤风蚀严重,植被覆盖度较低	内蒙古乌兰察布、浑善达克—科尔沁沙地等地
	化学措施	通常应用于土壤沙化、风沙危害大、经济损失严重地区,如机场、重要铁路和公路附近	
水利措施	小流域治理、节水灌溉和水源工程	水生态修复,农林牧渔综合治理	燕山丘陵山地水源保护区、沙化农牧交错地带
农牧业结构调整	舍饲圈养、饲草料种植、配套设施建设、生态移民、政策补贴	生态、经济协调可持续发展,绿色脱贫	沙化农牧交错地带,主要包括内蒙古乌盟等地

2.1.2.1 林地恢复措施

1. 封山育林

禁封的思想主要来源于自然修复,是指不施于人工辅助措施,单纯依靠自然演替来恢复已退化的生态系统(吴丹,2016)。未退化或轻度退化的生态系统,其土层厚度、土壤理化性质、植被覆盖度及植被配置均较佳,通常采用自然修复策略,停止或减小人为负干扰,自然生态系统即可恢复。封山育林关键在于设置标志、安装围栏及管理员巡护,即在封山育林的山地周围出入口、交通要道等地理位置明显的地方设置醒目的永久性标牌,对封山育林的一些信息进行公示;为了起到较好的阻隔作用,可在此区域的周边设置围栏,如搭建刺丝、挖深沟、栽植较高密度的刺乔灌木等;同时根据面积安排一些护林员加强日常巡护。

京津风沙源治理一期工程,全区封山育林 775 万亩,植被覆盖度提升,生态环境质量大大改善。京津风沙源治理二期工程实施以来,多地开展了封山育林工作,如北京 2018

年项目建设内容就包括封山育林 15 万亩，其中房山区、昌平区、怀柔区、密云区等地区将分别封山育林 3 万亩。封山育林大幅节约了工程成本，形成的林分密度增加，生物多样性提高，生态功能增强。

2. 荒山荒地造林

荒山荒地造林技术是优化地区生态环境、防风固沙、减少土地荒漠化的有效方法。大量研究表明，防护林可以增加地表粗糙度，降低风速和抵御风沙的袭击。通过林地的防护，风速可以衰减 70％～80％；如果相隔一定的距离，并行排列成林带，沙尘和沙砾也会大幅减少。通常采用人工为主的造林方法，特别是在坡度大、地形条件不良的区域，更应该应用人工进行造林苗木的栽植。栽植苗木过程中，要处理好苗木根系，控制苗木整体的深度，并将土质湿润、肥沃的土壤填埋于树穴深层，将新土覆盖于树穴上层，通过分层填埋、分层踏实的方法，使荒山荒地造林苗木根须与土壤做到紧密结合。

研究表明，荒山荒地造林对提高植被覆盖度、恢复植被，改善生态环境具有重要作用（王全会，2005）。闫德仁等（2008）对内蒙古京津风沙源治理工程调查发现，通过人工造林、飞播造林，调查样地植被覆盖度为 35％～60％，而对照样地为 5％～20％；林地内草本生物量平均每 $667m^2$ 比对照样地增加 57.1kg；人工造林 3～5 年后对 0～5cm 土层养分影响较大，特别是灌丛内的土壤养分含量明显增加。

3. 抗旱保水技术

京津风沙源治理项目区多位于干旱、半干旱地区，水资源短缺、土壤沙化严重，造林成活率低、成林质量差是影响京津风沙源治理项目的主要技术问题。因此，为适应工程区恶劣的气候环境和生态环境，提高林木成活率和保存率，抗旱、保水等措施成为造林成功的关键。

学者针对风沙多、土壤沙化的条件，进行了抗旱保水技术研究。如高鹏等（2009）对京津风沙源治理工程抗旱造林技术展开研究，提出整地应与水土保持相结合、选用良种壮苗、加强苗木保水、苗木深栽减少蒸腾耗水、实施坐水栽植、分层踩实、截干、摘叶、培高旱堆等一系列抗旱造林技术，并在乌兰察布实验中发现，在相同的气候和立地条件下，采用抗旱造林技术可使成林木活率提高 15.8％。

4. 退耕还林

坡耕地是指分布在山坡上地面平整度差跑水跑肥跑土突出、作物产量低的旱地，不适宜耕种，需要进行退耕还林还草，将土壤侵蚀严重、产量低且不稳定的坡耕地和沙化耕地转变为林地或草地，修建梯田或林间间作等措施来减轻土壤侵蚀。因此，退耕还林技术对干旱、半干旱的工程区，尤其是农牧交错带环境恢复具有重要的意义（周立华，2019）。退耕还林后，原生自然植被逐渐恢复，植被盖度增大，群落生物量也逐年增加，林地的多样性指数也远高于耕地和草地，植被群落逐渐趋于稳定。

据统计，一期工程退耕还林 1642.05 万亩，有学者对工程区退耕还林技术实施情况进行评估，发现退耕还林增加植被覆盖度和生物多样性，有效防止生态退化。魏兴琥等（2013）选择浑善达克沙地治理区大兴安岭南部 2004 年退耕植被调查发现，退耕初期，耕地变为撂荒地，禾本科、菊科等草本植物最先入侵空地，数年后羊草等多年生草本成为林地行间的优势种；榆树－小叶锦鸡儿林总盖度和总生物量均极显著高于对照的蒿类草

地 ($P < 0.01$)，且呈逐年上升趋势。然而，也有学者研究发现，退耕还林对农牧民经济收入有一定影响。宋元媛（2013）利用工程区内蒙古、陕西和河北 20 个县 6 年期面板数据进行研究，结果表明，退耕还林项目对农户农业收入具有负向影响，对工资和经营性收入具有正向影响，但前者影响作用强于后者，因此建议持续加大对林业重点工程建设各级投入，提供必要的制度保障。

2.1.2.2 草原治理措施

国家在草原生态治理方面给予了高度重视，这对于改善草原生态环境、改善农牧民生产和生活条件起到了非常重要的作用。北部干旱草原沙化治理区的内蒙古锡林郭勒盟、乌兰察布市、包头市北部等 7 个旗（县、市），以及浑善达克沙地治理区的内蒙古锡林郭勒盟和赤峰市辖区的多个旗（县、市）均属于京津风沙源治理工程重要的草原治理区域。该区域普遍气候寒旱、沙化严重、生态环境脆弱，亟需实施相关技术手段加以保护和修复。

1. 飞播草种

草原生态系统在发生了退化之后，可以通过人工种草、飞播草种等措施增加草地植被覆盖度，提升草原生态环境质量。大量研究表明，京津风沙源治理工程实施以来，项目区草地盖度有所增加，草原植被退化沙化的趋势得到了有效控制。京津风沙源山西省治理工程通过人工种草、草种基地和飞播牧草等建设项目，使 13 个县（区）的国土增加 2.94% 的植被覆盖（高新中，2007）。黄国安等（2009）研究表明，在流动和半流动沙地宜采用飞播牧草技术措施，如内蒙古巴林右旗大板镇，飞播前地面的植被盖度为 5%，飞播后植被盖度达到 80%；翁牛特旗飞播区内牧草高度比飞播区外高 30cm 左右，植被盖度提高 20%～30%；四子王旗红格尔苏木飞播区比飞播区外牧草高度增加 6cm；东乌旗 2006 年模拟飞播牧草 666.67hm²，出苗后当年高度在 20cm 左右。陈翔等（2019）对乌拉盖严重沙化草地展开研究，采用人工撒播＋苇帘铺设等技术措施，发现治理后草群高度平均增幅 131.54%，盖度平均增幅 159.22%，密度平均增幅 225.45%，治理效果十分显著。

2. 禁牧舍饲

长期超载过牧和原始粗放的畜牧业，造成草原沙化、退化、荒漠化，草地生产力下降，严重制约了畜牧业的健康发展，影响了农牧民的经济收入状况和生活水平。因此，科学利用草原资源，禁牧舍饲势在必行。禁牧是一种对草地施行禁止放牧利用的措施，它能解除因放牧对植被产生的压力，使草原得到休养生息机会，改善植物生存环境，植被得以迅速恢复和再生。舍饲通过棚圈建设、饲草料喂养，能够有效抵抗水灾、旱灾、雪灾等自然灾害带来的威胁，也使大量的农作物秸秆得到充分利用，提高牧草、秸秆资源的利用率以及农牧民的规模养殖效益。

2002 年，京津风沙源治理工程的禁牧舍饲试点工程以锡林郭勒盟为主展开，为保证工程顺利进行，内蒙古锡林郭勒制定了《关于禁牧舍饲试点工程的管理办法》，对试点政策措施、职责分工以及组织实施都作了严格规定。确定了以牧草返青期实施春季休牧（45～60d）为主，辅之以全年禁牧和划区轮牧的方式组织实施禁牧舍饲项目。以牧户为单位，根据可食饲草量，实行"以草定畜"；以嘎查为基础单元，采用统一模式，统一实施。在牧草返青期，普遍推行"春季休牧"；在植被状况相对较好的地区，积极推行"划区轮牧"；在草原退化严重地区，重点推行"围封禁牧"策略。截至 2007 年，项目共涉及休牧、轮牧草场面积 15527 万亩，其中休牧面积 14050 万亩，禁牧面积 1476 万亩，涉及 56 个苏木 582 个嘎查 582 万头只牲畜。据内蒙古草原勘察设计院监测表明：2007 年，围封区与非围封区相比，草群高度平均增加 10.4cm，草原盖度平均增加 14.7%，鲜草产量平均增加 69.4kg/亩。也有研究表明，苏尼特右旗小针茅、多根葱草场，禁牧 3 年后，小针茅逐渐增多，盖度由 15% 增加到 23%，鲜草产量由 44kg/亩增加到 99kg/亩。阿巴嘎旗洪格尔镇沙地经过 5 年禁牧，草群高度、鲜草产量分别从 2003 年的 13cm、193.4kg/亩提高到 2006 年的 37cm、413.5kg/亩。赤峰市禁牧区、休牧区与放牧区相比，产量分别提高 3 倍和 0.5 倍，牧草高度分别提高 22.6cm 和 4.7cm，盖度分别提高 52% 和 13%。

2.1.2.3 物理和化学工程措施

工程治沙通常分为封闭、固定、阻拦、输导、改向和消散等 6 类，本研究按照实施动力和施工材料，总结归纳介绍物理措施和化学措施。

1. 物理措施

物理措施的目的在于控制风沙运动的方向、速度、结构，改变风蚀状况，防风阻沙、改变风的作用以及微地貌状况，是工程治沙的主要措施之一，具体如下：

（1）覆盖措施。通过铺设黏土、烁石或埋插秸秆，将沙地表层覆盖起来，防止土壤进一步沙化。

（2）阻沙导风设施。阻沙挡风设施主要指利用阻沙栏栅和挡沙墙等将风沙阻挡在保护对象以外的区域；或利用导风板或排风板等将风沙疏导至下风向区域，防止风沙在受保护地区堆积。阻沙导风设施通常用于风沙盛行地区，作为沙障治沙和植被治沙措施的外围屏障。

（3）机械沙障。在植被退化较为严重的情况下，机械措施往往配合植被恢复措施一并实施，提高流沙下垫面的粗糙度，达到降低近地表风速、固定流沙的效果（常兆丰，1993）。自京津风沙源治理工程开展以来，机械沙障技术发展迅速，使用材料包括各种农作物秸秆、沙生植物、黏土、砾石以及新型化学材料等。形成的沙障种类繁多，包括高立式沙障、近地式沙障、平铺式沙障；通风型沙障、疏透型沙障、紧密型沙障；网格沙障和袋状沙障等。

研究表明，机械沙障在京津风沙源治理工程中应用广泛，并取得了显著的防风固沙成效。以内蒙古苏尼特右旗为例，截至 2017 年年底，完成了沙障设置 5500 亩（包括飞播造林的沙障设置），沙障类型为草方格机械沙障，沙障材料选用胡麻柴，规格为 2m×2m，有效保护了苗木生长，对削减风力、固定沙粒、截留降雨有重要作用。有学者针对京津风沙源区沙障固沙技术效果评价问题，从技术成熟度、技术应用难度、技术相宜性、技术效益、技术推广潜力 5 个方面共筛选出 1 项判断性指标、4 项准则性指标、14 项二级指标和 25 项三级指标，构建沙障固沙技术评价指标体系（丁新辉，2019）。张威（2018）在库布齐沙漠流动沙丘区铺设适宜规格的 PLA 沙障、芦苇沙障以及沙柳沙障，结果表明，设置沙障后植被成活率显著提升，其中在 1m×1m 的沙障规格下，将沙柳以 2m×2m 的密度种植，植株的成活率坡顶为 94%，坡中与坡底为 100%；铺设 PLA 沙障条件下，沙柳、花棒、梭梭等植被在坡中与坡底的成活率均为 100%。

2. 化学措施

化学固沙主要是利用具有一定胶结性的化学物质喷洒于沙地表面，使水分迅速入渗至沙层以下，而那些胶结物滞留于一定厚度的沙层间隙中，以此隔离气流和松散沙面的接触，从而起到防风固沙的作用。固沙剂在沙地表层形成牢固的结皮层，固定沙丘、防止沙丘流动；固沙剂还具有显著的集水和保墒增温、改良土壤、抑制盐渍化等作用。常见成膜物质主要包括沥青乳液、泥炭胶、高树脂石油乳剂、油-乳胶或其他高分子聚合物等，通过机械化手段喷洒实施。化学固沙见效快、成本高，通常在风沙危害大、经济损失严重的地区应用，如机场、重要铁路和公路附近。

2.1.2.4　水利措施

水利工程是保障水源供应、植被修复和保护的基础，是防治水土流失、防洪抗旱的有效措施，因此，京津风沙源工程开展了大量水利工程技术措施，截至 2011 年年底，完成小流域综合治理 1.54 万 hm²，节水灌溉和水源工程共 21.3 万处。

工程区的水利工程得到高度重视，以可持续发展为原则，充分考虑生态环境因素和水文条件进行建设。研究发现，锡林浩特市等 7 个旗县市区 2014 年度京津风沙源治理工程水利水保项目，共计完成投资 3460 万元，其中，中央投资 2288 万元，7 个旗县市区设计治理小流域 7 条，完成综合治理任务 26.5km²，实施水源工程 250 处，实施节水灌溉工程 230 处，可发展节水灌溉面积 690hm²。再如，乌拉特前旗京津风沙源二期水利水保项目区总面积 10.03km²，2015 年，完成水保林 465hm²，沟头防护 2.5km，水源工程 5 眼，节水灌溉工程 5 片，通过水源开发、节水灌溉等配套设施的建设，使项目区成为高产高效农牧林业生产生态园区（陈小丽，2016）。

工程区开展的水利工程多以小流域为单元，推进山、水、田、林、路综合治理，统筹分析生态系统中水、土、气、生（动植物区系）等要素以及人口、生产资料、生活资料、资金、科技水平等社会经济因素，做到水利工程措施、植物恢复措施、耕作措施和经济措施合理配置、规划和实施，有效提供和分配水资源，增产增效，促使工程区内生态经济系统的整体功能得以充分发挥，沙化土地得到基本治理。

2.1.2.5　农牧业结构调整措施

京津风沙源治理工程的建设对项目区生产方式影响巨大。近年来，草场保护、休牧禁牧、退耕还林还草、舍饲圈养等一系列政策的实施，推进了农牧业结构调整和农牧民生产、生活方式转变（刘彦平，2013）。以养牛、羊为主的畜牧业已经由传统的草原放养逐步向舍饲圈养转变，由粗放养殖向养殖产业化发展。在天然草场大面积退化，草地生态系统恶化的今天，草地的生态功能和经济服务功能的协调可持续发展是适合于京津风沙源地区的畜牧业发展新途径。在合理利用天然草地的同时，加强人工饲草料基地建设，如通过人工种草、青贮玉米、饲料甜菜等优质饲料，提升饲草料质量，增加饲料供给总量，促进畜牧业产业发展同时减轻天然草场压力。把畜牧业发展建立在可靠的物质基础上，对农牧民脱贫致富、区域生态建设以及畜牧业可持续发展具有重要意义。

2.1.3　工程效益评价

京津风沙源治理一期工程启动至今已取得较大成效，目前二期工程也在开展当中。因此，本书主要结合一期工程的建设成果展开讨论。

通过对区内生态进行保护和修复，使区内沙化土地得到治理，风沙天气和沙尘暴天气明显减少，从总体上遏制沙化土地的扩展趋势，使北京及其周边生态环境得到明显改善。

2.1.3.1 生态环境明显好转

截至 2019 年，京津风沙源治理工程累计完成营造林 1.33 亿亩，2009—2014 年，工程区流动沙地面积减少 154.5 万亩，减幅达 30.7%。自工程实施以来，共在内蒙古浑善达克沙地南缘、阴山北麓、乌兰布和沙漠东缘、库布齐沙漠边缘地带、山西毛乌素沙地东缘、河北省的冀蒙边界等地建成 6 条生态防护林带。

京津风沙源治理工程有效改善了生态环境，提升了生态系统防风固沙服务功能。以一期治理工程为例：①2010 年草地生态系统占全区面积的 63.29%，10 年间林地面积增加了 2200km²，草地面积减少了 1700km²；②工程区 10 年间植被覆盖总体呈现好转态势，植被覆盖度转差的面积占全区面积的 19.36%；③工程区土壤风蚀以微度和轻度侵蚀为主，10 年间土壤风蚀量总体呈现下降态势，荒漠草原亚区下降最为明显，倾斜率为 $-3.15t/(hm^2 \cdot a)$（吴丹，2016）。京津风沙源区整体生态状况趋于好转，一系列生态工程的实施对于恢复自然植被和提升生态系统防风固沙服务功能起到了积极作用。

2.1.3.2 风沙和沙尘暴天气明显减少

为了解京津风沙源治理工程区植被对沙尘天气的影响，覃云斌等（2012）以京津风沙源治理工程区 26 个气象站 1957—2007 年观测资料为基础，结合 GIMMS-NDVI、SPOTVGT 等遥感植被数据，研究了近 50 年京津风沙源治理工程区沙尘暴时空变化及其与气象因子、植被恢复的关系。研究表明：近 50 年京津风沙源治理工程区沙尘暴发生频次呈显著下降趋势，虽自 1999 年有所上升，但仍远低于 20 世纪 50—60 年代。自京津风沙源治理工程实施以来，沙尘暴频发的荒漠草原区植被覆盖显著提高，对缓解京津沙尘暴起到了重要作用。

崔晓等（2018）采用沙尘天气气象数据和归一化植被指数 NDVI 时间序列，分析了京津风沙源治理工程区（二期）2000—2013 年沙尘天气发生日数和植被 NDVI 的时空格局，探究了沙尘天气与当年春季、前一年植被生长季 NDVI 之间的关系，揭示了植被对沙尘天气影响的时间格局和空间异质性特征。结果表明，2000—2013 年，京津风沙源治理工程区（二期）沙尘天气发生日数呈显著下降趋势，同时区域植被 NDVI 显著增加。

2.1.3.3 产业结构优化，农牧民收入增加

自工程实施以来，各个建设区域通过积极探索适合本地发展的生态经济型治理模式，培育绿色产业、发展特色经济，以种植业为主的粗放农业产业结构向集约化农业产业结构发展，农牧民收入稳步增加。对生态脆弱，交通不便，地方病严重，不适宜生产、生活的高寒、高山及偏远地区，有组织、有计划地进行异地搬迁，政府划定基本农田、补助房舍建设等措施。

京津风沙源治理工程建设中，多地从整合农业资源入手，把舍饲养牛羊、封山禁牧、退耕还林草、发展生态农业作为加快生态建设的根本性措施，使农民真正在生态建设中得到了实惠，形成了农村经济全面发展，农民收入增加，生态环境持续改善的良性循环的多赢局面。例如北京京津风沙工程区，加快产业结构调整，逐渐形成了以特色林果业、绿色

种养业和生态休闲旅游业为主的三大主导产业，通过退耕还林、人工造林、小流域治理、生态移民等一系列工程措施，延庆、平谷、密云、门头沟、怀柔先后被评为国家级生态示范区，据统计，全市京津风沙源工程区生产总值由 2000 年的 207 亿元增加到 2009 年的 828 亿元，2009 年旅游收入增幅达 63%，农民人均纯收入平均每年增长 14.9%。由此可见，通过对防风固沙区产业结构调整及生态环境的综合治理，形成人口、资源、环境协调统一，生态建设和经济建设协调发展的绿色道路，有利于发展地区经济，促进农民增收致富。

2.1.4　存在问题及发展建议

自京津风沙源治理工程实施以来，沙化土地减少，沙尘天气减弱，风沙危害减轻；林草植被覆盖率大幅增加，社会可持续发展能力提高，生态文明程度提高。然而生态继续恶化的趋势还没有从根本上扭转，治理区域内生态环境仍然十分脆弱，农牧民生活方式也亟需改善，在工程的管护过程中也还存在不少问题。

2.1.4.1　存在问题

1. 生态环境问题依然严重

一期工程治理区域内生态环境仍然十分脆弱，局部地区生态继续恶化的趋势还没有从根本上扭转。林草植被覆盖度仍不高，土壤抗蚀能力差。一期工程建成的人工植被大多处于中幼龄期，且树种、草种比较单一，稳定性较差，抗干旱、抗风蚀、抗病虫害能力弱，极易受到外界环境的影响而发生逆转；工程区生态防护体系还不是很完善，工程区受保护农田、草场的绝对比率只有 16.2%，还有大面积荒漠草原、退化农地没有得到有效治理。

2. 农牧民生产生活方式亟需改善

一期工程区人们的生产生活方式已经逐步由游牧放养向舍饲圈养转变，由毁林开荒向植树种草转变，由传统农业向设施农业转变。但总体而言，区域内人们生产、生活方式的改变才刚刚起步，要彻底转变一个地区的生产、生活方式，需要一个很长的过程，这不仅是一个经济过程，而且是一个社会过程、文化过程，如果一些地方退耕还林、退牧还草后，不能有效解决农牧民的长远生计问题，就会导致毁林开荒、毁草种粮回潮，再次造成土地沙化。

2.1.4.2　发展建议

1. 开展技术评估，完善综合治理技术体系

工程区存在大量干旱缺水的地区，生物措施无法实行，如简单应用植物治沙，可能造成植被存活率低，并且消耗地下水，成为植被退化、土壤风蚀、环境恶化的隐性因素。因此，有必要对工程中存在的技术开展评估，剔除不适合的技术，筛选出更适合的技术，完善未来工程治理技术体系，如考虑调整工程技术措施，通过植物治沙技术配合工程措施、水利措施，形成完善的综合治理工程体系。

2. 注重农林水等行业协同治理

从建设内容和规模来看，目前考虑行业单因素较多，各行业治理措施所要解决问题的目标性不够强，建设内容之间逻辑关系考虑得较少，还缺乏系统性和综合性。因此，需要各行业发挥部门协调机制、综合治沙工作机制，积极扶持产业协会和农民合作组织的发展。

3. 强化技术创新和技术难题攻关

建议开展沙化土地、土石山区、盐碱地等困难地生态恢复技术研究与探索，推广产生经济效益的特色经济林，创新种植栽培技术，有效发展沙区产业。

4. 完善生态补偿机制

建议建立生态补偿机制，可由项目收益最多的经济发达地区的居民建立补偿基金，对经济贫困项目区农民由此遭受的损失给予补偿，体现社会公平。

2.2　黄河上中游水土保持重点防治工程

2.2.1　黄河上中游水土保持工程基本概况

2.2.1.1　自然概况

黄河发源于青藏高原巴颜喀拉山，从源头向下依次流经青海省、四川省、甘肃省、宁夏回族自治区、内蒙古自治区、陕西省、山西省、河南省和山东省，上中游地区主要包括前7个省（自治区），面积约 70 万 km²。

黄河上游以山地为主，山高坡陡，落差大，由青藏高原、黄土高原和内蒙古高原组成；中游以丘陵和平原为主，沙源丰富，多水多沙，主要位于黄土高原。年等温线南高北低，受海拔影响，年均气温多样化，渭河谷最高，12～14℃，由山西、宁夏、陕北、甘肃至青海东部气温依次降低，黄河源区年温最低，约−3℃。

黄河中上游属于温带大陆季风气候，南有秦岭阻隔北上水汽，年降雨量多在 500mm 以下；渭河谷地、山西降雨略为充沛，为 400～600mm；甘肃中东部、河套、青海东部年降雨量通常在 500mm 以下；宁夏及黄河源地年降雨量最低，仅为 100～250mm。降雨量集中在夏秋季节，多暴雨，易出现洪峰。本工程区少云少雾、日照充足、自东南向西北逐渐增加。

2.2.1.2　主要水土保持工程概况

1. 国家水土保持重点建设工程

国家水土保持重点建设工程原名"全国八大片重点治理区水土保持工程"，该工程于1983 年开始实施，是我国第一个由国家安排专项资金，有计划、有步骤开展水土流失综合治理的水土保持重点工程。2007 年年底，水土保持重点建设工程进行了此阶段的竣工验收，国家 25 年累计投入资金 10.3 亿元，综合治理水土流失 4.5 万 km²，建成了一大批水土保持生态建设示范工程，取得了显著的社会、经济和生态效益，为全国大规模生态环境建设提供了可借鉴的宝贵经验，在我国生态建设中起到很好的示范带动作用。根据经济社会发展对水土保持的新要求，水利部水土保持司组织编制了《国家水土保持重点建设2008－2012 年规划》并与财政部联合批复。

《国家水土保持重点工程 2017—2020 年实施方案》主要依据国务院批复的《全国水土保持规划（2015—2030 年）》，重点通过以小流域为单元，开展坡耕地整治、侵蚀沟和崩岗治理、兴修小型水利水保工程，促进农村特色产业发展和土地利用结构调整，加快贫困地区水土流失综合治理。该方案覆盖北京、河北等 27 个省（自治区、直辖市、计划单列市） 762 个县（市、旗、区）。其中涉及 466 个国家级贫困县、505 个国家级水土流失重点防治区县、478 个革命老区县。通过 2017—2020 年 4 年实施，新增治理水土流失面积 4.58 万 km²、治理崩岗 1020 座，中央财政对地方予以适当补助。

2. 黄河上中游水土保持重点防治工程

1986 年，国务院批复实施"黄河上中游水土保持重点防治工程"，投入 1000 万元，随后，工程实施范围逐步扩大，投入力度也在逐步增加。1997 年，水利部发布《黄河上中游水土流失区重点防治工程项目管理试行办法》（水保〔1997〕142 号），提出此阶段黄河上中游水土流失区重点防治工程的目标。黄河上中游 56 个重点治理县都要按照小流域综合治理开发规划实施水土流失治理开发项目，以形成综合治理开发体系。要采取各种措施，使小流域综合治理程度达到 70% 以上，林草面积达到宜林宜草面积 80% 以上，综合治理保存面积达到 80% 以上，人为水土流失得到控制；土地利用结构合理，土地利用率达到 80% 以上；小流域经济初具规模，土地产出增长率和商品率均达到 50% 以上。人均生产粮食 400kg 以上，人均纯收入比当地平均水平年增长 30% 以上；蓄水保土缓洪效益显著，减沙效益达到 70% 以上。通过 56 个重点治理县的建设，以点带面，推动黄河上中游水土保持工作的持续、快速、健康发展。

2006 年，《黄河上中游水土保持重点防治工程建设 2006—2010 年实施规划》通过审查。"十一五"期间，在国家的大力支持下，黄河上中游地区水土保持生态建设取得了新的进展，共治理水土流失面积 5.6 万 km²，其中建设基本农田 1020 万亩，营造水土保持林草 5500 万亩，实施生态修复 1.24 万 km²，建成淤地坝 3949 座，其中骨干坝 1390 座。截至 2009 年年底，全流域已累计治理水土流失面积 23 万 km²，年均减少入黄泥沙超过 4 亿 t。

近年来，黄河上中游管理局深入贯彻执行中央关于生态文明建设的战略部署，积极开展治黄工程，"十二五"新增水土流失防治面积 5.4 万 km²，治理小流域 730 多条，建设淤地坝 740 座，年均水土流失综合防治面积超过 1 万 km²。加强农业综合开发水土保持项目、坡耕地综合治理等国家重大水土保持工程项目的监督管理。认真履行淤地坝安全运用行业监管职责，保障了流域 5.8 万余座淤地坝安全度汛。

3. 黄土高原淤地坝工程

2003 年 11 月 8 日，黄土高原地区水土保持淤地坝工程启动暨黄河中游水土保持委员会第七次会议召开，黄土高原地区水土保持淤地坝工程全面启动。以《黄土高原地区水土保持淤地坝规划》为指导，黄土高原 7 省（自治区）已建成淤地坝 11 万余座，淤成淤地坝超过 30 万 hm²，累计拦泥超过 210 亿 t。会议根据党中央、国务院关于加快淤地坝建设发展的精神，明确了今后黄土高原淤地坝建设的目标与任务。规划到 2020 年，国家计划建设淤地坝 16.3 万座，其中骨干坝 3 万座，完成黄土高原地区淤地坝建设任务需总投资 830.6 亿元。黄土高原地区主要入黄支流基本建成较为完善的沟道坝系。工程实施区水土综合治理程度达到 80%。淤地坝年减少入黄泥沙达到 4 亿 t，为实现黄河长治久安、区域经济社会可持续发展，全面建设小康社会提供保障。工程发挥效益后，可拦截泥沙能力可达到 400 亿 t、新增淤地坝面积达到 750 万亩，促进退耕面积可达 3300 万亩。同年，淤地坝工程被水利部党组列为水利建设的"三大亮点"工程之一，作为水利建设的重点工程。淤地坝工程建设投资实行中央、地方和群众共同投入的机制，骨干坝以中央投资为主，中小淤地坝以地方和群众投入为主。

2.2.2 工程建设主要技术措施

黄土高原地区水土流失治理措施可分为：工程措施、生物措施和耕作措施3类，具体见表2-4，3类措施的综合运用称为综合措施。

表2-4　　　　　　　　　　黄河上中游水土流失治理技术措施

治理措施	治理技术	具 体 实 施
工程措施	治坡工程	修筑梯田；开挖丰产沟、鱼鳞坑；修集雨水窖、蓄水涝池、截水沟
	治沟工程	沟头防护工程；谷坊、淤地坝、拦沙坝；沟道蓄水工程；引洪漫地；滑坡防护
	护岸工程	护岸堤；导流堤；丁坝
生物措施	土壤改造	保土蓄水；改良土壤
	植被恢复措施	封山育林、育草；人工造林、植草；水土保持林优化
耕地措施	退耕还林还草	产量低且不稳定的坡耕地（>25°）和沙化耕地转变为林地或草地
	改变小地形	等高耕作；等高沟垄耕作；区田；圳田；水平防冲沟
	增加覆盖	草田轮作；间作、混作和套种；等高带状间作；砂田
综合措施	砒砂岩抗蚀促生技术	W-OH抗蚀促生复核材料

2.2.2.1 工程措施

水土流失治理工程措施主要包括坡面治理工程、沟道治理工程和护岸工程等。

（1）坡面治理工程。坡面治理工程是指在山地、丘陵和塬地坡面上修筑的蓄（排）水和保土工程设施。包括梯田（水平台地、水平沟、山边沟）工程、引水工程、蓄水工程和排水工程等。如修筑梯田，开挖丰产沟、鱼鳞坑，修集雨水窖、蓄水涝池、截水沟等。

（2）沟道治理工程。沟道治理工程是指在沟道上修建的防止沟蚀发展、拦蓄洪水泥沙及水沙利用的工程设施。它包括沟头防护工程、土石谷坊、淤地坝、拦沙坝、沟道蓄水工程、引洪漫地和滑坡防护工程等。如修建治沟骨干坝、淤地坝（拦沙坝）、小水库、谷坊工程等。

（3）护岸工程。护岸工程是指防止沟道两岸冲刷的重要工程措施，其作用为稳定岸坡、改变洪水流向、保护耕地道路等，主要有护岸堤、导流堤和丁坝等。

本研究选取常见工程措施，如坡面整地、淤地坝、蓄水工程等水土流失治理工程技术措施。

1. 坡面整地

为防止水土流失，鱼鳞坑造林被坡面治理和整地工程广泛采用。在陡峭或支离破碎的坡面上沿等高线自上而下挖掘有一定蓄水容量、交错排列的半月形土坑，将树栽于坑内，具有保水保土保肥、增加土壤厚度、容易扎根等优点，从而缓解或抑制水土流失现象。通常小鱼鳞坑适用于陡坡、地形破碎的条件，大鱼鳞坑可用于土厚、植被茂密的中缓坡。另外，水平阶、水平沟、反坡梯田等也是整地的常用技术措施，具体整地方式、适用地形及规格条件见表 2-5。

表 2-5　　　　　　　　　　　　不同整地方式适用条件及要求

整地方式	适 用 地 形	规 格 要 求
鱼鳞坑	地形破碎、地质环境不好的陡坡	月牙坑直径 0.6～0.8m，深坑 0.6m，土埂高 20～25cm，鱼鳞坑间距 2～3m，上下两排坑距 2～3m
水平阶	坡面较为完整的地带	沿等高线里切外垫，作成阶面水平或稍向内倾斜成反坡；阶宽 1.0～1.5m；阶长视地形而定，一般为 2～6m；深度 40cm 以上；阶外缘培修 20cm 高的土埂
反坡梯田	坡面较为完整的地带	多修成连续带状，田面向内倾斜成 12°～15°反坡，田面宽 1.5～2.5m；在带内每隔 5m 筑一土埂，预防水流汇集；深度 40～60cm
水平沟	坡面完成，干旱及较陡的斜坡	口宽 1m，沟底宽 60cm，外侧修 20cm 高埂；沟内每隔 5m 修一横档

注：资料来源于《水土保持工程设计规范》（GB 51018—2014）。

2. 淤地坝建设

淤地坝建设不仅能够有效拦截泥沙、防洪保安，而且能够淤地造田、增产增收、便利交通，是一项利国利民的重要生态建设措施。作为水利部亮点工程的淤地坝具有明显的拦沙淤地效益，可以快速有效地减少入黄粗泥沙。大量研究成果表明，在各项水土保持措施中，对减少入黄泥沙贡献率最大的是淤地坝拦沙（许炯心等，2006）。根据水利部于 2003 年颁布实施的《黄土高原地区水土保持淤地坝规划》，到 2020 年淤地坝数量将达到 16.3 万座。通过分析黄河中游地区典型小流域和重点支流的淤地坝资料，得出淤地坝拦泥减沙作用明显，各支流淤地坝的拦泥量占到水土保持措施拦泥量的 66%～84%，而坝库减沙量约占水保措施总减沙量的 60%～70%。淤地坝建设能有效遏制水土流失，并为改善黄河上中游生态环境、有效减少入黄泥沙和促进农业发展起到积极的作用。

淤地坝是快速减少入黄粗泥沙的首选工程措施和第一道防线，具有明显的"拦粗排细"功能（冉大川等，2006）。淤地坝按库容可分为大型淤地坝、中型淤地坝和小型淤地坝，大型淤地坝又分为 1 型淤地坝和 2 型淤地坝；淤地坝按筑坝施工方式可分为碾压坝、水坠坝、浆砌石坝；按筑坝材料可分为土坝、砌石坝、土石混合坝。遭遇连续场次洪水时，淤地坝前期可利用淤积库容短时期积蓄洪水，缓解连续场次洪水造成的危险。根据近年调查研究成果和坝系建设经验，采取干支沟、上下游统一规划，打新坝与旧坝加固加高配套相结合，大坝、中坝、小坝相结合，小多成群有骨干，先布大型坝，后布小型坝。一般大型坝控制面积 3～5km²，中小型坝单坝控制面积以 0.2～3.0km² 为宜，有加高条件的旧坝应优先考虑继续加固维修，以扩大淤地坝面积。在淤地坝建设的同时，有计划地加强坡面工程措施和林草植被建设，以提高坝系形成过程中淤地坝的防洪保收能力，提高淤地坝的利用率，实现淤地坝高产稳产。

3. 蓄水工程

通过修建小型蓄水工程来拦泥蓄水，使降雨产生的径流、泥沙就地被拦蓄，减少暴雨对土壤表面的冲刷，减少河流泥沙对河道及坝库等水利工程的淤塞，从而保护土壤及其养分免遭冲刷、水分免遭流失，同时也减轻洪水危害。小型蓄水工程包括水窖、蓄水池、沉沙池、涝池和雨水集蓄利用工程等类型。蓄水工程主要适用于山区、丘陵区坡面径流利用，通常与截排水工程配套使用。不同小型蓄水工程适用条件及要求见表 2-6。

表 2-6 不同小型蓄水工程适用条件及要求

工程类型	适 用 条 件	规 格 要 求
水窖	道路旁、地表径流充沛；土层深厚坚实，距沟头、沟边 20m 以上，距大树根 10m 以上	井式水窖单窖容量宜取 30～50m³；道路旁边有土质坚实崖坎且要求蓄水量较大的地方，可布设窑式水窖，单窖容量可大于 100m³
蓄水、沉沙池	坡脚或坡面局部低洼处，地质条件良好，与排水沟相连	分布与容量应根据坡面径流总量、蓄排关系，按经济合理、便于使用的原则确定；一个坡面可集中布设一个蓄水池，也可布设若干蓄水池，单池容量宜为 10～500m³
涝池	地势低洼、土质抗蚀性能较好、有足够的表径流流入	根据来水量与需水量供需平衡分析确定，一般涝池单池容量宜取 100～500m³，大型涝池单池容量应超过 500m³；距沟头、沟边不应小于 10m

注：资料来源于《水土保持工程设计规范》（GB 51018—2014）。

2.2.2.2 生物措施

1. 水土保持林营造

水土保持林业措施是指在水土流失区造林营林提高森林覆盖率，使之有效发挥拦蓄径流、涵养水源、调节河川、湖泊和水库的水文状况，防止土壤侵蚀，改良土壤和改善生态环境的功能，是水土保持生物措施的重要组成部分（隋媛媛，2015）。通过这项措施还能提供燃料、饲料、肥料、木材、果品及其他林副产品，促进农林牧及商品生产的综合发展。因此，培育具有较高生态效益和经济效益的林种组成和林分结构，应作为水土保持林业措施的重要环节。根据防护目的所处地形部位的不同，水土保持林可分为分水岭地带防护林、坡面防护林、侵蚀沟道防护林、沟坡防护林、沟头防护林、护岸护滩林、池塘、水库防护林、护路林、水土保持经济林等。

营造水土保持林宜应采用人工造林、封山育林、飞播造林相结合，乔木、灌木和草本相结合的方式。除河滩、湖滨等平缓地外，凡 5°以上坡度的造林地，不应采取全面整地，减少对原有地表植被的破坏。对于低效水土保持林应采取相应修复措施，如稀疏林、残破林，林木不均、林隙多等情况采用补植方式改造修复；单层单一树种纯林，宜改造成立体复层模式、混交模式；老化、灾害严重的低效林宜采用渐伐作业形式，逐步去除有害林木，重新营造改造水土保持林。

2. 水土保持草牧业建设

水土保持草牧业措施是指在遭受水蚀风蚀的草原和丘陵地区，恢复或重建草场，增加地面覆盖，并以提高草地生产力与合理发展畜牧业相结合为目的的水土保持措施（成思敏，2017）。它包括天然草地封育、改良，建造人工草地和划区轮牧等。

草牧业建设措施是指在水土流失敏感性高、侵蚀等级高的草原和丘陵地区，恢复重建草地草场，增加植被覆盖率，提高牧草产量与畜牧业开发并举，可以通过以下具体措施进行草牧业建设：①禁封、封育，属于自然修复的典范，是指在轻度退化的草地上，停止开发、放牧等一系列人为破坏活动，利用生态系统自我调节能力自然恢复；②草地改良，对于中度退化草地，通过人工干预，如优选草种、补播和耕翻、灌溉施肥、保水剂使用等辅助技术措施对草场进行改良；③草地建植，对于中重度退化草地，可以通过人工种植牧草或飞播草种而新建的草地，通常具有产量高、质量好的特点；④休牧、轮牧，根据草地类型、面积、产量以及牲畜的种类、数量将草场划分成不同区域，在不同区域内进行牧草休养生息、适当放牧、轮流放牧的技术措施。

2.2.2.3 耕地措施

水土保持保土耕作措施是指就地拦蓄降水，改变小地形，或增加地面覆盖的耕作、轮作、防止水土流失，并保证农业增产稳产而采用栽培和改土培肥等技术措施。其特点在于把保持水土和提高农业产量作为统一体来考虑。

1. 退耕还林还草

坡度较大的耕地是水土流失易发的区域，需要进行退耕还林还草工程，将水土流失严重、产量低且不稳定的坡耕地和沙化耕地转变为林地或草地，修建梯田或林间间作等措施来减轻土壤侵蚀。研究表明实施退耕还林还草，能改善土壤结构，消减土壤侵蚀，林地能更好地消除降雨动能，降低细沟侵蚀到 50% 以下，面蚀到 70% 以下（李艳丽，2011）。

坡耕地水土流失治理的植物措施主要为植物篱（黄小芳，2021）。位于山坡中上部、顶部、坡度较陡（一般 ＞25°）的土地土层较为贫薄，降雨冲蚀严重，人为拓荒、过度垦殖和放牧等不合理土地利用方式加剧水土流失，需要加强工程措施和植被措施，调控产流产沙。退耕地造林后，禁止间作粮食和蔬菜。位于山坡中下部的中坡地（一般 10°～20°），土层较厚，生产力水平高，水土流失风险相对较低，可以通过修建梯田和林间间作等措施，兼顾生态效益和经济效益，缓解或预防水土流失。在确保地表植被完整，减少水土流失的前提下，采取林果间作、林药间作、林竹间作、林草间作、灌草间作等间作模式，在保证生态健康的前提下，提高居民经济收入。

2. 改变小地形的农业技术措施

改变小地形的农业技术措施主要是指增加地面粗糙度的水土保持耕作技术措施，其主要有等高耕作、圳田、区田、坑田、农垄作区田、沟垄种植、水平沟种植、丰产沟等。

等高耕作又称横坡耕作技术。是指沿等高线垂直坡面倾向进行的横向耕作，是坡耕地实施其他水土保持耕作措施的基础。沿等高线进行横坡耕作，在犁沟平行于等高线方向会形成许多蓄水沟，从而有效地拦蓄了地表径流，增加土壤水分入渗率，减少水土流失。

等高沟垄耕作是在等高耕作基础上进行的。在坡面上沿等高线开犁，形成沟和垄，在沟内或垄上种植作物。一条垄等于一个小坝，可有效减少径流量和冲刷量，增加土壤含水率，保持土壤养分。可进一步分为水平沟种植、垄作区田、平播起垄等措施。

3. 区田

在坡耕地上沿等高线划分成许多 1m² 的小耕作区，每区掘 1～2 钵，每钵长、宽、深各约 50cm。掘钵时，用铣或镢，先将表层熟土刮出，再将掘出的生土放钵的下方和左右两侧，拍紧成埂，最后将刮出的熟土连同上方第二行小区刮出的熟土全部填到钵内。掘第二行钵体时将第三行小区的表层熟土刮到坑内，以此类推。

4. 圳田

沿坡耕地等高线作成水平条带，每隔 50cm 挖宽、深各 50cm 的沟，并结合分层施肥将生土放在沟外拍成垄，再将上方 1m 宽的表土填入下方沟内。由于沟垄相间，形成窄条台阶地。此法亦可采用人畜相结合，以提高功效。

5. 水平防冲沟

田面按水平方向，每隔一定距离用犁横开一条沟。上下犁沟间所留土挡应错开。犁沟的深浅和宽窄，在 20°的坡地上沟间距离约 2m 左右，沟深 35～40cm。

6. 增加覆盖的技术措施

覆盖技术措施主要以增加地面覆盖度和增强土壤抗冲抗蚀性为目的。例如合理密植，间作套种，等高带状间作、草田轮作、少耕或免耕及残茬覆盖等。

（1）草田轮作。轮作是把自然条件相同或相似的地块，划分为若干面积基本相等的田区，每个田区有次序、逐年采用一定的轮作方式，以保证地面有良好覆盖的耕作方式。大田轮作有多种方式，如以生产粮食或工业原料为主的专业轮作；为专门发展农产品而建立的水旱轮作；为后茬作物提供较好水肥条件的休闲轮作；为保持水土和改良土壤为主的草田轮作。在水土流失区的坡地，主要采用草田轮作。黄土高原大部分地区冬麦收割后正逢雨季，采用合理的轮作方式以改变其休闲裸露，是防止坡耕地水土流失的重要措施。

（2）间作、混作和套种。间作是在同一田块于同一生长期内，分行或分带相间种植两种或两种以上作物的种植方式，农作物与多年生木本作物（植物）相间种植，也称为间作。混作是在同一块地上，同期混合种植两种或两种以上作物的种植方式，一般在田间无规则分布，可同时撒播，或在同行内混合、间隔播种，或一种作物或行种植，另一种作物撒播于其行内或行间。套种是在前季作物生长后期的株行间播种或移栽后季作物的种植方式，也称串种。

（3）等高带状间作。沿等高线将坡地划分成若干条带，在条带上交互和轮换种植密生作物与疏生作物或牧草与农作物的一种坡地保持水土的种植方法。它利用密生作物带覆盖地面、减缓径流、拦截泥沙来保护作物生长，从而起到比一般间作更大的防蚀和增产作用；同时有利于改良土壤结构，提高土壤肥力和蓄水保水的能力。

（4）砂田。砂田是甘肃等省的干旱区采用的一种蓄水保墒特殊耕作法。其注意事项为：①要选择离砂源近、土壤肥沃、坡度缓的土地；②要选择含土少、砂粒大小适中的砂源；③要事先平整土地，施足底肥、精耕细作；④要掌握铺砂厚度，旱砂田铺 12cm 厚，水砂田铺 6cm 厚，每公顷需砂 150 万 kg 以上；⑤要防止砂土混合，采用不再进行翻动土层的耕作。

2.2.2.4 砒砂岩抗蚀促生技术

砒砂岩区占黄河流域面积的 2%，黄河下游 25%的淤积量是由砒砂岩造成的，成为黄河区域水土流失的主要地点。因此，有研究分析砒砂岩侵蚀动力与侵蚀岩性机理，开发了抗蚀促生和原岩改性技术，创建生物—材料—工程抗蚀促生措施。抗蚀促生材料是一种基于 W-OH 的高新抗蚀促生复合材料，W-OH 属于亲水性聚氨酯，与水反应可迅速聚合为弹性凝胶体，与土、砂等多种材质的附着力强，具有良好的渗透性能、抗蚀性能、保水性能以及植生性能；同时具有高度的安全性和无毒性，绿色环保。有研究表明，抗蚀促生试验小区径流量减少 70% 以上,产沙量减少 91% 以上,抗蚀促生材料和二元立体配置模式达到了防治砒砂岩区水土流失和快速修复生态的目的(肖培青,2016)。

2.2.3　工程效益评价

2.2.3.1　水土流失现象减轻

20 世纪 80 年代以后,国家在黄河上中游先后开展了小流域治理工程、水土保持重点工程、退耕还林(草)工程、淤地坝建设和坡耕地整治等一系列生态工程,水土保持生态建设取得显著成效,初步治理水土流失面积超过 22 万 km²,建成淤地坝 5.9 万余座、基本农田 550 万 hm²,一些重点治理区、重点小流域治理程度达 70% 以上(马永来,2018),水土流失面积减少、程度减轻。刘国彬等(2016)对黄土高原生态工程的生态成效研究结果表明,2000—2010 年,黄土高原地区土壤侵蚀强度整体呈显著下降趋势,中度以上侵蚀区土壤侵蚀强度以 1~3t/(hm²·a)速度在减少,其主要分布在黄土高原重点水土流失区,包括黄土丘陵沟壑区和高塬沟壑区的陕西榆林、延安地区和山西吕梁等地。据统计,现有水土保持措施年均减少入黄泥沙 4.35 亿 t 左右,有效减缓了下游河床的淤积抬高速度,减少了水旱灾害,为黄河水资源有效开发利用奠定了基础。

2.2.3.2　生态环境明显改善

近三十年来,黄河上中游地区植被覆盖产逐年明显增加,其中黄土高原丘陵区和土石山区明显增加,NDVI 均值由 0.21 增加到 0.48,净增加 128.6%(刘国彬,2016)。“十二五”国家科技支撑计划项目“黄河中游来沙锐减主要驱动力及人为调控效应研究”结果表明,20 世纪 70 年代末至 90 年代末,黄河上中游地区林草植被覆盖率变化不大,但 1998—2013 年林草植被覆盖率却由 11%~25% 增长至 35%~55%,其中河口镇—龙门区间黄河以西地区和北洛河上游林草植被覆盖率增长了 115%~195%,河口镇—龙门区间黄河以东地区和泾河多沙区增长了 35%~51%(马永来,2018)。因此,通过大面积封育保护、造林种草、退耕还林还草等水土保持工程措施,黄河上中游林草被面积大幅增加,生态环境得到了明显改善。

2.2.3.3　居民生活质量提升

通过水土保持耕地技术措施,使跑土、跑水、跑肥的“三跑地”变成保土、保水、保肥的“三保田”。淤地坝建设,增加了高产稳产的优质耕地,有效蓄积、利用地表径流,对解决水资源匮乏地区的农民生活和农业生产用水发挥着重要作用。修建的水窖、涝池、谷坊等小型水利水保工程,对解决人畜饮水、防治沟道侵蚀具有重要作用。绿色发展理念,建立国家生态示范县、全国绿化模范县、全国水土保持生态文明县,拓宽居民增收途径。黄河上中游水土流失治理综合效益显著,定西的土豆、延安的苹果、山西的仁用杏、鄂尔多斯的沙棘、河南的大枣等特色产业落地生根、开花结果,规模化、集约化畜牧业发展模式得到推行,为促进农业增效、农民增收、农村发展创造了条件。

2.2.4　存在问题及发展建议

2.2.4.1　存在问题

目前,黄河上中游水土流失防治工程取得较好的成效,然而,也同样存在水土流失防治技术缺乏有效评价筛选，水土保持配套法规和制度还不够健全，水土保持信息化程度不高，水土流失总体好转、局部良性循环的局面尚未实现等问题，水土流失治理任务依然艰巨，距离生态文明建设的要求还有较大差距。

2.2.4.2 发展建议

1. 开展治理技术评价

区域内水土保持工程中采用了大量的技术，但有些技术在不同时空内存在不适应的问题，如在十分干旱地区种植大密度的乔木树种，其结果导致林木成"小老头树"，局部地下水位下降、生态恶化等现象，需要针对不同区域不同时段评估各类技术，筛选出适合的，淘汰不适合的技术，促进水土保持技术体系的成熟。

2. 完善水土保持法规和制度

建立健全水土保持法律法规和相关制度，强化依法防治，严格执行相关制度机制。建立稳定的投入机制，加强水土流失防治制度的研究力度；完善金融扶持和税收优惠等政策，引导企业、个人等社会资金积极投入水土流失防治事业；尽快出台《生态补偿条例》，完善水土保持防治法律体系，严格执行《水土保持法》《森林法》《草原法》等法律法规；加大水土保持法律法规及科普知识的宣传教育力度，提升广大群众水土保持法制观念及环境保护意识。

3. 加大水土流失防治力度

加大水土流失防治科学研究力度，加强水土保持工程建设，坚持综合治理，全面提升水土保持生态建设水平；坚持自然恢复，促进生态环境改善，推进以生态功能提升为目标的水土保持工程；遵循地带性规律和因地制宜原则，持续增加林草植被覆盖率和提高生物多样性，增加人工植被稳定性，提升生态系统水土保持生态功能；全面实行生态公益林补偿机制，实施天然林保护，强化封山育林，充分发挥黄土高原地区的自然修复能力。

4. 将监测与评价紧密结合

监测是评价水土保持工程成效的关键过程，是保障工程建设效益及获得相关生态数据的重要手段。生态建设过程中，生态系统的发展和演变未必按照计划进行，因此，需要将生态监测与工程建设评价紧密结合，建立长期、持续的监测和评价机制，及时反馈工程建设效果、调整水土保持策略。因此，建议加强水土保持工程监测和评价的指标体系构建，加强监测规范以及监测流程等方面研究，以保证水土保持工程顺利进行。

5. 提高农牧民收入

优化产业结构，保障黄河上中游地区居民收入、创造良好生存生活条件，是水土保持工作顺利开展和地区可持续发展的关键举措。对生活条件恶劣，地质灾害频繁的地区，实施生态移民，有计划地开展实施异地扶贫搬迁，落实国家精准扶贫的目标。对水土流失地区的富余劳动力，一方面，发展绿色生态农业，实现规模化、集约化畜牧业发展，推动绿色经济发展；一方面，开展专业性技能培训，完善农村社会保障体系，提高农民素质与就业能力，为农户创造更多的非农就业机会，促进剩余劳动力转化。

2.3 南方石漠化综合治理工程

2.3.1 工程概况

2.3.1.1 石漠化治理范围概况

1. 区位条件

2012 年国务院公布的全国第二次石漠化监测结果，石漠化治理范围涉及贵州、云南、广西、湖南、湖北、重庆、四川、广东等 8 省（自治区、直辖市）455 个县（市、区），岩溶面积 45.3 万 km²，其中石漠化面积 12 万 km²。具体范围是指以云贵高原为中心的岩溶石漠化区域，位于青藏高原东南，北起秦岭山脉南麓，南至广西盆地，西至横断山脉，东抵罗霄山脉西侧，属世界三大岩溶集中分布区—东亚片区的中心地带。该治理范围横跨中国大地貌单元的三级阶梯，主要分布于第二级阶梯的云贵高原，总体地势西北高、东南低。

2. 自然地理状况

石漠化区域以山地为主，山岭河谷交错，相对高差大，山地面积占石漠化区域总面积的 70% 以上，碳酸盐岩广泛分布。石漠化区域气候温暖湿润，热量条件较好，大部分地区年均气温为 14～24℃。区域的年降雨量在 800～1800mm 之间，绝大部分地区年降雨量在 1000～1400mm 之间，但降水季节分布不均，5—9 月降雨占全年降雨量的 70% 左右，雨季降雨强度大，导致干旱和内涝灾害交替发生。

石漠化区域水资源丰富，达 14702 亿 m³，人均拥有水资源量 6425m³/a，为全国平均水平的 2.9 倍。由于特殊的地质结构，石漠化区域地表水系不发育或发育不完整，多为封闭洼地、落水洞和漏斗；地下水资源埋藏较深，可利用率低，局部地区季节性缺水问题突出，可利用水资源匮乏。石漠化区域处于我国的长江、珠江、澜沧江、红河等大江大河的中上游地区，是珠江的源头与中上游地区，又是长江的重要水源补给区。

石漠化区域土壤松散，易侵蚀，表现为富钙、偏碱性，有效水分含量偏低。石漠化区域植被类型丰富，具有明显的亚热带性质岩溶植被，种质资源丰富，生物多样性指数较高，珍贵、稀有与特有种类众多。

3. 社会经济状况

截至 2014 年年底，石漠化区域人口 22883 万人，其中，农业人口 16361.28 万人，农村劳动力转移人数 3311 万人；少数民族自治县 198 个，少数民族人口 5190 万人，主要居住有壮族、苗族、瑶族等 50 个少数民族。石漠化区域国内生产总值为 60836.7 亿元，人均国内生产总值为 26586 元，农民人均年纯收入为 8510 元。有集中连片特殊困难县和国家扶贫开发工作重点县共 217 个，有贫困人口约 3000 万人。

2.3.1.2 石漠化重点治理范围概况

《岩溶地区石漠化综合治理工程"十三五"建设规划》推出 200 个石漠化治理的重点县（区、市），以贵州、云南、广西、湖南、湖北和重庆等地为主，石漠化土地面积 9.98 万 km²，占全国石漠化面积的 83.2%；涉及人口 10222 万人，占全国石漠化区域人口的 45%。

200 个重点县土地面积为 57.15 万 km², 岩溶面积 32.85 万 km²。石漠化面积 9.98 万 km²，其中轻度石漠化面积 3.53 万 km²，中度石漠化面积 4.29 万 km²，重度以上石漠化面积 2.16 万 km²；200 个重点县中石漠化面积大于 300km² 的县有 150 个。

200 个重点县人口 10222 万人，人口密度 179 人/km²。国内生产总值 19076.8 亿元，其中第一产业增加值 3832.8 亿元，第二产业增加值 8243.4 亿元，第三产业增加值 7000.6 亿元。200 个重点县农民人均纯收入 7119 元，相当于全国农民人均纯收入的 72%。200 个重点县有集中连片特殊困难县和国家扶贫开发工作重点县 146 个，有贫困人口 1738 万人；有少数民族 17 县 119 个，有少数民族人口 3789 万人。

2.3.2　工程建设主要技术措施

根据岩溶地区石漠化综合治理规划大纲，石漠化治理模式可包括林草植被恢复模式、草食畜牧业发展模式、水土保持模式、生态农业模式、生态移民模式、建立生态保护区开发旅游模式、综合治理模式，具体技术包括天然林保护、退耕还林、天然草地植被恢复与建设、南方草山草坡开发示范、退牧还草、基本农田建设、耕地整理、水土保持、人畜饮水、农村小水电、农村能源建设、易地扶贫搬迁等一系列国家重点工程。

针对南方石漠化问题，国内外积累了数量众多的生态技术，对遏制和缓解生态退化起到了关键性的作用。杜文鹏等（2019）针对缺水、少土、植被生长困难和区域贫穷落后等主要问题，提出水资源开发利用技术与水土保持技术、土地整理技术与土壤改良技术、植被恢复与重建技术、区域农业结构调整与生态产业培育技术等一系列关键技术。熊康宁（2016）、王克林（2019）、池永宽（2019）等总结石漠化治理模式，包括小流域综合治理模式、脆弱生态环境综合治理模式、生态农业建设模式、混农林业模式、开发扶贫与生态建设模式、退耕还林（草）与森林生态建设模式、种草保土与草地畜牧业模式、环境移民与开发式扶贫模式、坡耕地的坡改梯模式、自然保护区与森林公园模式、生态旅游与风景名胜区建设模式等。

目前，石漠化治理模式繁杂多样，导致模式应用上的混乱，很多石漠化治理模式仅停留在概念描述上，没有相应的配套技术体系支撑，还有很多是将一个具体的石漠化治理实例称之为石漠化治理模式（陈永毕，2019），生态技术也常常由于缺乏对具体治理需求的考量而影响了其效果的发挥（甄霖，2019）。因此，本书通过对实践经验的分析、文献资料的汇总，为石漠化治理梳理和提炼具有针对性、可操作性、区位适宜性的生态工程技术。

针对南方石漠化地区地表缺水、少土且异质性高、植被立地条件困难、环境承载力低、生态脆弱等特征，石漠化治理技术措施主要包括：林草植被恢复措施、土壤保持措施、草食畜牧业发展措施、水利工程措施等，具体见表 2-7，便于南方石漠化治理技术实施和应用。

表 2-7　　　　　　　　　　　南方石漠化治理技术措施

治理措施	治理技术	具 体 实 施
林草植被恢复措施	自然恢复为主，人工干预为辅	禁封、围封；封育；抚育
	人工造林技术	选择水土保持物种；优化植被群落配置，立体复式、混交式等；荒坡造林植草；疏林补植、草地补植

治理措施	治理技术	具 体 实 施
土壤保持措施	坡耕地治理技术	退耕还林还草；坡耕地改造，反坡水平阶、隔坡梯田及坡改梯等技术
	工程拦截技术	生态袋拦挡、松木桩拦挡、块石拦挡、铅丝石笼拦挡等技术；穴状整地和鱼鳞坑整地技术
草食畜牧业发展措施	草地建植技术	人工种草，播种方式、田间管理等；改良草地，牧草筛选、牧草种选择、种子处理等技术
	青贮窖建设技术	建设规模、施工设计、材料选择技术；发酵技术
	生态畜牧业发展	规划设计、基础设施建设、畜禽品种选择、承载力、畜禽饲料与饮水、日常药物使用、饲养管理、产品开发等系列技术
水利工程措施	集雨工程技术	屋面集雨、屋檐集雨、坡面集雨、洼地薄膜集雨以及泉点引水补给等技术
	节水灌溉工程技术	工程节水技术；生物节水技术；耕作栽培节水技术；化学节水技术；管理节水技术

2.3.2.1　林草植被恢复措施

加强林草植被保护与恢复是石漠化治理的核心，是区域生态安全保障的根基。要采取封山育林育草、人工造林、退耕还林还草、森林抚育等多种措施，加强岩溶地区林草植被的保护与恢复，提高林草植被盖度与生物多样性，促进岩溶地区生态系统的修复，防治土地石漠化。要加强石漠化地区良种壮苗繁育基地建设，开展石漠化治理的优良树种、林种等配比结构、困难立地造林技术集成、生态经济型修复等综合治理模式的研究、试验、示范与推广。

1. 自然恢复技术

《岩溶地区石漠化综合治理工程"十三五"建设规划》明确提出，坚持保护优先、自然修复为主，构建区域人与自然和谐发展的新局面。对未退化和退化程度较轻的生态系统，可以实施自然恢复措施，全面或在禁封期内禁止采伐、放牧、打草、砍柴、取土和开荒等一系列不利于自然植被生长的人为活动，为生物的自然生长和繁衍提供良好环境。自然恢复主要是指在消除人为干扰因素的前提下，通过岩溶生态系统自身的生产力与恢复潜力来实现石漠化治理的过程，自然恢复途径的主要措施有封山育林、环境移民、生态保护区建设等生态措施（杜文鹏，2019）。大量研究表明，从现有石漠化治理实践来看，植树造林等人工措施很难使植被在岩石表层上直接生长起来，并且由于人工造林难以实现生态系统自然演替过程，形成的人工林在群落稳定性、生物多样性、生态功能性等方面无法与自然恢复的天然林相比。

2. 封山育林育草技术

轻度退化的生态系统立地条件较好，但植被遭到破坏，进而形成大面积残林、疏林，天然母树缺乏，完全依靠天然更新存在一定的困难，因此，需要辅以少量人工干预措施，对疏林进行补植补种。在禁牧、禁伐、植被保护的自然修复基础上，在宜林山坡进行局部地段的人工补植、补种造林工程，防止受损生态系统进一步退化，通过自然恢复为主、人工干预为辅的疏林补植修复措施，使林地生态系统形成林、灌、草相结合，结构合理和功能协调的健康林地群落。

对具有一定自然恢复能力，人迹不易到达的深山、远山和中度以上石漠化区域划定封育区，辅以"见缝插针"方式补植补播目的树种，促进石漠化区域林草植被正向演替，增强生态系统的稳定性。封山育林育草地块依照《封山（沙）育林技术规程》（GB/T 15163—2004）执行，植被综合盖度在70%以下的低质低效林、灌木林等石漠化与潜在石漠化土地均可纳入封山育林范围，原则上单个封育区面积不小于10hm²。主要建设内容包括：划定管护责任范围，设立封山育林育草标志、标牌，落实管护人员和管护措施；采取补植补播、松土等有效的人工促进植被修复措施。

3. 人工造林技术

科学的植树造林是岩溶生态系统恢复的最直接、最有效、最快速的措施。人工造林依照《造林技术规程》（GB/T 15776—2006）执行。根据不同的生态区位条件，结合地貌、土壤、气候和技术条件，针对轻度、中度和重度石漠化程度，因地制宜地选择岩溶地区乡土先锋树种，科学营造水源涵养、水土保持等防护林。有条件时，根据市场需要和当地实际，选用"名特优"经济林品种，发展特色生态经济型产业；根据农村能源需要，选择萌芽能力强、耐采伐的乔灌木树种，适度发展薪炭林。

树种选择是石漠化造林成败的关键，应根据适地适树的原则，优先选择适应性强、生长势旺、根系发达、喜钙、耐瘠薄、抗干旱的树种。石漠化地区通常岩石裸露、土层贫瘠，地表温度高，蒸发量大，因此，优选耐碱性、耐旱性树种。石漠化地区采取以常绿乔木、落叶乔木为主，灌木为辅的乔灌复合模式，随着石漠化程度的增加，可以提高灌木树种的比重。顾汪明等（2018）研究表明，轻度石漠化地区以人工营造特色生态经济林为主，在立地条件适宜地区可营造珍贵树种；中度石漠化地区以造水源涵养林、水土保持林等生态林为主，可以适当栽植经济树种，提高经济效益；重度石漠化地区采用封山育林的方式种植绿化树种恢复生态环境。

造林密度是影响林木成活率、提升生态系统功能的重要因素。根据造林培育目标、立地条件、树种和整地方式等来确定造林密度，石漠化山地造林地应采取"见缝插针"原则，按实际情况确定造林密度。另外，石漠化地区通常土层瘠薄、贮水能力低、岩层漏水性强、水资源短缺问题严重，植株的水分供需平衡成为植被成活的关键。因此，石漠化地区可以采用蓄水保墒的技术提高苗木成活成林率。使用可降解塑料薄膜、杂草等对造林幼苗的周围进行覆盖，起到降低土壤水分的蒸发以及蓄水保墒的作用，同时抑制杂草生长。

4. 抚育技术

森林抚育是森林经营的重要内容，是指从幼林郁闭成林到林分成熟前根据培育目标所采取的各种营林措施的总称，包括抚育采伐、补植、修枝、浇水、施肥、人工促进天然更新以及视情况进行的割灌、割藤、除草等辅助作业活动。森林抚育可依照《森林抚育规程》（GB/T 15781—2015）执行，通过调整树种组成、林分密度、年龄和空间结构，平衡土壤养分与水分循环，改善林木生长发育的生态条件，缩短森林培育周期，提高木材质量和工艺价值，发挥森林多种功能。对幼龄林采取割灌修枝、透光伐措施；对中龄林采取生长伐措施；对受害木数量较多的林分采取卫生伐措施；对防护林和特用林采取生态疏伐、景观疏伐措施；对低质低效林采取树种更新等改造措施，确保实施森林抚育后能提高森林质量与生态功能，构建健康稳定、优质高效的森林生态系统。

2.3.2.2　土壤保持措施

石漠化是喀斯特地区水土流失、生态恶化的极端表现形式（熊康宁等，2011），通过土地整理、坡耕地改造、减少土壤侵蚀等系列技术措施，控制住喀斯特山区的水土保持问题，很大程度上就会防止石漠化发生、控制石漠化发展。

1. 坡耕地治理技术

根据国务院批准的新一轮退耕还林还草总体方案，摸清符合退耕还林还草条件的石漠化土地面积与空间分布状况，将岩溶地区 25°以上坡耕地和重要水源地 15°～25°坡耕地纳入退耕还林还草工程之中。坡度是坡耕地治理重要的自然判断因子，大量研究表明，2°～5°可发生轻度土壤侵蚀，需注意水土保持；5°～15°可发生中度水土流失，应采取修筑梯田、等高种植等措施，加强水土保持；15°～25°水土流失严重，必须采取工程、生物等综合措施防治水土流失；超过 25°为开荒限制坡度，即不准开荒种植农作物，已经开垦为耕地的，要逐步退耕还林还草。

对于坡度 25°以下，水土流失较为严重、石漠化等级相对较低、土层较厚的坡耕地实施坡改梯工程。坡改梯工程对原有土壤结构和农田肥力会产生一定影响，同时也会造成原有生态系统生物多样性降低等问题。为了减少不利影响，应尽量保留原耕作层（表土），维持良好的土壤结构和肥力。耕作土壤剥离耕作层和犁底层 0.25～0.3m，其他农业土壤剥离表土层 0.2～0.3m。主要采用表土中间堆置的技术方法，先将田面耕作层（表土）堆放在施工田面中部未施工的区域，从上方挖土填平下方，然后再将中部堆放的表土均匀铺在田面上。

对于坡度 25°以上，水土流失严重、土层贫薄的坡耕地，要实施退耕还林还草工程。有研究表明，实施退耕还林还草，能改善土壤结构、消减土壤侵蚀，林地能更好地消除降雨动能，降低细沟侵蚀到 50% 以下，降低面蚀到 70% 以下。退耕后，禁止间作粮食和蔬菜，通过自然围封禁封手段或施以人工修复技术手段促进林草生态系统恢复。

2. 工程拦截技术

工程措施通常与生物措施相结合，运用土地整理技术、生态植被袋技术、边坡稳定处理等技术，再辅助以水利、生物植被和养护等措施，消除和缓解水土流失的影响。

（1）穴状整地和鱼鳞坑整地。坡面治理和整地工程广泛采用穴状整地和鱼鳞坑整地技术，能够有效防止土壤流失、增加植被成活率。在石山下部，表层土壤厚度大、缓坡或谷地的规则地段采用机械或人工挖穴为主进行穴状整地，石山中上坡，表层土壤厚度小、基岩裸露的规则地段采用炸穴为主进行穴状整地和鱼鳞坑整地相结合的方式。

在陡峭或支离破碎的坡面上沿等高线自上而下挖掘有一定蓄水容量、交错排列的半月形土坑，将树栽于坑内，具有保水保土保肥、增加土壤厚度、容易扎根等优点，从而缓解或抑制水土流失现象。通常小鱼鳞坑适用于陡坡、地形破碎的条件，大鱼鳞坑可用于土层厚、植被茂密的中缓坡；同时应注意穴状整地和鱼鳞坑整地对土石山地的扰动作用。

（2）横向拦挡技术。为防止坡面侵蚀，可在侵蚀沟断面处设置拦截设施，缓解水流冲蚀和土壤侵蚀强度，为植被恢复提供稳定的生长环境。横向拦挡措施主要包括生态袋拦挡、松木桩拦挡、块石拦挡、铅丝石笼拦挡等（唐晓芬，2016）。

生态袋内部装土，是为植被提供生长条件的种植块，具有透水不透土的过滤功能。通过生态袋拦挡护坡措施，使陡坡绿化成为可能，减小坡地的静水压力，有效防止水土流失、土壤侵蚀以及山体滑坡。

松木桩、块石以及铅丝石笼拦挡，均是利用固体物质的阻力拦挡护坡，减少土壤表层冲蚀，缓解水土流失，一般被设置在整体地域的中游位置。需将底部削尖的松木桩垂直打入地面，保证木桩根基稳固，同时地面以上保持在 25cm 左右。块石通常就地取材，以侵蚀沟内及周边的块石为材料，块石规格和宽度依据坡面和沟宽而定。铅丝石笼是将块石填充于内部，规格大于石笼网袋网眼，然后将其码放在土地平整后的坡面上。

2.3.2.3 草食畜牧业发展措施

要从源头上改善生态环境，石漠化必须把生态治理与经济发展紧密结合起来。发展草食畜牧业是兼顾生态治理、农村扶贫和调整农业产业结构以及促进农业产业化发展的重要举措。岩溶地区整体气候湿润，降雨充沛，雨热同季，黑山羊、黄牛等牲畜在岩溶地区培育历史悠久，且部分中高山地区及土层瘠薄地区仅适合于草本植物营养体的生长与繁衍，通过因地制宜地开展草地改良、人工种草等措施恢复植被，提高草地生产力；按照草畜平衡的原则，充分利用草地资源以及农作物秸秆资源，合理安排载畜量，加强饲料贮藏基础设施建设，改变传统放养方式，发展草食畜牧业。

1. 草地建植技术

人工草地建植是草地生态产业发展的关键环节，主要包括人工种草、改良草地等。对于中度和轻度石漠化土地上的原有天然草地植被，通过草地除杂、补播、施肥、围栏、禁牧等措施，使天然低产劣质退化草地更新为优质高产草地，逐渐提高草地生产力。同时，根据市场需求和土地资源条件，依托退耕还林还草工程、退化草地及林下空地，科学选择多年生优良草种，合理发展林下种草或实施耕地套种牧草，建设高效人工草场，为草食畜牧业发展提供优质牧草资源。大量研究针对石漠化地区的特点，通过土地石漠化等级划分、山区海拔划分、土地利用、土壤性质等因素分析，开展牧草筛选、牧草种选择、种子处理、播种方式、田间管理等技术研究，实现科学化的牧草种植，获得高产的牧草（熊康宁等，2015）。

草种是石漠化地区草地恢复的重要保障，对于提高草地质量、改良草地和改善石漠化地区植被状况具有重要作用。建设草种基地，可以提供草地建设需要的优质草种，提升草场生产水平，为草食畜牧业发展提供保障。按照石漠化地区草场建设实际情况，选择适宜地区开展草种基地建设，为草地建设提供种子资源。

2. 青贮窖建设技术

青贮是复杂的微生物发酵的生理生化过程，依托其自身存在的乳酸菌进行发酵，产生酸性环境，使青贮饲料中微生物处于被抑制状态，从而达到保存饲料的目的。青贮饲料可保持青绿多汁的特点。为了充分发挥高产饲料作物的潜力，做到全年相对均衡地饲喂家畜，保证饲料质量且避免草料损失，根据草地建设规模与生物量、养殖的牲畜种类及数量、青草剩余量等科学测定青贮窖的规模，确保青贮窖使用率。棚圈有利于石漠化地区牲畜越冬，改善饲养条件，各地可结合其他专项资金积极推进建设。

3. 生态畜牧业发展

生态畜牧业基于南方石漠化地区脆弱生态系统,利用生态位、食物链、物质循环再生等基本原理,以发展畜牧业为主,综合开发利用草、畜、林、农,发展生态畜牧业的产业体系。石漠化地区发展生态畜牧业要科学规划畜禽养殖圈舍养殖与放牧,利用生态健康的手段替代或减少原有化学有害的抗生物药类的使用,以减少对环境和畜禽本身的影响。健康养殖的各个环节(包括规划设计、基础设施建设、畜禽品种选择、承载力、畜禽饲料与饮水、日常药物使用、饲养管理、产品开发等)都应因地制宜、科学合理地进行养殖规划,以期保障畜禽健康无污染,获得最佳的生态、经济、社会效益,实现稳定可持续发展(池永宽,2019)。

针对南方石漠化地区自然和社会条件,众多学者开发了谷物与牧草种植、动物饲养、生产加工和能源开发的农-草耦合模式,山体为单位的农-林-草-畜生产系统模式,草地畜牧业立体发展模式,草地畜牧为基础的科学饲养模式,半舍饲放牧模式等;开发了牧草多样化建植技术,牛羊健康养殖的科学补饲技术,营养舔砖、药砖、微量元素添加盐砖的养殖辅助技术等,促进生态畜牧业健康快速发展。

2.3.2.4　水利工程措施

干旱是制约南方石漠化地区经济发展的主要因素之一,是当地常见的自然灾害。我国南方虽降雨充沛,但存在地高水低、雨多地漏、石多土少、土薄易旱等现象,生态系统水源涵养能力低下、可利用水资源不足,亟需修建水利工程设施蓄水保水,增加可利用水资源量。

1. 集雨工程技术

人畜、农作物以及经济林草是南方石漠化地区主要用水主体。结合雨水资源丰富的优势,依靠降雨进行水源补给,采用屋面集雨、屋檐集雨、坡面集雨、洼地薄膜集雨以及泉点引水补给等技术开发利用雨水资源,利用屋顶、屋檐、路面和坡面等作为集雨坪,拦蓄雨水并通过管网与小水池(水窖)连接,将雨水集蓄起来供旱季之需。此外,利用管网连接串联各泉点,同时适当配套相应水利水保工程,在充分开发流域内水资源的同时,争取外来补给水源,构建供水用水保障系统。

目前山区坡面集雨技术较为成熟,由雨水汇集系统、蓄水系统、灌溉系统3个部分组成的微型水利工程,选择产流能力强的坡面或经夯实防渗处理的地表作为汇流区,将收集的坡面雨水引入低位水池。当地表水资源丰富时,宜发展中小型水利工程,如水库、塘坝及引水工程等,实现水资源的空间调度。在有效拦蓄地表水的基础上,针对地表水相对缺乏的地区,通过提水技术,引水、蓄水技术等对地下水进行开发利用,是解决南方石漠化地区长期缺水问题的重要手段。

众多水利工程技术研究在示范区展开,王莉萍(2010)在西南地区的干旱研究中提出了通过加强重点水源及配套工程、农田水利建设以及构建城镇供水和农村饮水安全保障体系等应对干旱的方法与措施。熊康宁(2011)等根据石漠化程度,提出屋面集雨+泉点引水为主的人畜饮水安全工程与极度干旱应急调控技术体系,屋面集雨+泉点引水提、蓄、引相结合的发展畜牧业水源保障与极度干旱应急调控技术体系,以土地整治坡改梯及配套工程建设+路面集雨的农作物灌溉的水源工程配套与极度干旱应急调控技术体系,以及屋面集雨＋路面集雨＋坡面集雨＋洼地薄膜集雨小山塘工程建设的经济林灌溉的多源水工程建设与极度干旱应急调控技术体系等。

2. 节水灌溉工程技术

在石漠化地区开展节水灌溉是国家石漠化治理水利工程的重要措施。发展节水农业，通过渠道防渗、计划用水、喷灌、滴灌、改良沟灌等措施，大幅度减少渠道和田间的渗漏量、地表流失量，从而使灌溉效率提高。通过水库放水、涵闸引水、泵站提水、渠道输水等综合措施以及河湖联调、湖库联调、库闸联调等调度手段，通过多引、多提、多拦、多蓄，全力保障灌溉用水。

梅再美（2004）提出西南地区节水农业技术模式，包括集雨开源技术、节水灌溉技术、农艺抗旱技术和工程保水技术。根据石漠化程度对关岭-贞丰花江地区、撒拉溪示范区展开研究，提出地膜覆盖技术、保水剂技术、渠道防渗处理技术、农作物丰产稳产技术、微灌新技术等。综合看来，目前节水灌溉工程技术可包括以下几类：①集水、灌溉、输水、喷微灌等工程节水技术；②采用抗旱耐旱品种的生物节水技术；③保墒、水肥耦合、分时段滴灌、聚垄耕作、修建鱼鳞坑等耕作栽培节水技术；④吸水保水剂、改良剂、覆盖剂、缓释剂、抗蒸腾剂等化学节水技术；⑤管理节水（信息节水、精确灌水、用水管理等）等。大量研究表明，不同区域的自然条件、经济条件以及水资源分布情况等均有地域差异，应该综合分析农业发展对节水灌溉的要求、技术水平以及水土资源的平衡，以此来建立相适应的农业水资源高效利用体系。

2.3.3 工程效益评价

1. 石漠化土地面积减少

根据我国岩溶地区第三次石漠化监测结果显示，截至 2016 年，我国石漠化土地面积为 1007 万 hm^2，占岩溶面积的 22.3%，潜在石漠化土地面积 1466.9 万 hm^2。与 2011 年相比，2016 年岩溶地区石漠化土地面积减少 193.2 万 hm^2，减少 16.1%；平均减少 38.6 万 hm^2，年均缩减率为 3.45%。岩溶地区 8 个省份的石漠化面积均减少，其中贵州省面积减少最多，为 55.4 万 hm^2；其他依次为云南、广西、湖南、湖北、重庆、四川和广东，减少面积分别为 48.8 万 hm^2、39.3 万 hm^2、17.9 万 hm^2、12.9 万 hm^2、12.3 万 hm^2、6.2 万 hm^2 和 0.4 万 hm^2，年均缩减率依次为广西 4.5%、贵州 4.0%、云南 3.7%、重庆 2.9%、湖南 2.6%、湖北 2.5%、四川 1.8% 和广东 1.4%。

2. 石漠化危害不断减轻、生态状况稳步好转

截至 2018 年，连续 3 次监测结果显示，石漠化扩展趋势整体得到有效遏制，石漠化状况呈现"面积持续减少、危害不断减轻、生态状况稳步好转"的良好态势。

石漠化发生率下降，敏感性降低。2011—2016 年，岩溶地区石漠化发生率由 26.5% 下降到 22.3%，下降了 4.2%。石漠化敏感性在逐步降低，易发生石漠化的高敏感性区域为 1527.1 万 hm^2，较上期减少 111.1 万 hm^2，高敏感性区域所占比例降低了 2.5%。

3. 区域经济发展加快，贫困程度减轻

与 2011 年相比，2015 年岩溶地区国内生产总值增长 65.3%，高于全国同期的 43.5%，农村居民人均纯收入增长 79.9%，高于全国同期的 54.4%。2011—2016 年，区

域贫困人口减少 3803 万人，贫困发生率由 21.1% 下降到 7.7%，下降了 13.4%。

2.3.4 存在问题及发展建议

2.3.4.1 存在问题

石漠化防治形势及对策防治形势依然严峻，主要存在如下问题：①缺乏技术评价筛选体系，难以推介出有效的技术，致使治理难度加大；②经济发展滞后，土地承载压力大；③石漠化耕地和坡耕地面积依然较大，加剧和产生新的石漠化风险高；④人为破坏和自然灾害依然存在，局部恶化的局面难以消除；⑤生态系统依然脆弱，恢复周期较长。

2.3.4.2 发展建议

（1）开展技术评价筛选。建议积极开展技术评价和筛选工作，促进工程生态治理技术升级改造，强化石漠化治理工作的高质量发展。

（2）加强领导，落实责任。将石漠化防治纳入地方国民经济和社会发展规划，逐级建立健全地方政府行政领导任期目标责任制，严格考核，追责问效。

（3）强化保护，推进治理。依法对脆弱的岩溶生态系统及现有林草植被实行严格保护，依托区域良好水热优势，逐步修复岩溶生态系统；继续推进各项重点工程，不断增加林草植被，提高岩溶生态系统的生态功能与服务价值。

（4）完善政策，活化机制。需要各级政府建立稳定的投入机制，不断加大对石漠化防治的资金投入。

（5）依靠科技，创新驱动。组织开展石漠化防治科技创新与攻关，解决石漠化防治的"技术瓶颈"，加快实用技术和模式的推广应用，建立健全石漠化监测体系，对石漠化动态变化和治理成效进行科学评价。

（6）适度开发，助力脱贫。结合区域产业结构调整和脱贫攻坚实际，引导发展经果林、草食畜牧业、林下经济、高效农业和生态旅游业等生态经济型产业，增加农民收入，助力脱贫攻坚战。

2.4 生态脆弱区开发建设项目生态治理工程

2.4.1 水利行业生态治理工程

2.4.1.1 我国水利工程发展现状

从 2000 多年前的都江堰引水灌溉和古罗马城市供水系统，到 20 世纪中叶的阿斯旺水坝，再到今天我国的长江三峡和南水北调工程，水利工程作为人类改造自然、利用自然的重要手段，伴随我们走过了几千年的文明历程，为人类社会的进步做出了难以估量的贡献。中华人民共和国成立之初，我国大多数江河处于无控制或控制程度很低的自然状态，水资源开发利用水平低下，农田灌排设施极度缺乏，水利工程残破不全。自中华人民共和国成立以来，我国围绕防洪、供水、灌溉等，除害兴利，开展了大规模的水利建设，初步形成了大中小微结合的水利工程体系，水利面貌发生了根本性变化。大江大河干流防涝减灾体系基本形成，水资源配置格局逐步完善，农田灌排体系初步建立，水土资源保护能力得到提高。

2.4.1.2　水利工程类别划分

水利工程多为承担着防洪、灌溉、发电以及航运等多项功能的综合性水利枢纽，一般包括水利枢纽工程、引调水工程、供水工程、灌区工程、江河湖泊治理工程、小流域综合治理工程、污水处理工程、海绵城市、节水工程等。

我国水利事业和生态治理工程取得了举世瞩目的成就，总体上，防洪减灾体系基本建成，水土流失综合防治成效显著，生态环境持续向好。但我们也应清醒地看到，水利生态工程面临的水安全、水生态、水环境问题依然严重，距离党和人民对美好生活的要求还有很大的距离。在生态优先和高质量发展的道路上，需要我们强化水利行业生态技术体系的优化配置，积极探索水利行业生态工程生态技术评价筛选工作，提炼高质量的生态技术，为我国水利事业健康发展保驾护航。

2.4.2　交通行业生态治理工程

2.4.2.1　我国交通行业工程概况

为适应把握引领经济发展新常态，推进供给侧结构性改革，推动国家重大战略实施，支撑全面建成小康社会的客观要求，构建现代综合交通运输体系，国务院发布了"十三五"现代综合交通运输体系发展规划，截至 2020 年，我国基本建成安全、便捷、高效、绿色的现代综合交通体系。根据"十三五"规划的要求，到 2020 年，铁路营业里程新增 3 万 km，高速铁路营业里程新增 1.1 万 km；公路通车里程新增 42 万 km，高速公路建成里程新增 2.6 万 km；民用运输机场新增 53 个，通用机场新增 200 个。

2.4.2.2　交通工程类别划分

公路建设方面，加快普通国道提质改造，基本消除无铺装路面，全面提升保障能力和服务水平。推进口岸公路建设。加强普通国道日常养护，科学实施养护工程，强化大中修养护管理。推进普通国道服务区建设，提高服务水平。加快推进国家高速公路网建设，推进建设年代较早、交通繁忙的国家高速公路扩容改造和分流路线建设，有序发展地方高速公路，加强高速公路与口岸的衔接。

铁路建设方面，加快中西部干线铁路建设，完善东部干线铁路网络，加快推进东北地区铁路提速改造，增强区际铁路运输能力，扩大路网覆盖面。实施既有铁路复线和电气化改造，提升路网质量。拓展对外通道，推进边境铁路建设，加强铁路与口岸的连通，加快实现与境外通道的有效衔接。加快高速铁路网建设，拓展区域连接线，扩大高速铁路覆盖范围。

机场建设方面，打造国际枢纽机场，建设京津冀、长三角、珠三角世界级机场群，增强区域枢纽机场功能，实施部分繁忙干线机场新建、迁建和扩能改造工程。科学安排支线机场新建和改扩建，增加中西部地区机场数量，扩大航空运输服务覆盖面。推进以货运功能为主的机场建设。优化完善航线网络，推进国内国际、客运货运、干线支线、运输通用协调发展。加快空管基础设施建设，优化空域资源配置，推进军民航空管融合发展，提高空管服务保障水平。

我国交通行业的生态治理工程同样成绩斐然，但在迈向高质量发展阶段中，还需要积极开展生态治理工程生态技术评价工作，筛选出适合的，淘汰掉落后的技术。我国学者在生态治理技术评价体系的研究上已经取得一定的成果，但仍有一定的缺陷和问题，主要体现在以下几个方面：

（1）评价指标体系有待完善。虽然国内一些学者已经提出了多种植被恢复效果评价方法，但迄今为止很少有以专著或国家、地方标准的形式出版的关于植被恢复效果评价的框架体系。植被效果的评价通常在不同公路就会有明显差别，缺乏一套统一的评价标准。

（2）评价指标设置过于理想。现有的生态治理技术的评价指标多集中在技术的生态效益方面，很少考虑技术成本、技术成熟度等方面对技术整体实施效果的影响，因此无法对技术进行科学准确的评价。

（3）评价体系缺乏创新。缺乏现有评价指标间的对比与因果关系的描述，容易造成指标间的重复，缺乏系统的整合，如植物多样性和植物空间层次感就是相关性很强的两个指标，植被覆盖度和固碳释氧效益就是因果关系很强的两个指标。

（4）缺乏学科之间的合作。生态治理是一项十分复杂的系统工程，常涉及多学科的交叉。因此需加强学科交流来完善评价理论框架体系，拓宽评价思路，使评价结果更能反映技术的真实属性。

（5）缺乏持续监测和评价。生态治理技术的评价并不是一个短期的过程，需要通过时间的检验，而现有的一些研究只关注一定时间段生态恢复效果的前后对比，缺乏长期、持续跟踪评价。

2.5　我国重大生态工程技术分类

结合我国的生态环境问题，以期刊论文和"十五"以来"我国典型脆弱区的退化生态系统的恢复重建及生态综合治理研究"产出的成果为主，整理了"生态修复""生态恢复""生态整治""生态重建""生态治理"等生态治理和恢复单项技术 300 多项、技术模式 100 多项，其中"荒漠化防治""水土流失治理""石漠化治理"的单项技术和技术模式占比最多，分别占总量的 90％和 96％，如图 2 - 3 所示。

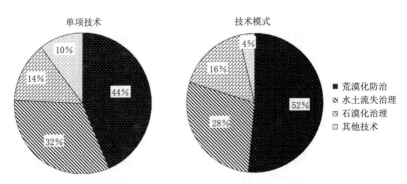

图 2 - 3　我国典型脆弱区生态治理与恢复相关技术统计

由于生态技术种类多，命名方式多样，不利于技术分类。本书在参考前人关于生态技术定义的基础上，结合技术梳理情况，选取荒漠化、水土流失、石漠化所采取的生态技术作为分类对象，按照"技术体系"—"技术单项"—"技术措施"三级进行梳理，具体见表 2-8，共梳理生态治理技术体系 23 个，技术单项 68 项，技术措施 170 种。其中京津风沙源生态治理技术体系 6 个，包括 13 个技术单项，38 项技术措施；黄河上中游生态治理技术体系 4 个，包括 10 个技术单项，23 项技术措施；岩溶石漠化共梳理生态治理技术体系 7 个，包括 24 个技术单项，52 项技术措施；交通、水利工程生态治理技术体系 6 个，包括 21 个技术单项，57 项技术措施。

表 2-8　　　　　"技术体系"—"技术单项"—"技术措施"清单

技 术 体 系	技 术 名 称	技 术 措 施
		治沙造林技术
		抗旱造林技术
		石质山地爆破整地造林技术
	造林技术	片麻岩区优化造林技术
人工造林技术		低效林改造技术
		林地抚育技术
		飞播治沙造林技术
		Pt 菌根生物造林技术
	封育技术	封山育林技术
		退耕还草优化技术
退耕还草技术	植草技术	优良牧草种子繁殖技术
		河滩盐碱地混播牧草地建植技术
	封育技术	围栏封育技术
	整地技术	牛犁山带状整地技术
		反坡面穴状整地技术
耕作技术		农田免耕
	高效耕作技术	保护性耕作
		草地轮作
		梯田建设
	植被覆盖技术	生态草垫
		秸秆覆盖
		饮水槽
水土保持技术	拦水截沙技术	拦沙坝
		山塘
	沙障技术	植物沙障
		草方格沙障技术

（京津风沙源综合治理技术）

	技 术 体 系	技 术 名 称	技 术 措 施
京津风沙源综合治理技术	节水灌溉技术	灌溉技术	喷灌技术
			微灌技术
			低压管道灌溉技术
		保水、储水技术	渠道衬砌与防渗技术
			"围山转＋坡面积雨水窖"工程贮水抗旱节水技术
	污水处理技术	生物处理技术	厌氧生物处理技术
			膜生物反应器（MBR 工艺）
			人工湿地污水处理技术
			稳定塘及生物接触氧化
		生态处理技术	太阳能曝气工艺
			小型污水净化槽
			生态水沟（渠）
黄河中上游综合治理技术与模式	退化生态系统恢复技术	退化荒山生态系统恢复模式	封育恢复
			人工干预恢复
		退化农地人工林草建设模式	坡面微集雨整地技术
			人工草建设技术
			人工林建设技术
		退化耕地"减-增-提"地力恢复模式	工程技术体系
			农艺技术体系
		侵蚀沟立体综合治理模式	沟头、沟沿、沟底综合治理
	半干旱黄土丘陵区防护林建设技术	抗旱造林技术	集雨造林整地
			抗旱栽植技术
			保水技术
		水土保持林配置模式	中上部林草复合模式
			陡坡水平沟水土保持林配置模式
			沟沿灌木防护模式
			沟坡鱼鳞坑配置模式
			沟底水土保持林模式
	人工草地建设技术	人工牧草品种引进	柳枝稷品种
			苜蓿
		人工草地建设关键技术	整地与施肥
			播种深度
			播种方法

	技术体系	技术名称	技术措施
黄河中上游综合治理技术与模式	黄土丘陵区生态产业	农业产业结构	小麦、玉米马铃薯
		生态产业体系	辣椒、杏、瓜果、灌草秸秆综合利用
	技术体系	技术单项	技术措施
南方石漠化综合治理技术	植被恢复与重建技术	适生植物收集与苗木繁育	
		植被恢复封造技术	自然封育
			人工造林
	土地整理技术	生态土地整理技术	宏观、中观、微观三层次建立土地优化配置模式
		不同地貌土地整理技术	坡面土地整理
			洼地土地整理
		坡改梯工程技术	
		平整土地工程技术	
		土地整理配套措施	集雨池
			蓄水池
			沉沙池
	水土保持技术	水土保持生物技术	不同地貌部位水土保持林建设
			水土保持植物篱技术
			微地貌元水土保持技术
			坡面植物梯化技术
		水土保持工程技术	坡面治理工程技术
			洼地治理工程技术
	水资源开发及高效利用技术	地下水开发技术	高位地下河出口引水
			地下河天窗提水
			地下河堵洞成库
			地下河出口建坝蓄水
			地表与地下联合水库
			岩溶地下河联合开发
		岩溶蓄水构造及富水块段水资源开发技术	钻井
			开挖大口井
			直接抽提水
		表层岩溶水资源开发技术	洼地水柜山塘蓄水
			山腰水柜蓄水
			灌渠引水
			山脊开槽截水
			泉口围堰
			洼地底部人工浅井

续表

技术体系	技术名称	技术措施
水资源开发及高效利用技术	水资源高效利用技术	农艺节水
		生物节水
		节水灌溉
种草养畜技术	牧草种植技术	单播技术
		牧草混播技术
	养殖技术	山羊圈养
		种草养兔
		家畜速育增肥补饲
	人工菜地管理技术	水肥管理
		病虫害防治
		杂草管理
土壤改良技术	荒地裸岩区	客土植树种草
	石穴地	炸石砌梗
		堆肥平整
		种植植物
	坡耕地土地改良	坡改梯
		挖窝穴改良
	梯形地土壤改良	客土
	平地土壤改良	修建排涝设施
洼地内涝防治技术	小洼地排涝工程	完全封闭式洼地内涝
		一端有开口的碗底内涝
	大洼地排涝工程技术	
	生物与工程相结合防治内涝技术	高峰丛洼地内涝防治技术
		低峰丛洼地内涝防治技术
坡面稳定技术	坡体工程加固	支挡结构防护技术
	坡面工程防护	灰浆防护
		冲刷防护
	坡面表土固定	构筑框格
		铺挂网材
		化学方法
土壤重建技术	土壤重建技术	拌泥沙
		掺泥沙
		施用有机肥

（第一列自上而下分别为：南方石漠化综合治理技术、交通水利工程生态治理技术）

技术体系	技术名称	技术措施
交通水利工程生态治理技术	边坡排水技术	修建排水沟
		设置排水暗管
		排水网垫
		渗沟
		反滤层
		排水洞
		排水盲沟
	坡面植被防护及建植技术	撒播
		条播
		穴播
		草皮块移植
		草皮卷移植
		幼苗移植
		保育块移植
		枝条扦插
		大苗移植
		客土喷播
		厚层基质喷播
		喷混植生
	渣场生态治理技术	土地平整
		土地复耕
		挡渣墙
		拦渣坝
		内斜式堆积平台
		喷播草灌
		撒播草籽
		条播草籽
		截（排）水沟
		急流槽
		沉沙池
		土地平整
		土地复耕
		苫盖
		拦挡
		洒水降尘

排除地表水技术、排除渗透水技术、排除地下水技术

人工播种技术、草皮移植技术、苗木移植技术、液压喷播技术

土地整治技术、拦挡技术、边坡防护技术、防洪排导技术、植被恢复技术、临时防护技术

技术体系		技术名称	技术措施
交通水利工程生态治理技术	港口生态保护与恢复技术	生态护岸技术	植被型生态护岸
			综合型生态护岸
		生态格宾挡墙技术	
		生物技术	植被恢复技术
			生物底播技术
			生境保育技术
			人工鱼礁生物恢复技术
			梯状湿地技术
			人工增殖放流技术
			人工浮岛技术
			大型海藻修复技术
		工程技术	水工构筑物
			疏挖港口及航道底泥

2.6 小 结

京津风沙源北方荒漠化综合防治工程、黄河上中游水土保持重点防治工程、南方石漠化综合治理工程以及生态脆弱区开发建设项目生态工程实施以来取得了较好的治理效果，京津风沙源区林草植被覆盖率大幅增加，沙尘天气减少减弱；黄土高原水土流失总体好转，生态环境日益改善；南方喀斯特区石漠化土地逐年减少，石漠化危害减轻。在治理沙漠化、水土流失和石漠化 3 大生态问题过程中形成了各种各样的生态技术，三区常见的生态技术有封山育林、荒山造林、退耕还林、节水灌溉、飞播种草等，各区也出现了较有特色的生态治理技术，如对治理流动沙丘成效凸显的草方格技术，治理黄土高原水土流失的小流域综合治理模式，发挥南方饲草丰富的青贮技术等。

面对我国京津风沙源区沙漠化，黄河上中游区水土流失，南方喀斯特区石漠化等具体的环境问题，需要从实施工程的概况、具体的技术措施以及工程效益进行有条理地梳理，从而构建有针对性的评估框架，并依此选取评价指标和搜集评价数据。针对某一区域存在的生态问题实施的生态技术，目前尚缺乏在时间和空间维度上的比较。现有研究专注于发现问题和解决问题，却忽略了对解决问题的方法的效果进行比较。缺少总结也使得各种生态技术"百花齐放"，究其根源仍是对于特定生态问题，现有的研究往往忽略时间的界限和地域的限制，有时还将不同属性的生态技术进行比较，而这是评价工作具有合理性的基础。

我国水利和交通行业生态治理工程取得了巨大的成就，但在迈向高质量发展进程中，还存在生态工程的高标准和高质量提升上缺乏有效的生态技术评价工作，现有的评价体系还有明显的缺陷，亟需针对两个行业开展相关的研究工作，研发有效的评价体系，对生态工程的生态技术进行识别、评估和评价以及筛选推介，为未来生态工程的高质量发展提供技术支撑。

　　针对我国重大生态工程和水利交通行业，展开全面的生态技术识别和梳理对于后续生态技术的评价至关重要，一方面可以筛选出评价时需要重点比较的指标，另一方面根据各治理工程存在的问题可以有针对性地推荐生态治理技术，从而促进我国基础设施建设的健康和创新发展。

第3章

生态技术评价理论分析

所谓生态技术评价，既包括同类技术内和不同技术间的比选，又包括单项技术或技术模式在时间尺度和地域维度上的效果比较。如何有效评价针对不同生态问题而实施的技术，是生态技术评价理论研究的重点。本章从 4 个角度分析了开展生态技术评价工作时需要遵循的要素依据和指标原则，构建了一般性的评价框架，总结了普遍采用的评价步骤，以期为后续实证研究阶段提供充实的理论保障。

3.1 生态技术评价依据

生态技术评价依据是指人们对各种评价要素的要求。为了保持评价客观性，有必要对各评价要素的优良程度作出规定。评价依据是评价工作的核心部分，它反映了人们对生态技术需求的方向，具有引导生态技术良好发展的作用。

生态技术评价就是对评价对象采用一定方法得出一个综合值，从而排出优劣顺序。评价的目的是从评价对象中挑选出最优或最劣对象，通过多层面多尺度开展评价，对各被评价对象进行"取长补短"，从而取得单一或多种被评价对象效益最大化。评价工作由被评价对象的要素构成，各要素均需满足一定的条件，如图 3-1 所示。

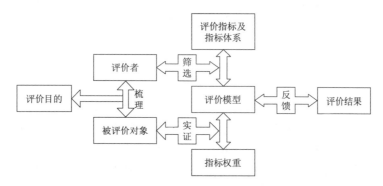

图 3-1 生态技术评价要素

3.1.1 评价目的

由于生态技术具有多样性且涉及的范围，人们对其进行评价时不能只侧重某一方面，需要多角度、全方位地考虑问题。评价的内容通常是同类生态技术在同一时间段或同一事物在不同时期的表现。评价某一生态技术时，首要任务是明确考察技术的目的，选择比较的角度以及要求评价的精确度等，从而根据评价目的确立评价对象。针对生态技术评价而言，其评价目的就是梳理、筛选和推介优良生态技术。

3.1.2 被评价对象

被评价对象可以是自然界中的任何事物，被评价对象是否明确直接决定着评价的内容、方式以及方法。显然，本书中的被评价对象是生态技术，但由于生态技术种类多样，常因时而变，应用环境也千差万别，所以需要对被评价对象进行划分，只有"同类"的生态技术才被列为研究对象。本书所涉及的生态技术均属于治理同一生态问题，或相同时间段内的生态技术，或同一类型的生态技术。

3.1.3 评价者

评价者可以是生产者、消费者或科研人员。评价者是评价工作最关键的一环,不同评价者可能直接导致评价的出发点不同,确定评价目的和被评价对象、选取评价指标等都与评价者有关。一般情况下,准则性指标(一级、二级指标)的选择由科研人员确定,而具体评价指标(三级指标)的选取需要结合生产者和科研人员的意见。

3.1.4 评价指标及指标体系

评价指标是指被评价对象的目的,筛选出代表被评价对象某一属性特征的因素。评价指标从侧面反映了被评价对象所具有的某种特征。所谓指标体系是指对不同被评价对象都有影响指标所组成的体系,通过将研究对象按照其本质特性分解成为具有层次化的结构。生态技术评价指标体系是对生态技术在生态经济社会发展中的作用进行分析的依据。指标体系与构成系统的因素一脉相连,此外,还与评价工作者的知识储备和主观认识有关。因此,需要在充分理解评价目标的前提下,选择合理的影响因素,要求这些因素具有良好的代表性,而且要能够获得数据。评价工作者要具备过硬的专业知识,结合生产者和科研人员的实践经验,从而获取指代性好、易取值的评价指标,并按其逻辑关系完成评价系统构建。

3.1.5 权重系数

权重系数反映了所有评价指标的相对重要程度,评价结果与评价指标的权重系数息息相关。一般情况下,如果观测数据比较充足,宜选择客观赋权的方法,如熵权法、典型相关分析法等;如获取数据量不足或定性指标较多,则选用主观或主客观相结合的方法进行赋权,如德尔菲法,AHP-模糊综合评价法等。目前,科学家大都认为客观赋权较主观赋权更合理,实际上也不可一味追求客观赋权,大多数评价问题都包含定性指标,应根据评价问题的实际情况科学选择赋权的方法。

3.1.6 综合评价模型

从各具特点的评价方法中选择一种恰当的模型是开展评价工作的又一重要环节。评价模型决定了对获取评价数据的处理方法。目前大多数的评价模型都是借鉴层次分析法将被评价对象的问题层次化、条理化,不同点在于对评价指标的权重的确定上。对评价数据的归一化处理也有很多方法,通常采用离差标准化法,目的都是使评价数据无量纲化。根据评价指标权重获取的方式不同,可分为客观综合评价模型、主观综合评价模型和主客观结合综合评价模型。很多评价模型的思路相近,即通过与最优值比较来获得被评价对象的优劣排序。任何一种评价方法,最终目的都是为了获取一个能够得到公认的综合评价指标,所以评价模型的选取至关重要。明确各种评价模型的优缺点,注意评价方法与评价目的以及数据类型的匹配,注重对评价过程的分析,这些都是评价工作能否取得成功的关键。

3.1.7 评价结果

通过把多维时空问题简化到一维空间解决，最终获得综合评价结果。综合评价要能解释其含义，评价数据越翔实，评价结果的可释性越高，评价结果也就越可靠。评价结果要对评价模型和被评价对象起到反馈作用，如根据评价结果认为某一评价指标的代表性不强，则可将该评价指标剔除；或者评价结果反映出在既定评价框架下某一被评价对象的可比性不强，则考虑换一种参考目标，或者直接舍弃。评价结果只在同时期、同地域、同技术类的评价对象之间比较才有意义。它不能作为决策的唯一依据，分析评价结果时需要结合二级、三级指标。综合评价工作主观性很强，我们对评价结果需要客观看待，切不可只看重最终评价结果。

评价者的作用贯穿始终，各要素在开展评估工作时缺一不可：①要确保评价目的明确；②被评价对象的选取需合理，因为它与综合评价模型一样都具有优缺点；③指标体系的架构要求评价者全面了解被评价的问题；④指标权重的赋值需要评价者对数理模型有清楚的认识。所以，为了保证评价结果的合理性，我们更应注重选择评价目标的过程和对评价指标体系的反馈，在模型的不断改进中提高评价的科学性。

3.2 生态技术评价原则

生态技术评价工作不仅是研究生态技术方法和运行机理，了解生态技术应用情况的有效途径，而且是比较、筛选并推介有潜力的生态技术的理论基础。建立评价指标体系是对被评价对象从某一层面或多个层面的综合情况进行科学评定的架构。为了保证评价结果的正确性和科学性，周全翔实的指标体系应满足以下基本原则。

1. 科学性

指标选取的科学性与评价目的和被评价对象直接相关，因此，考虑生态技术在各个领域的应用需要先了解现有的基础和条件。针对某地区环境、经济、社会发展的特点和状况才能选择合适的生态技术。因而，生态技术评价指标体系的构建，不仅要充分考虑各类生态技术所处的地域环境、经济发展情况和社会需求等因素，而且需要比较其自身的适用范围、布置费用及实际效果。无论是筛选评价指标，还是构架评价指标体系均需以科学性为原则，使其能客观地反映生态技术的内涵及本质。

2. 系统性

评价指标体系作为一个由不同要素组成的目标明确、相互衔接的统一整体，必须能够反映生态技术实施前后各方面的正负效益。一方面，选取的评价指标需能客观反映生态技术的实施情况；另一方面，这些评价指标需体现生态技术的推广潜力。此外，系统性还表现在层级内和层级间的每一个评价指标均代表生态技术的一个方面（属性），指标相互之间没有含义上的交叉重叠。

3. 层次性

将繁杂的生态技术及其评价指标分门别类是开展评价工作必须要解决的问题。首先，生态技术自身具有层次性，很多生态技术是由其他技术演变而来，属于生态技术的附属技术。不同层级的技术采用同一评价指标体系是不科学的。如现在很多生态技术共同应用于小流域综合治理，而其实质往往是以一种生态技术为主体，其他技术作为辅助，以一方面的效益作为生态治理的主要目标。所以，应首先识别出主体技术和附属技术。其次，评价指标体系应具有较强的条理性，以便于从多层面、多角度分析评价结果，由此需调整指标间的层级关系，使得评价系统更趋于合理化。

4. 独立性

为了避免生态技术评价指标的重复、交叉，各指标相互之间要有一定的逻辑关系，指标含义应保持不重叠。如果两个指标不具有关联性，则不能放在同一评价系统中。各生态技术评价指标既要相互联系，又要相对独立，即指标之间是相并而不是相交的关系，自下而上，层层关联，最终构成不可分割的评价体系。

5. 可行性

评价体系根据各参考对象的整体表现来比较生态技术，从而为区域政策制定和科学管理提供服务。因而指标体系应该符合实际，满足指标在总体范围内的一致性，尤其是指标选取的计算量度和计算方法必须要一致，以便于进行数学计算和结果分析。所以，为了保证评价工作的可行性，生态技术评价指标体系应尽可能选择简单明了、代表性强、便于搜集、普遍被采纳、具有可比性和可操作性的指标。

6. 全面性

只有从海量的研究文献中梳理影响生态技术效果的指标，才能客观地评价各项生态技术。所选指标含义明确具体，指标体系全面实用，既要考虑到不同维度的被评价对象的代表性，也应避免同一层级的指标太多而造成含义重叠。评价指标要能反映环境、经济、社会变化的综合特征。在不影响全面性的原则下，评价指标宜少不宜多，要选择数据易获得且计算方法简明易懂的指标，使得评估工作具有可操作性和实用性。

7. 动态性与静态性

对于不便获得数据的指标要组织专家进行评判，如技术推广性指标，在一定的环境背景下，这一指标是处在动态过程的，但是在评价时其又是静态的。所以，合理的评价指标赋值需要对生态技术进行充分了解。对于能获得观测数据的指标，应收集多年的平均观测数值。此外，由于生态技术对区域环境经济影响具有滞后性，生态技术的成效需要长期监测才能呈现，这就导致评价工作也要不间断地跟进。因此，评价指标在生态工程实施时需要及时地调整，既要满足区域规划初始的治理目标，又要能反映生态技术昨时今日的布设成效。

8. 简洁性

生态技术的成效受限于外界环境、自身特质和彼此间的相互作用。如果考虑所有的影响因素，往往会使评价问题更加复杂，反而选用一些关键的指标所得到的评价结果更具有实际指导意义。在覆盖全部所需考虑层面的因素的前提下，评价系统总是越简洁越好。因此，找到具有典型代表性的评价指标，评价指标体系就能得到简化，评价过程思路清晰，理论基础扎实，评价结果更具有科学性和准确性。

目前，科研人员在构建生态技术评价指标体系时，仍未形成一套公认的指标遴选原则。在满足科学性、系统性、层次性、独立性、可行性、全面性、动态性、静态性和简洁性的前提下，评价指标还需符合技术相宜性要求，要能反映举措实施后在生态、经济、社会等方面的作用，以便于为评价下一步的数据获取提供可靠的基础。

3.3 生态技术评价思路

生态技术评价工作根据生态技术实施的时间可以分为事前评价、事中评价和事后评价，如图 3-2 所示，相关专家结合客观条件对生态技术的实施情况给出判断。生态技术评价的具体方法有许多，但每种方法的总体思路是一致的，可分为确定研究范围和评价对象，筛选合理评价指标和合适的评价方法，确定各评价指标的权重和指标体系，建立评价的数学模型，分析评价结果等环节。当数据量充足时采用统计学方法进行分析，而当数据量不足时宜采用机器学习的方法。机器学习法需要数据量的积累，因为无人为因素的干扰，所以精确度较高，但是建模过程不易解释，稳健性较差；而统计分析法的可解释性较强，稳健性也较好。所以对于缺乏数据的事前和事中评价，宜采用统计分析法；对数据量较大的事后评价，宜采用机器学习法。

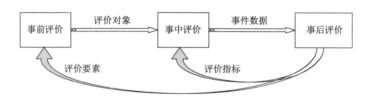

图 3-2 生态技术评价思路

3.3.1 事前评价

评价工作需要一定的先验知识，在生态工程实施前，生态技术评估主要是开展技术实施的必要性和可行性评估。通过对生态技术所处环境进行详细的调查，包括小流域内土壤、地形以及气候条件，从而评估该区域布设生态技术的必要性；然后对小流域内经济社会等条件进行调查，进而对在该小流域内布设生态技术的可行性进行评估。原则上，生态技术的布设应与小流域的生态综合治理规划相一致。此外，还需评估生态技术实施后与区域内相关产业发展和经济耦合的程度，以及与政策和法律的配套程度。实际上，事前评价主要是对技术的区域适宜性进行评估。

3.3.2 事中评价

在生态工程实施过程中，如果要对生态技术的实施效果进行考核，就需要对评价模型进行调整。评价模型的核心要素是评价指标和指标权重。评价指标的选取是根据文献频度法和专家打分法筛选的。若项目进行中发现某指标对评价体系的构成不够合理，则可以从子目标中上提一项指标，或从上层指标下放一项指标进行调整。当评价指标的权重不合理时，需要重新组织专家进行评估，或根据观测数据进行权重再分配。事中评价的主要目的是对生态技术的中期实施效果进行评估，根据评价结果对生态技术适当调整，从而使得项目结束后生态技术能获得最好的效果。

3.3.3 事后评价

事后评价的目的是项目结束后，总结生态技术实施的成效。无论是成功的生态技术，还是效果不佳的措施都应当对其作出客观公正的评述，以便于为将来提供科学参考。在科学、全面、合理的前提下，力争摸清每一种生态技术的特性，发挥各自的长处，通过技术协同弥补各生态技术的不足，从而取得生态-经济-社会可持续发展的目标。对于伪生态技术要毫不犹豫地摒弃，这样才能促进生态技术的发展。

本书全部属于事后评价。生态技术的评价关键在于人，对生态技术实施效果产生影响的是人类，实施评价的也是人类，所以在评价工作中最不容忽视的就是人为因素。在评价过程中保持清晰的思路，是保证评价工作科学有效的关键。本书在开展生态技术评价时，若监测数据量较大，采用典型相关分析法对北方土石山区板栗林土壤侵蚀治理技术受降雨因素的影响分析；然后采用文献综述法和模糊综合评价法对京津风沙源区治沙技术从技术的完善性、可适性、效益性、推广性及相宜性5个方面进行比选；对于石漠化严重的南方喀斯特山区，选用优劣解距离（TOPSIS）法对生态治理模式进行评价；最后对缺乏系统观测数据的黄土高原水土流失区，利用粗糙集理论对数据量要求不高的优点，对该区水土流失生态治理技术展开评价。本书的研究对象从单一对象到技术模式，研究方法根据数据质量从简单到复杂，思路清晰，对我国生态工程治理技术的评估进行了多对象、多方法的研究。

3.4 生态技术评价过程

随着我国生态工程的实施，各类的生态技术层出不穷。生态技术的研发、布置贯穿生态工程的始终，人们所关心的成效，与生态技术自身特征和实施环境有关。生态技术评价的流程首先要确定研究范围，然后根据研究对象筛选评价指标，再对数据进行处理，最终建立完整的评价体系。各步骤间的关系可如图3-3所示。

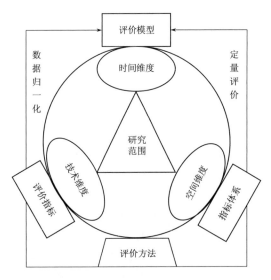

图3-3 生态技术评价过程

3.4.1 确定研究范围

评价是一项融合多个学科，依赖人们对事物过程的了解、分析和判断的工作。首先需要考虑的问题是对生态技术在什么维度上进行比较。根据生态技术在时空上的不同，生态技术评价主要可分为在时间维度、空间尺度以及技术自身的层面。所以，对生态技术的评价应限定在一定范围内，这样得到的评价结果才能比较客观。

（1）在时间维度上，需要注意生态技术的更新换代。不同时间段的生态技术一般是无法比较其技术推广潜力的，有些技术经得住考验，具有很大的推广潜力；有些技术方兴未艾，尚没有接受时间的检验；还有些技术难以评判其推广潜力。所以，不同时间段的生态技术放在一起比较时，首先要考虑技术推广潜力指标是否具有可比性。此外，不同时期的生态技术造价会有很大的差异，因为时随境移，生态技术的原材料以及人工花费均不同。所以在筛选生态技术时，时间维度是必须要考虑的因素。本书第4章探讨了沙障技术的不断更新，造价和保存情况是评价时需重点注意的两类指标。

（2）在空间尺度上，不同地域的环境特性差异较大，导致不同的生态技术具有其地域特征。如果将这些生态技术放在一起进行比较显然是不合理的，因此最好是同一区域内的生态技术进行比较。有的生态技术在北方布设后经济效益非常好，而在南方布设后可能社会效益比较好；有的生态技术在北方的造价较低，而在南方可能造价就很高；有的技术适宜在北方推广，而有的技术在南方的应用较有潜力。所以，仅用一个综合评价指数很难给出客观的评价，尤其是有些评价模型本身的可释性不强，将这些指标放在同一评价模型中，只会让评价结果变得"模糊"。当对不同区域的生态技术进行评价时需要寻找其共性指标，从而建立新的评价模型。对同一区域内长期使用的生态技术进行评价时，其技术相宜性指标可认为是相同的。本书第3章着重介绍了板栗林土壤侵蚀治理技术，木枋和苔藓覆盖是非常具有地域特色的水土流失防治措施，水平沟在燕山土石山区具有深和窄的特点，主要是因为土质较差、土层薄，不好开挖。

此外，评价工作最好在同一类型的生态技术内进行。不同类型的生态技术的非共性指标较难获取数据，对同类型的生态技术评价需要较长的数据积累，数据量不够，得到的评价结果缺乏说服力。所以，数据量不足是妨碍开展评价工作的主要因素之一。针对不同类型的生态技术进行评价可以采用定性和定量指标相结合的方式，从而弥补数据量不足的困扰。本书第5章和第6章针对南方石漠化和黄土高原水土流失问题分别比较了单项技术和技术模式的不同效果。这些技术逐渐完善，衍生出很多同类技术，仅梯田就有6种类型。

国家生态工程从立项、规划、设计到实施阶段都需要对生态技术进行评估，无论是调研分析，还是资料统计，要想使生态技术评价模型具有科学性、可行性和适用性，必须先明确评价范围。评价生态技术时不宜追求长时间尺度和广地域跨度，忽略同类技术内的比较。

3.4.2 评价指标的筛选和归一化

评价指标的选取具有很大的主观随意性。首先，根据评价对象进行评价指标的初选，建立一个评价指标库，通过整理和分类，将评价指标分为必选指标和备选指标。然后对必选指标进行广泛的资料搜集，确定必选指标的取值范围；针对备选指标，在符合评价指标体系的基本要求下，结合评价专家和相关参与者的意见，确定评价体系的最终指标集。目前，常用的评价指标筛选方法有案例分析法、文献频度法、统计分析法等。

（1）案例分析法。通过对比实施生态技术前后小流域生态环境发生的变化，能够比较清楚地识别哪些指标变化较大，哪些指标没有变化或变化较小。该方法的优点是针对性强，容易区分典型生态技术在时间维度上的变化；缺点是受限于地域性，无法与其他环境下的生态技术比较，指标选取也有区域性的约束，不具通用性。此外，还需注意时限性，如沙障治沙技术的造价随着时间的变动较大，使用寿命也不同，而这两项指标对于评价工作又很重要，所以通常选用多年平均的观测效果。

（2）文献频度法。又称 Meta-analysis 法。很多研究是建立在大量实验的重复上的，对于生态学领域的研究，总结大量的研究对学科的发展有着重要的意义。为了检验某一生态技术的功能，将其应用在不同的地理环境中是必要的。由于不同环境中的实施效果不尽相同，依靠单一研究的结果代表生态技术的效果，显然说服力不够。所以需要对这些研究进行综述。综述是对同一研究主题的现有资料的总结，包括科研报告、期刊文献等。通过分析现有研究成果，提炼出本质内容，可为未来研究指明方向，方便决策者制订规划方案。该方法的主要步骤包括：①提出评价目标并制订搜集文献的标准；②搜集相关文献；③对各类研究进行分类；④定量测度研究对象的影响因素；⑤结合研究结果来分析结果。其优点是设计较严密，有明确的文献选择标准；系统地考虑了研究方法、观测指标和研究对象对分析结果的影响。缺点是已发表的文献几乎都是研究的正向结果，对于生态技术存在的问题提及较少。而且不同文献涉及的指标通常都是不止一个，很少有文献研究的对象和指标都相同。但也有人认为针对同一问题的研究，其综合结果具有相同的方向，所以对这些研究进行总结得出的结论具有实用性。笔者在实践中发现，不同时期和地域的技术发展不均衡导致研究目的（对象）变化很大；不同的研究标准导致获得数据类型不一致，数据质量也不等；不同的研究出发点导致很多指标不能获得同时期的数据。这些问题都成了文献整理工作不可逾越的障碍。所以，在对文献进行荟萃分析时，必须要注意文章的时间背景、地域特征和研究目的。

相比案例分析法，文献频度法是比较有科学依据的方法。通过梳理研究对象综合考虑的因素，筛选出现频度高的指标。说明无论是在时间维度和空间尺度，还是在同类技术中，这些指标都是研究人员所关心的。所以，将这些指标纳入评价体系中表现了人们对生态技术所重视的主要方面。此外，对比不同时期关注的指标能够发现研究的着重点。

（3）理论分析法。如果评价指标有大量的观测数据，宜采用统计分析法来筛选。通过比较评价指标间的相关性，将相关性较大的评价指标进行剔除，根据评价目标的要求只保留代表性好的评价指标。优先保留容易获取评价数据的指标。常见的指标筛选方法包括专家评分法、最小均方差法和极值离差法。

本书采用主成分分析法对燕山地区板栗林土壤侵蚀强度的主要影响因素进行了解析，结果发现坡向和坡位的作用较小；典型相关分析法通过对燕山地区板栗林土壤侵蚀受降雨因素影响的数理统计，与径流量和泥沙量相关性较小的影响因素在预测侵蚀量时可以剔除；模糊综合评价法、优劣解距离法和粗糙集法的赋权也是为了将评价指标对被评价对象的影响大小排序，如果某项指标的权重极小，则需考虑它的选择是否合理，因为层次分析法的构建原则要求所有指标均需对被评价对象有较大的作用。

在评价指标确定以后，要对其进行归一化处理，常用的方法有规范化法、标准化法和归一化法。

（1）规范化法有如下两种公式：

$$y_i = \frac{x_i - \min\limits_{1 < i < n} x_i}{\max\limits_{1 < i < n} x_i - \min\limits_{1 < i < n} x_i} \qquad (3-1)$$

$$y_i = \frac{\max\limits_{1<i<n} x_i - x_i}{\max\limits_{1<i<n} x_i - \min\limits_{1<i<n} x_i} \qquad (3-2)$$

（2）标准化法：

$$y_i = \frac{x_i - \overline{x}}{\mu} \qquad (3-3)$$

（3）归一化法：

$$y_i = \frac{x_i}{\sum\limits_{i=1}^{n} x_i} \qquad (3-4)$$

降雨量、输沙率、削流率和单位产出等指标是可以定量的，而应用难度、技术与未来关联度等指标是定性的；单位产出、技术推广潜力等指标属于正向指标，输沙率、设置费用等指标属于负向指标，技术可替代性为中性指标。评价指标体系中的指标值要进行无量纲化处理，以保证指标的可比性。对于定性指标，要先对其进行赋值，使其量化以便于比较。对于定量指标，则要使其量纲一致，然后进行归一化。对于正向指标，其值越大越好；而对于负向指标，其值则是越小越好；还有一些指标属于区间型的，其真值可能位于区间内某一属性值。

3.4.3 选择合适的评价方法

数理统计为综合评价提供了多种研究方法。由于现实中的问题涉及方方面面，研究人员对被评价对象的认识程度参差不齐，对评价方法的理解也不尽相同，导致在选用模型时可能有失偏颇。合适的评价方法不是比较结果是否精确，而是符合被评价对象的内外表现，或合乎人们对其长期积累的科学认识。评价者从不同的出发点，根据不同思路得到很多评价方法，主要是由于指标权重的赋予方法不同，如主观定权的专家咨询法和层次分析法；客观属权的粗糙集法、典型相关分析法、模糊综合评价法；还有主客观结合的优劣解距离-熵权法。围绕生态技术评价问题，本书对这些常用的评价方法和评价模型进行了梳理。

3.4.3.1 德尔菲（Delphi）法

德尔菲法，也称专家评分法或专家会议法。通过组织专家根据打分的形式作出定量评价，具有统计学特性，对于评价数据较难获取的评价问题可以进行定量评估。本书组织荒漠化、土壤侵蚀、水土流失和石漠化方面的专家对实施在京津风沙源区、北方土石山区、黄土高原区和南方喀斯特区运用的生态技术的定性评价指标进行打分，主要分为5分制和10分制评分法。具体方法如下：把评价指标设计成调查表发放给生态学相关专业的专家学者，根据自身专业知识和对被评价对象的理解，专家对评价指标给出评分，通常采用5分制评分，即1分——非常不重要；2分——不重要；3分——一般重要；4分——重要；5分——非常重要。为了保证评价科学性，需要将评分结果反馈给专家进行修正。

3.4.3.2 层次分析法（AHP）

层次分析法是最常用的综合评价方法之一。层次分析为人们的生活和工作提供了一种多目标、多准则类决策问题的解决方法。此类问题通常含有难以量化的定性指标，层次分析使人们的思维过程更加清晰，其在公共决策问题方面的应用比较广泛。层次分析法具有严密的数学原理，由于定性因素的原因，在与客观评价方法比较时，其柔性处理指标的特性比较突出。层次分析法使评价具有简洁性、系统性、应用范围广等优点；但因其主观性较强，依赖于指标体系，当指标过多时，计算变得庞杂。

层次分析法最大的优势在于，首先将研究对象所涉的评价指标划分为不同层级，然后根据指标间的逻辑层级关系构建出指标体系。由层级分析法建立的评价体系层级分明、逻辑清晰。评价结果层层关联，有利于解读评价过程和评价结果，这正是很多定性和定量评价方法所借鉴的，如粗糙集理论借鉴了将评价指标进行分类，然后寻找评价值相近的指标。

本书在第 4 章、第 5 章和第 6 章运用层次分析法建立了生态技术评价指标体系，使得评价工作条理清晰、重点明确。

3.4.3.3　典型相关分析法（CCA）

典型相关分析法是研究两组综合变量（变量组指标间相互独立）之间相互关系的一种统计分析方法。典型相关分析通过计算大量数据组间的相关性，包括组间和组内的相关性，组内的相关系数大小说明各变量与该组变量的关联大小，组间的相关系数则表示两组变量间的整体相关关系。根据冗余度判定典型相关分析的两组变量的相互解释程度。

第 3 章应用典型相关分析法研究了降雨因素对北方土石山区板栗林土壤侵蚀治理技术的影响。研究对象是针对板栗林水土流失问题的生态技术，如水平沟、水平阶、木枋、苔藓覆盖、生草覆盖等；评价指标是土壤侵蚀量、径流量、降雨量、平均降雨强度、最大 30min 降雨强度等；这种方法的评价体系是寻找两组评价指标的组间最大相关性，还包括组间指标权数、组内指标系数以及互相解释程度，比较客观地评价了不同板栗林土壤侵蚀治理技术受降雨因素的影响。最终，选择受自然因素影响较小的技术推广到燕山土石山区板栗林土壤侵蚀治理工程中。

3.4.3.4　模糊综合评价法（FCE）

通过对数据统计分析，发现指标间的规律，以隶属度代表各评价指标的权重，评价更加客观。模糊综合评价法根据指标值与系统间的隶属关系，解决了被评价对象影响因素赋权的问题。但隶属度函数的确定与数据的质量关系很大，这也使得该方法可释性下降。模糊综合评价法适用于城市生态安全评价、绩效评估、地下水质评价、土壤重金属污染评价等方面。

第 4 章利用模糊综合评价法对京津风沙源区沙障固沙技术的影响因素进行了分析。研究对象主要是麦草沙障、秸秆沙障、黏土沙障、砾石沙障、塑料沙障和沙袋沙障 6 种沙障固沙技术。评价指标通过文献频度法筛选，兼顾影响机械沙障和植物沙障的因素。首先归一化目标数据，选择各指标的最大值作为理想值；然后根据目标数据的离散特性确定隶属函数，再计算出指标权重。最终，将评价值高的沙障固沙技术推荐到京津风沙源区沙漠化治理工程中。

3.4.3.5　优劣解距离法（TOPSIS）

通过设定最优解和最劣解，优劣解距离法计算参数值与它们的距离来判断被评价对象的优劣。优劣解距离法是一种逼近最优解的排序法，采用客观赋权，其评价结果与指标体系的构造和距离的计算方法有关。由于不能获取被评价对象以外的信息，所以评价结果与目标的选取有关。

第5章利用优劣解距离法对南方岩溶区石漠化治理技术的影响因素进行分析。研究对象是南方石漠化生态治理模式，包括坡改梯工程，植物防护工程和封育；评价指标选择本书整体构建的一级、二级指标；评价方法为计算生态治理模式与正负理想解的欧氏距离。判断标准为贴近度越大，说明距离正理想接距离越近，生态治理模式越好，反之则越差。最终选取距离正理想接近的模式优先推广在南方石漠化生态治理工程中。

3.4.3.6 粗糙集理论（RST）

针对评价体系不完整，指标值处于一定范围，量纲不一致等缺少信息的问题，粗糙集理论提供了一种分析不完善数据的方法。通过比较根据影响因素和评价对象的分类结果，将类属相同的两个或多个评价指标的关系定义为不可分辨的，此类指标只保留一个，从而简化了评价体系；然后根据影响因素在评价系统中的重要程度确定其指标权重。其数学基础成熟，不需要先验知识，便于应用，缺点是评价过程和评价结果不易解释。其应用领域包括泥石流风险评价、水资源风险评估、港口通航环境评价等。

第6章采用粗糙集理论对黄土高原区水土保持技术的影响因素进行分析。研究对象包括梯田、坝地、造林、经济林、种草和封育；评价指标选择整体构建的一级、二级指标；评价方法需要先完成指标约减，然后根据属性重要性原则确定指标权重。最终整体评价值高的生态技术结合治理规划布置到黄土高原水土流失治理工程中。

3.4.3.7 有潜力的评价方法

随着计算机技术的发展，很多系统科学、管理科学和统计学的方法得以融合和交叉发展，相关领域的研究不断有新视角和新突破。在实际应用中，促进了一些新思想和新方法的产生。目前，针对综合评价问题的新研究思路主要包括以下几个方向。

（1）物元可拓分析法。物元理论最早由我国学者蔡文提出，主要是为解决不相容问题提供思路。将物元分析理论应用于决策理论研究，就是物元可拓分析法。通过建立物元集合，找到元素和集合的关联函数，经过物元变换计算研究问题的相容度，从而进行可拓学分析。物元可拓分析法在环境科学中的应用包括矿山避险能力评价、生态环境质量评估、生物质能源技术评价等。

（2）系统模拟仿真法。对于难以建立数学模型的系统，可以采用仿真的方法模拟得到近似解。仿真一般是在时间维度上进行，运用计算机技术推演各种数学模型，从而得到系统的动态变化过程模拟。系统仿真方法可分为连续系统仿真方法和离散系统仿真方法。系统模拟仿真法可用于复杂的生态环境过程，如泥沙移动模拟、水流挟沙模拟等。系统模拟仿真法实现了动态评价，能模拟数学模型难以实现的复杂系统，反复调试以达到仿真目的；但因缺乏数据参考，建立仿真系统很艰难。

（3）机器学习法。随着智能计算机的发展，一些具有特定算法的数学模型得到很好地应用，如神经网络、决策树，利用大量的样本数据进行训练，对模型进行反复修正，最终获得实例评价模型。人工神经网络技术模仿了人脑处理问题的过程，通过人工神经网络算法，利用数据样本训练"学习"知识，并进行存储，再次遇到相近问题可复现相关信息。人工神经网络法"总结"数据集的内在规律，可适应各种数据样本，但由于训练样本不足的问题，其精度不是很高。目前机器学习法已用于城市发展综合水平的评价，将来还可用于评估小流域可持续发展度。

（4）动态综合评价法。当长期对小流域开展监测时，大量监测数据得到积累，各项指标值在时空尺度上的累积使得评价可以在不同的地域和时间点（段）间进行比较，这种评价过程是动态的，也综合了很多评价指标。动态综合评价法适用于指标随时间变动较大的系统，在生态环境学领域可用于水质的动态监测和环境质量的动态监测。

为了体现人对计算机监测的反馈，研究人员可根据专业知识调改参数，从而实现主观和客观结合。这样既实现了评价样本的积累，又能柔性解决决策问题。但是由于决策者的偏好或专业知识的欠缺仍不能避免，所以尚不能实现真正的人-机互馈。

随着系统学、管理学和统计学的发展，针对生态-经济-社会可持续发展的评价问题，催生了很多新的理论和方法。随着计算机科学技术的发展，传统评价方法面临的数据难获取和评价者主观差异等问题，在一定程度上得到了解决。人们对被评价对象和外部影响环境有了更加充分的认识，通过仿真模拟完成以前达不到的评价要求，如实现对生态技术的跟踪监测和动态评估。未来的研究方向将是集成各种评价理论和先进技术，实现"人-机-评价对象"一体化，即人们根据计算机评价模型得到的结果，调整生态治理技术的布置；大数据分析根据监测信息选择合适的评价模型；评价对象在高新技术的协助下实现动态监测。此外，还需要提高评价结果的可释性。

本书所选取的 4 种研究方法中的典型相关分析法和粗糙集理论属于"模型-评价对象"范畴，只需将获取的数据运用到评价模型中，减少了主观认识的影响；模糊综合评价法属于"人-评价对象"类型，这种方法需要人为选择隶属函数，个人对问题的认识比较影响评价结果；而优劣解距离法属于"人-模型-评价对象"范围。人对评价对象的选取至关重要，牵涉到同类型生态技术中是否包含最优的以及这些技术间是否有可比性的评价指标等问题。

3.4.4 构建最终指标体系

根据不同的研究区域来确定研究范围和研究对象，梳理汇总出生态技术全清单。首先对技术全清单进行筛选，得到关键技术；然后根据研究对象筛选评价指标，采用理论筛选和专家筛选相结合的方式，并将其评价值进行归一化处理；再根据数据的获取情况选择合适的评价方法，最终建立科学合理的评价指标体系，如图 3-4 所示。根据评价结果，需要对评价指标体系进行调整，如发现某项指标未能找到数据或难以量化，则剔除该指标；如相互比较下得出某项指标更具有代表性，则选取代表性更强的指标。

北方土石山区板栗林土壤侵蚀治理技术评价指标体系的建立主要采用典型相关分析法。如果一种土壤侵蚀治理技术产生的径流量和泥沙量受降雨因素的影响较小，则间接地说明该技术防治水土流失的效果较好；京津风沙源区荒漠化治理技术评价指标体系由层次分析法和模糊综合评价法构建。先将影响沙障固沙技术效果的因素划分层次，然后对数据集尝试多种模糊函数处理以确定指标权重；南方喀斯特区石漠化治理模式评价体系根据层次分析法和优劣解距离法建立。先把影响石漠化治理模式的因素分层划级，通过计算与正负理想模式的欧式距离，从而选择出备选模式中的最优解；黄河上中游区水土流失治理技

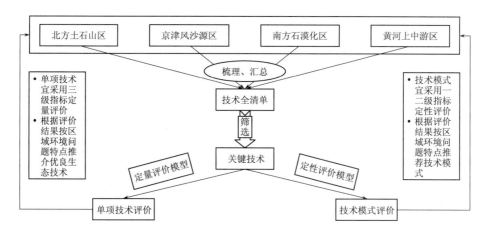

图 3-4　生态技术综合评价体系

术评价体系采用层次分析法和粗糙集理论构架。先将影响水土流失治理技术的因素划分等级，通过判别因素间的隶属关系剔除"等价"指标，然后根据因素重要性确立指标权重，进而选出优良的单项技术。

第4章

北方土石山区生态工程关键技术评价与筛选

4.1　燕山山区板栗林下土壤侵蚀特征及其影响因素

　　土壤侵蚀是当今主要的全球环境问题之一。近年来，由坡耕地或原始林地转化而来的山地果园造成的土壤侵蚀和土地退化问题日益严重。由于降雨（特别是林下降雨）、地形、裸露地表和其他原因，林下土壤侵蚀现象显著增加。土壤侵蚀强度是衡量土壤侵蚀程度和确定水土保持措施规格的主要参数。但对于板栗林（Castanea Mollissima Blume，阔叶树种）等覆盖度较大的林地，现有遥感影像的分辨率难以准确区分板栗林下的土壤侵蚀。板栗树广泛分布在我国北方燕山地区，其林下严重的土壤侵蚀在当地非常具有代表性。位于密云和潘家口水库上游的燕山山区是京津地区重要的水源地。板栗林下大量泥沙进入下游湖泊和水库造成严重的淤积。因此，迫切需要对板栗林下土壤侵蚀强度进行调查研究，为板栗林下土壤侵蚀控制提供依据。

　　短期强降雨是造成板栗林下土壤侵蚀的主要因素之一，由于雨滴击溅和坡面流的影响，通常会导致严重的土壤侵蚀。Wischmeir研究表明雨滴击溅不仅剥离了表层土壤，而且还通过坡面流增强了泥沙输移。然而，板栗林下土壤侵蚀受很多因素影响，包括土壤（土壤类型、土壤厚度和砾石含量）、地形（坡度、坡位和坡向）、林下覆盖物（灌草、苔藓和枯枝落叶）和工程措施（木枋、水平沟和水平阶），其中，最关键的因素是林下覆盖措施和工程措施。然而，许多农户习惯于采用清耕管理方式以防止杂草与板栗树争夺有限的水肥资源。目前，很少有研究调查板栗林由于缺乏林下植被对其土壤侵蚀强度产生的影响。

　　本书选择集中连片的板栗林，以林班为尺度进行详细调查，分析了板栗林管理中存在的问题和经验，以期引起研究人员和政策制定者的普遍关注，为深入开展相关的研究提供依据。

4.1.1　研究方法

　　土壤侵蚀强度是反映土壤侵蚀程度的定量指标。根据《土壤侵蚀分类分级标准》（SL 190—2007），结合我国不同地区的自然条件，将土壤侵蚀强度分为微度侵蚀、轻度侵蚀、中度侵蚀、强度侵蚀和重度侵蚀5个等级（CMWR，2008），具体见表4-1。2016年燕山地区雨季过后，采用野外调查方法，对常富村周围的板栗林地进行了调查。具体方法如下：

　　（1）根据地形图，以地形和林地类型为主要依据，绘制分区图。共调查149个林班，其中板栗林地130个。

　　（2）详细调查各分区的基本情况，包括板栗林土壤侵蚀情况、水土保持措施保持状况、覆盖度、林龄、坡度、平均水土流失厚度等。通过农户调查，得出各林班的林龄。用罗盘测量坡度，通过目测法估算林班覆盖度。

　　（3）沿S型自下而上在坡面上选取不少于10个测点。用米尺测量冲沟的长度、宽度和深度，最后计算平均值。根据各分测量点平均土壤流失厚度判断土壤侵蚀强度。

　　土地退化指数（LDI）是指评价区域内风蚀、水蚀、重力侵蚀、冻融侵蚀和工程侵蚀的面积比，用于反映区域土地退化的程度。根据生态环境现状评价技术标准，提出了土地退化指数计算的修正公式为

$$LDI = \frac{A_0 SLL + A_1 SL + A_2 M + A_3 SE + A_4 SEL}{T} \tag{4-1}$$

式中　A_0、A_1、A_2、A_3、A_4——不同土壤侵蚀强度的权重；

　　　　SLL——微度侵蚀区；

　　　　SL——轻度侵蚀区；

　　　　M——中度侵蚀区；

　　　　SE——强度侵蚀区；

　　　　SEL——重度侵蚀区；

　　　　T——总侵蚀区。

表 4-1　　　　　　　　　　中国北方土石山区土壤侵蚀分级标准

强　　度	指　　　标	覆盖度/%	坡度/(°)	平均土壤流失厚度/(mm/a)
微度侵蚀	活土层几乎完整	＞75	0~5	＜0.15
轻度侵蚀	小部分活土层被侵蚀	60~75	5~8	0.15~1.9
中度侵蚀	超过一半活土层被侵蚀	45~60	8~15	1.9~3.7
强度侵蚀	大部分活土层被侵蚀	30~45	15~25	3.7~5.9
重度侵蚀	几乎所有活土层被侵蚀	＜30	25~35	5.9~11.1

如果某一土壤侵蚀强度的林班数较多，说明该种土壤侵蚀强度较为普遍。本书采用实地调查的方法得到了不同土壤侵蚀强度的林班数，并以某一特定土壤侵蚀强度的林班数与总林班数的比值作为该土壤侵蚀强度的权重。经过数据处理后，A_0、A_1、A_2、A_3、A_4 的值分别为 0.04、0.35、0.39、0.17、0.05。

4.1.2　数据分析

利用 Origin 8.5 软件绘制了所有饼图，用不同颜色表示不同土壤侵蚀强度的比例。内饼图显示了不同林龄、坡度、坡位、坡向、水土保持措施下不同土壤侵蚀强度所占的比例。内饼图中使用的颜色是不同分类条件下主要侵蚀强度的颜色。不同分类条件下土壤侵蚀强度的比例保留小数点后 1 位。外部饼图显示了不同分类条件下不同土壤侵蚀强度的比例。主因子分析采用 SPSS 22.0 软件。

4.1.3　结果与分析

4.1.3.1　常富小流域板栗林地土壤侵蚀分布

根据中国水利部 2008 年修订发布的《土壤侵蚀强度分类分级标准》（SL 190—2007），土壤侵蚀强度分为微度、轻度、中度、强度、重度侵蚀 5 个等级。调查包括 130 个板栗林，其中 71 个是全坡开垦，如图 4-1 所示。常富村板栗林面积

图 4-1　常富小流域板栗林地土壤侵蚀强度

338.9hm²，其中中度以上侵蚀面积 215.3hm²，占 63.5％。在中度以上侵蚀的林地中，坡度大于 25°的林地为 265.8hm²，占 78.4％，说明陡坡开垦引起的水土流失越来越严重。

4.1.3.2　不同林龄的板栗林土壤侵蚀分布类型及强度

随着板栗价格的上涨，近年来我国北方燕山地区板栗林的种植面积逐渐增加。陡坡上的大规模无序种植是导致土壤退化和板栗产量不稳定的主要原因。不同林龄的板栗林下土壤侵蚀的类型如图 4－2 所示，可以看出其主要土壤侵蚀类型是沟蚀和地表侵蚀。土壤侵蚀导致表土疏松和明显的荒漠化。当发生强降雨时，坡面上的沟壑密集分布，导致基岩裸露，这大大降低了板栗林地的土壤生产力［图 4－2（c）］。在调查的 130 个林班中，10～20 年的面积为 218.2hm²，占板栗林的 64.4％［图 4－3（a）］。值得注意的是，5 年以下板栗林占 9.8％，其中轻度侵蚀占 7.7％，中度侵蚀占 1.7％，重度侵蚀占 0.4％。原因可能是这些板栗林大多是由农田或原始林地改造而成。植被覆盖有效地保护了板栗林下的表土。然而，这些措施很容易受到降雨和人类活动的影响而受损［图 4－2（a）、（b）］。在发生重度侵蚀的 12.5hm²（3.7％）板栗林中，1.4hm²（0.4％）属于 5 年生板栗林，4.9hm²（1.5％）属于 5～10 年生板栗林，6.2hm²（1.8％）属于 10～20 年生板栗林，说明发生严重侵蚀的面积随着种植年限的增加而增加。对于 20 年以上的板栗林，整个山坡上已形成了侵蚀沟［图 4－2（d）］。分析表明，不同树龄的板栗林土壤侵蚀类型和强度不同。随着林龄的增加，土壤侵蚀类型增加，但土壤侵蚀强度与林龄之间没有显著的线性关系，说明林龄只是影响板栗林下土壤侵蚀的因素之一。因此，要防止严重的水土流失发

（a）小于5年的板栗林下土壤侵蚀

（b）5～10年的板栗林下土壤侵蚀

（c）10～20年的板栗林下土壤侵蚀

（d）大于20年的板栗林下土壤侵蚀

图 4－2　不同林龄的板栗林下土壤侵蚀类型

生需从保护板栗幼林入手。

板栗林下土壤侵蚀类型多样，而林下裸露是造成水土流失的主要原因，这使得该区出现了"远看绿油油，近看水土流"的现象。农民采用清耕模式的主要原因是：①防止杂草与栗树争夺水分和养分；②方便收集栗果。林龄通过影响板栗林的盖度和高度而影响板栗林下土壤侵蚀。随着栗林覆盖度的增加，穿透性降雨减少，林下降雨量和树干流增加。3种降雨对板栗林下土壤侵蚀的贡献度尚有争论，但可以肯定的是，所有类型的降雨都能引起严重的土壤侵蚀。树干越高，到达地表的雨滴速度越大，降雨侵蚀力也越大。当树干流到达地表时，由于树干与坡面的夹角大于90°，沿下坡方向会有一个速度分量（如果板栗生长在水平沟或水平阶上，沿下坡方向则没有速度分量），导致坡面上沟壑密布，甚至损坏下坡的水土保持措施。本地区在陡坡上种植板栗的现象非常普遍，坡度越大，树干流沿坡面的速度分量越大，水平沟或水平阶的淤积速度越快。因此，为控制不同林龄和坡度的板栗林地土壤侵蚀问题，宜加大对幼林、陡坡的水土保持工程措施规格，最好与生物措施相结合。

4.1.3.3 不同坡度的板栗林下土壤侵蚀分布类型及强度

全坡种植是板栗种植区严重水土流失的另一个主要原因。不同坡度的板栗林下土壤侵蚀的主要类型有细沟侵蚀、坡面侵蚀和滑坡，如图4-4所示。土壤侵蚀主要由林下降雨、穿透降雨和树干流引起。林下降雨和穿透降雨会导致坡面溅蚀，而地面径流和树干流则会导致树干底部的沟蚀和冲蚀。不同坡度的板栗林下的中度侵蚀占土壤侵蚀强度的43.8%[图4-3（b）]。随着坡度的增加，土壤侵蚀类型增加，但土壤侵蚀强度与坡度呈非线性关系，说明坡度只是影响板栗林地土壤侵蚀的因素之一。在调查的130个林班中，25°~35°的板栗林面积最大，占所有林班的56.2%[图4-3（b）]。但值得注意的是，只有13.3%的板栗林坡度为5°~15°，其中微度侵蚀占6.0%，轻度侵蚀占0.6%，中度侵蚀占6.4%，重度侵蚀占0.3%。坡面侵蚀多发生在15°以上，轻度侵蚀为29.8%，中度侵蚀为

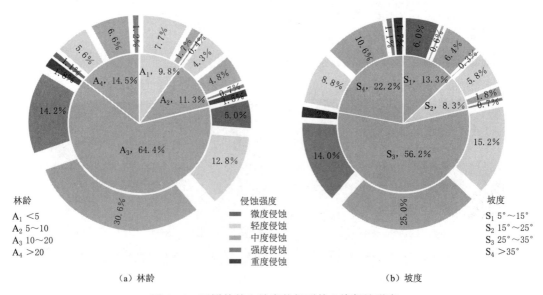

（a）林龄   （b）坡度

图4-3 不同林龄和坡度的板栗林土壤侵蚀强度

37.4%，强度侵蚀为 15.8%，重度侵蚀为 3.7%，说明该区各类坡面中，以中度侵蚀为主。

（a）坡度为5°～15°下板栗林土壤侵蚀

（b）坡度为15°～25°下板栗林土壤侵蚀

（c）坡度为25°～35°下板栗林土壤侵蚀

（d）坡度＞35°下板栗林土壤侵蚀

图 4-4　不同坡度的板栗林下土壤侵蚀类型

4.1.3.4　不同坡位和坡向的板栗林下土壤侵蚀分布类型及强度

板栗林坡面产生土壤侵蚀主要原因是：①不同坡位土壤入渗能力不同；②微地形的变化导致径流分离。不同坡位和坡向下板栗林土壤侵蚀强度如图 4-5（a）所示，可以看出，不同坡位的土壤侵蚀强度类型大小为全坡＞上坡＞下坡＞中坡，说明全坡面种植板栗林土壤侵蚀强度类型较为多样。上坡的地形往往比较陡峭，因此上坡土壤侵蚀强度的类型大于其他两个位置。下坡的汇流能力强于中坡，而中坡地形通常较为平缓，因此中坡上各种土壤侵蚀强度的类型最小。板栗林主要分布在全坡，总面积 160.9hm²，占全坡面积的 47.5%[图 4-5（a）]。各坡位均发生强度侵蚀和重度侵蚀，分别占板栗林的 16.0% 和 3.8%。

坡向也影响着板栗林下的土壤侵蚀，主要是通过改变板栗林下垫面表土的发育、植物的生长和苔藓覆盖情况，从而导致板栗林下的土壤侵蚀。不同坡向下板栗林土壤侵蚀强度如图 4-5（b）所示，可以看出，不同坡向的板栗林土壤侵蚀强度类型的大小为阴坡＞半阳坡＞阳坡＞半阴坡。半阳坡和阴坡有 5 种侵蚀强度，分别占板栗林的 29.8% 和 39.3%。各坡向均发生中度侵蚀，分别占 14.1%、9.4%、18.8% 和 1.4%，说明 4 个坡向最常发生的是中度侵蚀。

为了获得更大的经济效益，全坡种植板栗林的现象在该区极为普遍。由于缺乏整体规

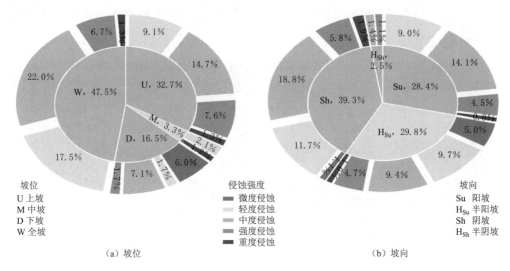

坡位
U 上坡
M 中坡
D 下坡
W 全坡

侵蚀强度
■ 微度侵蚀
■ 轻度侵蚀
■ 中度侵蚀
■ 强度侵蚀
■ 重度侵蚀

坡向
Su 阳坡
H_{Su} 半阳坡
Sh 阴坡
H_{Sh} 半阴坡

（a）坡位　　　　　　　　　　　　　　　（b）坡向

图 4-5　不同坡位和坡向下板栗林土壤侵蚀强度

划，水土保持措施布设滞后，导致整个坡面出现沟壑，表土流失严重。在 4 个坡位中，全坡种植对板栗林地土壤侵蚀的影响最大，其次是上坡种植。这可能是由于缺乏全坡开垦规划和水土保持措施布设不规范所致。一旦发生侵蚀，至少是轻度侵蚀，甚至是中度侵蚀。同时，由于汇流面积大，径流一般主要在上坡形成，因此，下坡土壤侵蚀更为严重。在 4 个坡向中，阴坡对板栗林地土壤侵蚀的影响最大，其次是阳坡、半阳坡和半阴坡。板栗林下土壤侵蚀导致山坡微地形发生剧烈变化，影响土壤入渗能力和径流速度，导致不同坡位土壤水文条件差异较大。因此坡位对表土发育和水分条件的影响不容忽视，如坡位通过影响坡面的水分和光照条件而影响苔藓的形成。此外，在我们的调查中，苔藓覆盖是防止土壤侵蚀最有效的生物措施之一。研究不同林龄、坡度、坡位、坡向和水土保持措施的板栗林下苔藓的生长习性，是增加板栗林下苔藓覆被面积，建立生物措施与工程措施联合控制板栗林土壤侵蚀的有潜力的研究方向之一。

4.1.3.5　不同措施下板栗林土壤侵蚀分布类型及强度

该地区主要的水土保持措施有水平沟、水平阶、地埂、鱼鳞坑和木枋，不同措施下板栗林土壤侵蚀类型如图 4-6 所示。不同措施下的土壤侵蚀类型主要有淤积侵蚀、溢流侵蚀和重力侵蚀。在不同措施下，造成土壤侵蚀的外部原因有两个：①板栗林的管理者年龄越来越大，缺乏接班人；②板栗林的管理工具相对原始，大部分工作需要体力劳动［图 4-6（d）］。不同措施下板栗林侵蚀强度如图 4-7 所示，可以看出，在不同措施下，中度侵蚀发生频率最高，占调查板栗林的 43.7%。这表明，无论采取何种措施，都可能发生中度侵蚀。在调查的板栗林中，水平沟和水平阶的板栗林面积分别为 101.1hm^2 和 148.4hm^2，分别占 29.8% 和 43.8%。水平沟是沿等高线截留雨水，种植树木和草以防止水土流失的一种措施，而水平阶又称窄幅梯田，是沿等高线自上而下划分坡面的措施，在土石山区坡度较大（10°～25°）的边坡上具有蓄水保土的功能。值得注意的是，该地区水平沟或水平阶不规范，保存不完整。许多水平阶是由水平沟淤积形成的，这表明这些水土保持措施维护不善，甚至导致大多数措施处于失修或毁坏状态。水平沟

（a）水平阶措施下板栗林土壤侵蚀

（b）木枋措施下板栗林土壤侵蚀

（c）苔藓覆盖下板栗林土壤侵蚀

（d）水平沟措施下板栗林土壤侵蚀

图 4-6　不同措施下板栗林土壤侵蚀类型

和水平阶下的土壤侵蚀强度类型分别为 4 和 5，中度侵蚀所占比例最大，分别为 17.5% 和 18.4%。未采取措施的板栗林占 19.0%。土壤侵蚀强度类型分别为轻度侵蚀 4.8%，中度侵蚀 5.1%，强度侵蚀 8.9%，重度侵蚀 0.2%。此外，还有 7.1% 的板栗林有地埂、木枋、鱼鳞坑等，也受到不同程度的土壤侵蚀。无论是否采取水土保持措施，都会产生不同强度的水土流失。关键是规范水土保持措施规格，及时修复毁坏措施，为苔藓覆盖、生草覆盖等生物措施的保护提供良好的工程措施条件。

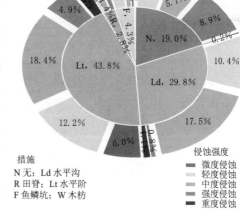

措施
N 无；Ld 水平沟
R 田脊；Lt 水平阶
F 鱼鳞坑；W 木枋

侵蚀强度
微度侵蚀
轻度侵蚀
中度侵蚀
强度侵蚀
重度侵蚀

图 4-7　不同措施下板栗林土壤侵蚀强度

　　当地农民主要采用清耕模式管理板栗林，因此板栗林下的水土保持措施主要是工程措施。然而，这些工程措施的保护和维护比较滞后：一方面，板栗林种植面积逐年增加，全坡陡坡种植的现象越来越普遍；另一方面，由于地形破碎，板栗林的大部分管理都需要人工进行，用于管理的工具也很落后。导致这些立地条件下的水土保持措施要么年久失修，要么布设滞后。板栗林下水土保持措施主要有水平沟和水平阶。研究发现，该区大部分水平沟淤积严重，有的甚至已淤平，引起下坡严重冲刷的连锁反应。因此，应提高板栗林地整理效率，机械化整地工具，提高水土保持措施建设标准，有效防止板栗林下土壤侵蚀，以实现燕山山区板栗林的可持续发展。

4.1.3.6　不同影响因子下的土地退化指数及土壤侵蚀强度主因子分析

受不同林龄、坡度、坡位、坡向及防治措施的影响，土地退化指数为 $0.22\sim0.39$，平均值为 0.31，表明该区以中度侵蚀为主，板栗林地土壤侵蚀有逐渐恶化的趋势。通过主成分分析，筛选出影响土壤侵蚀强度（E）的主要因子为水土保持措施（M）、林龄（A）和坡度（S），3 种因素可以解释土壤侵蚀强度（E）高达 100%。坡位和坡向因素对板栗林地土壤侵蚀的影响也不容忽视。因此，对于不同林龄和不同坡度的板栗林，应系统地安排合理的措施，达到控制板栗林下水土流失的目的。对于容易发生水土流失的坡位和坡向以及未布置水土保持措施的板栗林，应采取封育措施，以使得受侵蚀的地区进行自然修复，从而实现林地的循环利用。不同措施、林龄、坡度、坡位、坡向下土壤侵蚀强度的主因子分析见表 4-2。

表 4-2　　　不同措施、林龄、坡度、坡位、坡向下土壤侵蚀强度的主因子分析

		措施	林龄	坡度	坡位	坡向
土壤侵蚀强度（E）	特征值	3.491	1.345	0.164	—	—
	解释度	69.83	26.90	3.27	—	—

4.2　燕山山区坡地果园水土流失生态治理技术

北方土石山区板栗林主要分布在长城以北的 20 多个城镇，包括密云、兴隆、遵化、迁西等主产区。大量研究总结了山地果园土壤侵蚀防治措施。山地果园覆盖技术是最有前景的技术，符合生态发展的理念。地面覆盖不仅可以拦截降水、减少径流量，而且还可以保护土壤表面免受雨滴击溅和径流冲刷。然而农民通常使用清耕模式，考虑到成本等因素，在陡坡上难以实施果园覆盖技术。因此，有必要寻求农民接受的生态治理技术。

国内对山地果园水土保持技术的研究主要集中在南方红壤地区，包括土壤侵蚀特征和土壤侵蚀防治技术，北方地区则缺乏系统的研究。山地果园水土保持技术研究首次出现在"环山水平沟"和"围山转"治理模式中，可以解决低于 25°的缓坡山地水土流失问题，不涉及超过 25°的条件，特别是在强风化岩条件下。为了防止燕山山区果园土壤侵蚀，本书旨在筛选适宜坡地土壤侵蚀防治的生态技术，以防治大范围严重的土壤侵蚀。

4.2.1　研究区概况

研究地位于中国河北省兴隆县常富村小流域。燕山山区位于密云水库和潘家口水库上游，是京津地区重要的水源地。常富村位于燕山深处，富含黄铁矿和板栗林，是京东板栗的主产区之一。在经济利益和其他因素的驱动下，板栗林的种植面积从 20 世纪 70 年代的 33333.33hm² 增加到 2010 年的 121300hm²。截至目前，怀柔、兴隆、迁西和遵化 4 个地区共有 24666.67hm² 的幼龄板栗林，其中 15000hm² 种植在 15°以上的坡面上，占总面积

的 60%。大部分林龄为 2～25 年。研究地区主要经济作物有板栗、山楂、苹果等。

4.2.2　板栗林土壤侵蚀防治生态技术

一些防治措施普遍应用于室内模拟研究，如地膜覆盖、秸秆覆盖等。这些措施可能适用在平缓坡上。然而，对于燕山山区陡坡全面开垦的板栗林引发的严重土壤侵蚀，这些措施很难推广应用，一方面化学材料制作的地膜不利于环境保护，另一方面缺乏秸秆等环保的原材料。在板栗林土壤侵蚀防治实践中，木枋、水平沟（水平阶）、苔藓覆盖、生草覆盖和农林间作等措施都是燕山地区栗农的智慧结晶。

4.2.2.1　木枋

在水土保持工程中，木枋措施通常指使用各种植物材料紧密排列拦挡径流泥沙以防止水土流失。由于板栗树生长在水平沟的外缘，板栗林下没有植被覆盖，降雨导致坡面上产生击溅侵蚀，同时，树干流可能引发细沟侵蚀，板栗树根部也是水平沟溢流后破坏的主要部位。为了解决这个问题，根据多年的生产经验，当地农民使用秋季采摘的枝条，打捆后放置在板栗树底部上方，然后覆盖一层松散的土，相当于提高水平阶或水平沟外缘高度以防止雨水从板栗树底部流出，然而这种保护措施实际应用效果较差。降雨可能从木枋边缘溢出，或穿透木枋的孔隙，冲成很多沟道。木枋措施在径流毁坏前后对比如图 4-8 所示。木枋能拦截一定量的径流，但是这种措施在暴雨的情况下可能产生相反的效果。造成这种情况的原因可能是板栗林生长在坡面上，树干流易引起底部发生沟蚀或淘蚀，降雨经树干拦截，和穿透性降雨形成的林下降雨主要降落在坡面上，引起严重的击溅侵蚀。木枋措施的优点是腐烂后增加板栗树周围的土壤养分，在缓坡区可以实施这项措施。

（a）径流毁坏前　　　　　　　　　　　　　（b）径流毁坏后

图 4-8　木枋措施在径流毁坏前后对比图

4.2.2.2　水平沟

水平沟是一种通过沿着等高线开沟并拦截坡面降雨和径流以防止水土流失的工程措施。实践证明，水平沟措施对缓坡具有更好的保护作用。相对标准的水平沟能承受大雨的冲击，即使坡面上的细土被冲刷，也能在水平沟中沉积，且未发现水毁现象。随着降雨强度的增加，水平沟逐渐淤积，使得维护这种措施更加困难。本书发现该区域大部分水平沟处于年久失修状态，水平沟与坡面连接处泥沙淤积严重，有些甚至已淤满，导致下坡出现严重土壤侵蚀的连锁反应。主要原因是：①管理板栗林的人老龄化严重；②用于修复水平沟（阶）的工具相对落后。水平沟措施在径流毁坏前后对比如图 4-9 所示。通过 35 份农户调查表明，每个农户有 40 多亩板栗林，人均板栗林平均面积为 8.5 亩，而每个实际经营人员的板栗林平均面积为 19 亩，表明从事板栗种植的人数逐渐减少，这是水平沟等工程措施失修的主要原因之一。

（a）径流毁坏前 （b）径流毁坏后

图 4-9 水平沟措施在径流毁坏前后对比图

4.2.2.3 苔藓覆盖

苔藓覆盖是一种覆被在坡面上，可以被当地村民自发保护，通过防止雨滴击溅来减少土壤侵蚀的措施。农民不在生产和管理中轻易地破坏苔藓，也不会喷洒除草剂。苔藓对土壤和水分流失的保护表现在不仅可以防止雨滴直接溅到坡面上，而且还具有良好的蓄水能力，改善土壤的理化性质。然而，在强降雨条件下，水力和重力侵蚀可能会破坏苔藓。水力和重力侵蚀前后的苔藓覆盖对比如图 4-10 所示。该地区苔藓的分布受水分和光照的影响非常大，仅在大树下或一些阴凉地方的坡面生长良好。因此，苔藓防止土壤侵蚀的应用也受到限制。

（a）水力和重力侵蚀前 （b）水力和重力侵蚀后

图 4-10 水力和重力侵蚀前后的苔藓覆盖对比图

4.2.2.4 生草覆盖

生草覆盖是一种在果园管理中可以提高土壤肥力，改善果实质量和生态环境的土壤管理措施。生草措施有助于防止或减少土壤侵蚀，改善土壤团聚体结构和大小。此外，它可以将无机物转化为有机物并将其固定在土壤中，增加土壤蓄水能力，减少肥力和水分流失，从而创造出一种营养丰富、疏松多孔的利于果树生长的根系环境。调查区内只有几片板栗林（坡度超过40°）在果园建设时原始植被未遭到破坏，沿着坡面等高线种植板栗树幼苗。少数板栗开始挂果，整个坡面上未发生土壤侵蚀的现象，生草覆盖措施如图4-11所示。生草措施是在建造果园的早期阶段促进收益的有效方法，有利于板栗树的生长和提升板栗果实的品质。随着板栗树的生长，可以通过提高水平沟的标准，逐步使坡面阶梯化。值得注意的是，板栗树应种植在水平沟中，采用刈草方式替代喷洒除草剂来管理果园，从而获得良好的经济和生态效益。这种措施比较适用于幼龄林。当板栗林进入盛果期，农户需在板栗成熟前采用割草机清除坡面杂草以方便捡收板栗。

4.2.2.5　农林间作

农林间作可以增加植被覆盖度，减少土壤侵蚀，将林业、农业和草业混合在同一管理土地单元中，改善土壤结构，然后有效地提高土壤有机质和有效养分含量。由于有充分利用生态空间和挖掘生物资源的强大潜力，农林间作被广泛应用于发展中国家。为了充分利用有限的土地资源，在适宜条件下，板栗林采用农林复合经营已成为近年来增加农民收入的重要举措，实现了板栗林生产中短期和长期的效益组合。根据树木密度、地形等因素选择适合板栗林间作的作物，并在坡面上种植绿肥植物，板栗＋旱稻＋坡草地模式如图4-12所示，但此模式在该地区并不常见，主要是由于人工维护成本高，板栗难以收获，而其特点是单位土地产出较高，无土壤侵蚀。这种农林间作模式没有灌溉和施肥的条件，属于雨养林地，各种植物均生长良好，表明雨水被植物和土壤拦蓄。因此，应在燕山地区大力推广农林间作模式。

图4-11　生草覆盖措施

图4-12　农林间作措施

4.3　不同生态技术下土壤侵蚀特征及其影响因素的典型相关分析

生态技术布设以后，影响其功能的首先是降雨因素，如降雨对水平沟等工程措施使用稳定性的影响，此外降雨还影响植被恢复。因此，考察降雨和防治措施之间的关系对最大限度地发挥治理措施的作用以及合理布设生态技术具有直接而重要的意义。

径流量和产沙量是反映土壤侵蚀程度的两个基本因素，主要受降雨因子（降水，降雨强度，I_{30}）及其相互作用的影响。许多学者研究了降雨和其他因素共同作用下的径流量和产沙量。通过人工降雨模拟试验，琚彤军等对黄土地区滑坡动力学的影响因素和机制进行了研究。曹文洪等利用丘陵沟壑区 12 个小流域的数据，发现次降雨的径流深度与降雨量，次降雨和早期平均降雨强度呈线性关系。毕华兴等研究了黄土地区 11 个小流域的次降雨径流特征，建立了径流深度与土壤雨前含水量、降雨量、平均降雨强度和林地覆盖度间的模型。现有方法未能解释径流量和产沙量与降雨和其他因素的相互作用。典型相关分析（CCA）利用两个总体变量之间的关系，以反映这两个集合的整体相关性。根据燕山山区板栗林小区连续两年的实测数据，通过典型相关分析分析了降水因子[降雨量、平均降雨强度、最大 30min 降雨强度（I_{30}），降雨量与平均降雨强度之积（$R \cdot R_i$）和降水量与最大 30min 降雨强度之积（$R \cdot I_{30}$）]对径流量和产沙量的影响。从而研究：①燕山山区板栗林多种降雨因子对径流和泥沙作用的规律性；②在此基础上，比较分析不同生态技术下土壤侵蚀的特征，提出哪种生态技术能够有效控制燕山山区板栗林的土壤侵蚀。

4.3.1 小区布设

本研究采用农户易于接受、防护效果较好的水平沟和筑埂措施进行比较研究，目的是筛选出合理的沟间距，从而既能起到防护作用，又能减少布设防治措施的费用。在试验区选择相对平坦的坡地，建立 3 个径流小区，其垂直投影面积为 110m²，即对照小区（CP），措施小区 1（MP1）和措施小区 2（MP2），具体见表 4－3。板栗树的间距为 3～4m，在地块上方设置不透水钢圈墙（方便试验后拆除），以减少上坡径流的影响。每个地块的底部设有两个集流池，纵向连接 1m×1m×1m，以收集降雨产生的径流和泥沙。

表 4－3　野外观测径流小区布置情况

小区	植被类型	坡度/(°)	面积/m²	措施
对照	板栗林	25	110	无措施
措施 1	板栗林	25	110	水平沟，间隔 6m 筑埂
措施 2	板栗林	25	110	水平沟，间隔 8m 筑埂

4.3.2 数据来源和处理方法

气象数据由小区附近的一个小型气象站提供。如果一天出现几次降雨，那么将几个降雨强度的加权平均值作为平均降雨强度。

根据集流池内标记的刻度线直接读取径流量，并通过采样法确定产沙量。采样法步骤如下：①在取样之前，将雨水和泥沙充分混合在集流池中，快速抽取约 1000mL 的混合水样（重复 3 次）；②将所有混合样品移至量筒中以测量样品体积；③将量筒静置 24h，待泥沙完全沉淀后倒出上层清液，然后将泥沙转移至铝盒放入烘箱中，在 105℃下烘干，称重后计算泥沙的重量；④当池中的径流量小于 3000mL 时，收集并测量所有产流量，通过取样计算每单位体积的泥沙含量，并且可以通过每单位体积的泥沙量计算总径流量和产沙量。

4.3.3　典型相关分析

典型相关分析是一种考虑两组变量线性组合的统计方法，并研究它们之间的相关系数。在所有线性组合中，找到一对具有最大相关系数的线性组合，并使用该组合的单相关系数来表示两组变量的相关性。典型相关分析的本质是从两组随机变量中选择几个代表性的综合指标（变量的线性组合），并利用这些指标的相关性来表达原始变量之间的相关性。在分析两组变量的相关性时，这可以在简化变量方面发挥合理的作用。如果考虑变量 X 和 Y 之间的关系（U 和 V），我们将整体表示为变量 X 和 Y 的线性组合，从而检查 U 和 V 之间的关系。

假设

$$U = a^T X = a_1 x_1 + a_2 x_2 \qquad (4-2)$$

$$V = b^T Y = b_1 y_1 + b_2 y_2 + b_3 y_3 + b_4 y_4 + b_5 y_5 \qquad (4-3)$$

然后利用 Pearson 相关系数衡量 U 与 V 之间的关系。为了找到一组最优解 a 和 b 来最大化 $\mathrm{Corr}(X，Y)$，使得 a 和 b 是使 U 和 V 具有最大相关性的权重。$\mathrm{Corr}(X，Y)$ 的公式是

$$\rho U，V = \mathrm{corr}(X，Y) = \frac{\mathrm{cov}(X，Y)}{\sigma X \sigma Y} = \frac{E\big[(X-\mu X)(Y-\mu Y)\big]}{\sigma X \sigma Y} \qquad (4-4)$$

典型冗余分析是讨论典型变量如何解释另一组变量的总变异百分比。在典型相关分析中，由于每对典型组件保证最大的相关性，每组典型变量不仅解释了本组变量的信息，而且还解释了另一组变量的信息。典型相关系数越大，典型成分解释另一组变量变化的信息越多。公式如下

$$Rd(X；U_k) = \sum_{i=1}^{2} r^2(X_i；U_k)/2 \qquad (4-5)$$

$$Rd(X；V_k) = \sum_{i=1}^{2} r^2(X_i；V_k)/2 \qquad (4-6)$$

$$Rd(Y；U_k) = \sum_{j=1}^{5} r^2(Y_j；U_k)/5 \qquad (4-7)$$

$$Rd(Y；V_k) = \sum_{j=1}^{5} r^2(Y_j；V_k)/5 \qquad (4-8)$$

其中 $Rd(X；U_k)$，$Rd(X；V_k)$，$Rd(Y；U_k)$，$Rd(Y；V_k)$ 是指 k 组（Ⅰ 或 Ⅱ）典型变量 $r(X_i；U_k)$ 的冗余系数，$r(X_i；U_k)$，$r(X_i；U_k)$，$r(X_i；U_k)$ 表示两组原始归一化变量 X，Y 和典型变量 U，V 之间的相关系数。

4.3.4　结果与分析

4.3.4.1　不同类型措施造成的降雨特征

2015 年 4 月～2016 年 9 月的 3 个径流小区的（对照小区、措施小区 1 和措施小区 2）

收集降雨量、径流量和产沙量，具体见表4－4。降水引起的产流产沙的次数分别为15和14、13和15、12和9。所有产生径流的降雨都集中在6～9月，说明年内降水分布不均匀，与该区的降雨特征一致。最大降水量为59mm，最小降雨量为5.4mm，平均降雨量为21.97mm；平均降水持续时间为9.1h，最大降水持续时间与最小降水量之间的差值为25.8h，导致降雨和降雨强度引起的径流和产沙量差异显著增加。此外，平均降雨强度和I_{30}的变化也更加明显，波动范围为0.5～22.8mm/h和0.81～52.67mm/h，平均值分别为5.33mm/h和19.28mm/h。

表 4－4　　　　　　　不同生态技术下降雨引起的产流产沙量

对照小区		措施小区 1		措施小区 2		降雨量 /mm	平均降雨强度 /(mm/h)	I_{30} /(mm/h)	$R \cdot R_i$ /(mm²/h)	$R \cdot I_{30}$ /(mm²/h)
径流量 /m³	产沙量 /kg	径流 /m³	产沙量 /kg	径流量 /m³	产沙量 /kg					
0.60	2.19	0.52	0.79	0.16	0.22	5.4	8.53	9.80	45.90	52.92
0.08	0.34	0.06	0.09	0	0	19.7	4.44	24.05	86.68	473.78
0.40	1.57	0.12	0.26	0.20	0	18.3	1.27	33.11	23.79	605.91
0.70	3.21	0.23	0.26	0.30	0	54.8	8.10	52.67	443.88	2886.32
0.39	0.82	0.14	0.17	0.17	0.04	9.4	13.76	18.31	129.72	172.11
0.15	0.40	0.07	0	0.11	0	18.6	2.07	9.73	39.06	180.98
0.72	3.41	0.35	0.93	0.60	0	38.3	22.75	45.5	873.24	1742.65
0.18	2.38	0.09	0	0.14	0	4.8	0.97	6.83	4.80	32.78
0.40	3.27	0.17	0.06	0.08	0.20	16.5	1.13	9.34	66.00	154.11
4.96	3.97	3.05	0.42	2.91	0.24	23.8	0.65	4.44	16.66	105.67
1.98	4.79	0.37	1.37	0.47	0.15	24.2	1.15	20.75	26.62	502.15
0.70	9.74	0.22	0.16	0.06	0.03	0.9	0.47	0.81	4.35	108.32
0.20	1.15	0.06	0.12	0.05	0.04	18.2	1.87	13.51	34.58	245.88
0.07	0.07	0	0	0	0	9.9	0.47	3.02	4.95	29.90
2.26	4.50	0.23	0.33	0.15	0.06	59.0	7.99	37.37	548.7	10.03

注：CP为对照小区，MP1为措施小区1，MP2为措施小区2；I_{30}指最大30min降雨强度；$R \cdot R_i$指降雨量和平均降雨强度的乘积；$R \cdot I_{30}$指降雨量和最大30min降雨强度的乘积。

4.3.4.2　典型相关分析

典型相关分析（CCA）是一种多变量统计方法，反映了两组指标之间的相关性。通过在指标之间搜索线性组合，使得两组之间的相关性达到最大值。以径流量和产沙量为代表的土壤侵蚀特征因子作为目标变量 x，其他5个指标，即降雨量、平均降雨强度、I_{30}、降雨量和平均降雨强度之积、降雨量和I_{30}之积被选为自变量 y。不同生态技术下降雨特征及其影响因子的典型相关系数见表4－5，结果选取前两个（Ⅰ和Ⅱ）典型变量。

表 4 - 5　　　　　　不同生态技术下降雨特征及其影响因子的典型相关系数

	对 照 小 区				措 施 小 区 1				措 施 小 区 2			
	典型变量Ⅰ		典型变量Ⅱ		典型变量Ⅰ		典型变量Ⅱ		典型变量Ⅰ		典型变量Ⅱ	
特征值 λ^2	0.627		0.254		0.347		0.159		0.434		0.168	
典型关联度 λ	0.792*		0.504		0.589		0.399		0.659		0.410	
	ai	rVi	ai	rVi	ai	rVi	ai	rVi	ai	rVi	ai	rVi
径流量/m³ (x_1)	1.013	0.741	0.372	0.672	−0.984	−0.896	−0.267	−0.444	−0.129	−0.602	−1.155	−0.799
产沙量/kg (x_2)	−0.725	−0.345	0.799	0.939	0.453	0.262	−0.913	−0.965	−0.928	−0.994	0.699	0.111
	bj	rUj	bj	rUj	bj	rUj	bj	rUj	bj	rUj	bj	rUj
降雨量/mm (y_1)	2.988	0.349	−0.103	0.354	−1.791	0.075	−1.899	−0.513	−2.191	0.218	−1.318	−0.618
降雨强度/(mm/h) (y_2)	0.836	−0.067	−0.893	−0.159	−0.265	0.497	−0.474	−0.669	−1.242	0.290	1.431	−0.045
I_{30}/(mm/h) (y_3)	0.024	−0.004	−1.804	−0.100	1.461	0.623	−0.672	−0.447	1.156	0.621	−0.595	−0.326
$R \cdot R_i$/(mm²/h) (y_4)	−1.151	−0.032	1.414	0.240	0.428	0.409	−0.460	−0.655	1.514	0.453	−2.187	−0.461
$R \cdot I_{30}$/(mm²/h) (y_5)	−2.287	0.010	1.329	0.283	0.487	0.371	2.655	−0.336	0.864	0.503	2.450	−0.389

注：* 系数在 $P<0.05$ 时显著。

　　不同生态技术下两组典型相关系数分别为 0.792、0.589 和 0.659，对照小区土壤侵蚀特征因子与土壤侵蚀影响因子之间存在显著相关性（$P<0.05$），表明在Ⅰ典型变量中，土壤侵蚀影响因子对土壤侵蚀特征因子有显著影响。对于土壤侵蚀特征因子，这些生态技术下的径流量和产沙量负荷分别为 1.013 和−0.984，−0.129 和−0.725，0.453 和−0.928。结果表明，在对照小区和措施小区 2 下，径流量在 Ⅰ 变量集 U 中起主要作用，而产沙量在措施小区 1 下起主要作用。措施小区 1（M1）对板栗林产流的控制作用优于措施小区 2（M2）。对于 Ⅰ 变量集 V，在对照小区下，降雨量（y_{1C}），降雨量和平均降雨强度的乘积（y_{4C}），降雨量和 I_{30} 的乘积（y_{5C}）是主要影响因素。在措施小区 1 下，主要影响因素是降雨量（y_{1M1}）和 I_{30}（y_{3M1}）。在措施小区 2 下，主要影响因素是降雨量（y_{1M2}），平均降雨强度（y_{2M2}），I_{30}（y_{3M2}）以及降雨量和平均降雨强度的乘积（y_{4M2}）。因此，不同生态技术下影响变量集 V 的因素是不同的，最大 30min 降雨强度（I_{30}）（y_3）对 3 种生态技术下的变量集 V 都有影响。根据 U 和 V 的相关系数，在对照小区下，径流量（x_1），产沙量（x_2）和降雨量（y_1），降雨量和平均降雨强度的乘积（y_4）以及降雨量和 I_{30} 的乘积之间（y_5）存在正相关关系。而在措施小区 1 和措施小区 2 下，径流量（x_1）和产沙量（x_2）只与降雨量（y_1）有正相关，表明在水平沟和地埂的作用下，措施小区的径流量和产沙量受平均降雨强度和最大 30min 降雨强度（I_{30}）的影响较小。

　　不同生态技术下土壤侵蚀特征及其影响因子第Ⅰ组典型变量见表 4 - 6。通过典型相关分析，不同生态技术下降雨量与 V 的相关系数分别为 0.349、0.075 和 0.218，I_{30} 和 V 的相关系数分别为−0.004、0.623 和 0.621，表明在两种生态技术下，I_{30} 对板栗林土壤侵蚀的影响高于对照小区。因此，应首先重视短期强降雨以防治板栗林的土壤侵蚀。

表 4 - 6　　　　　不同生态技术下土壤侵蚀特征及其影响因子第 I 组典型变量

措施	侵 蚀 特 征 因 子	侵 蚀 影 响 因 子
CP	$U_{1C}=1.103x_{1C}-0.725x_{2C}$	$V_{1C}=2.988y_{1C}+0.836y_{2C}+0.024y_{3C}-1.151y_{4C}-2.287y_{5C}$
MP1	$U_{1M1}=-0.984x_{1M1}+0.453x_{2M1}$	$V_{1M1}=-1.791y_{1M1}-0.265y_{2M1}+1.461y_{3M1}+0.428y_{4M1}+0.487y_{5M1}$
MP2	$U_{1M2}=-0.129x_{1M2}-0.928x_{2M2}$	$V_{1M2}=-2.191y_{1M2}-1.242y_{2M2}+1.156y_{3M2}+1.514y_{4M2}+0.864y_{5M2}$

注：U_{1C}、U_{1M1} 和 U_{1M2} 分别代表 CP、MP1 和 MP2 下的目标变量；V_{1C}、V_{1M1} 和 V_{1M2} 分别代表 CP、MP1 和 MP2 下的自变量，x_{1C} 和 x_{2C} 表示对照小区的产流产沙量；y_{1C}、y_{2C}、y_{3C}、y_{4C} 和 y_{5C} 为侵蚀影响因子，即降雨量、平均降雨量强度，I_{30}，$R·R_i$ 和 $R·I_{30}$。其余类推。

第 II 典型相关系数分别为 0.504，0.399 和 0.410，不同生态技术土壤侵蚀特征因子与土壤侵蚀影响因子之间均未发现存在显著相关性。对于第 II 变量集 U，不同生态技术下的径流量和产沙量负荷分别为 0.372 和 -0.267，-1.155 和 0.799，-0.913 和 0.699，这表明在措施小区 1（M1）和措施小区 2（M2）下，径流量对第 II 变量集 U 的贡献减弱。对照措施下，对于第 II 变量集 V，最大 30min 降雨强度（y_{3C}），降雨量和平均降雨强度的乘积（y_{4C}），降雨量和 I_{30}（y_{5C}）的乘积是主要影响因素。措施小区 1 的主要影响因素是降雨量（y_{1M1}）以及降雨量与 I_{30} 的乘积（y_{5M1}），而措施小区 2 的主要影响因素是降雨量（y_{1M2}），平均降雨强度（y_{2M2}），降雨量和平均降雨强度的乘积（y_{4M2}），以及降雨量和 I_{30} 的乘积（y_{5M2}）。因此，在 3 种生态技术下，影响第 II 变量集 V 的因素是不同的，最大 30min 降雨强度（I_{30}）都对第 II 变量集 V 有影响。

不同生态技术下土壤侵蚀特征及其影响因子第 II 组典型变量见表 4 - 7。通过典型相关分析，对照条件下降雨量、平均降雨强度和 I_{30} 与变量集 V 之间的相关系数分别为 0.354、-0.159 和 -0.100，措施小区 1 下的系数分别为 -0.513、-0.669 和 -0.447，措施小区 2 下的系数分别为 -0.618、-0.045 和 0.326，表明在对照条件下，降雨因子对土壤侵蚀的影响小于其他两个小区。在措施小区 1（M1）下，降雨量、平均降雨强度和 I_{30} 对土壤侵蚀的影响相似，而在措施小区 2（M2）下，平均降雨强度对土壤侵蚀的影响最小。

表 4 - 7　　　　　不同生态技术下土壤侵蚀特征及其影响因子第 II 组典型变量

措施	侵 蚀 特 征 因 子	侵 蚀 影 响 因 子
CP	$U_{2C}=0.372x_{1C}+0.799x_{2C}$	$V_{2C}=-0.103y_{1C}-0.893y_{2C}-1.804y_{3C}+1.414y_{4C}+1.329y_{5C}$
MP1	$U_{2M1}=-0.267x_{1M1}-0.913x_{2M1}$	$V_{2M1}=-1.899y_{1M1}-0.474y_{2M1}-0.672y_{3M1}-0.460y_{4M1}+2.655y_{5M1}$
MP2	$U_{2M2}=-1.155x_{1M2}+0.699x_{2M2}$	$V_{2M2}=-1.138y_{1M2}+1.431y_{2M2}-0.595y_{3M2}-2.187y_{4M2}+2.450y_{5M2}$

注：U_{2C}、U_{2M1} 和 U_{2M2} 分别代表 CP、MP1 和 MP2 下的目标变量；V_{2C}、V_{2M1} 和 V_{2M2} 分别代表 CP、MP1 和 MP2 下的自变量，x_{1C} 和 x_{2C} 表示控制区的产流产沙量；y_{1C}、y_{2C}、y_{3C}、y_{4C} 和 y_{5C} 为侵蚀影响因子，即降雨量、平均降雨量强度，I_{30}，$R·R_i$ 和 $R·I_{30}$。其余类推。

第 I 和 II 组典型变量均表明，在水土保持措施的作用下，径流量对变量集 U 的贡献减弱，降雨量和平均降雨强度对变量集 V 的影响也减弱。综合比较土壤侵蚀特征因子集 U 和土壤侵蚀影响因子集 V，措施 1 的效果更为明显。

4.3.4.3 典型冗余分析

不同生态技术下第 I 组典型变量 U 可分别解释 46.1%、45.9% 和 39.5% 的侵蚀影响因子，而土壤侵蚀影响因子可分别解释土壤侵蚀特征因子的 53.9%、54.1% 和 60.5%，土壤侵蚀特征因子冗余指标如图 4-13 所示。因此，目标变量和自变量可以很好地解释土壤侵蚀特征因子，表明土壤侵蚀影响因子可以很好地预测不同生态技术下的土壤侵蚀特征因子。土壤侵蚀影响因子冗余指标分析如图 4-14 所示，可以看出，3 种生态技术下的典型变量组 V 分别可以解释土壤侵蚀影响因子的 41.2%，35.5% 和 22.7%。土壤侵蚀影响因子可以分别解释侵蚀特征因子的 43.8%、36.7% 和 23.7%。因此，在对照措施和措施 1 下，目标变量和自变量能预测土壤侵蚀影响因子，表明土壤侵蚀影响因子可以用土壤侵蚀特征因子较好地解释，而在措施 2 下土壤侵蚀特征因子和土壤侵蚀影响因子不能很好地互相解释。综上，第 I 组典型变量可用于解释不同生态技术下降雨因子与板栗林径流量和产沙量之间的关系。

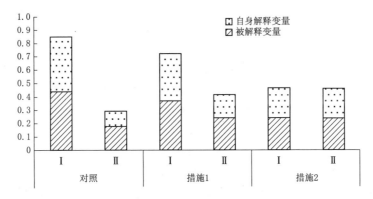

图 4-13　土壤侵蚀特征因子冗余指标分析

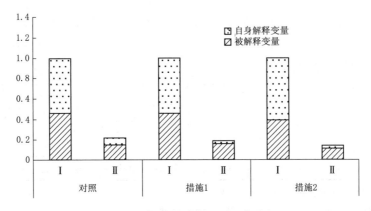

图 4-14　土壤侵蚀影响因子冗余指标分析

径流量和产沙量受许多因素的影响，可分为降雨因素（降雨量、平均降雨强度和 I_{30}），水土保持措施（水平沟和地埂），下垫面因素或其相互作用。通过典型相关分析，径流量和产沙量的相关系数分别为 0.786、0.591 和 0.679，除对照小区外，其他两种生态技术下的相关性均不显著，表明在水土保持措施的作用下，径流量减少，产沙量受到一定程度的控制。

选择平均降雨强度和 I_{30} 作为侵蚀影响因子，因为中国北方的土壤侵蚀受降水量和短期强降雨的影响。对于降雨以外的因素，每个监测小区具有相同的坡度和长度，板栗林具有相似的林冠密度，受水土保持措施的影响，因此板栗林的径流量和产沙量主要受降雨因素的影响。此外，土壤入渗能力是影响坡面水文过程的另一个因素。水平沟通过改变微地形以增加降雨入渗时间，而地埂则防止水平沟淤积。这两种措施的结合不仅可以降低坡面流速，还可以减少水平沟的泥沙淤积。在该研究中使用 6m 和 8m 的沟间距，典型相关分析表明，6m 间距对减沙效果的影响优于 8m 间距。然而，由于长期采用清耕模式，坡面土壤侵蚀严重，导致水平沟严重淤积，沟内土壤压实明显，土壤入渗能力降低导致小流域土壤侵蚀问题变得越来越突出。因此，加大对板栗林土壤入渗能力，如何保护现有的水土保持措施，提高其使用寿命的研究是有必要的。

4.4　小　　结

燕山山区板栗林下土壤侵蚀类型多样，土壤侵蚀强度不尽相同。林龄、坡度、坡位、坡向、水土保持措施等因素都会影响板栗林地的土壤侵蚀强度和类型。常富村板栗林种植面积为 338.9hm²，其中中度以上侵蚀面积为 215.3hm²。该区平均土地退化指数为 0.31，以中度侵蚀为主。主因子分析表明水土保持措施是影响板栗林地土壤侵蚀强度的主要因素，其次是林龄和坡度。板栗林地的侵蚀强度随着种植年限的增加而逐渐积累。坡度大多在 15° 以上，占总面积的 86.7%。板栗林以全坡开垦为主，总面积 160.9hm²（占板栗林总面积的 47.5%），不同坡向的板栗林的中度侵蚀最为普遍。此外，板栗树大多生长在水平沟的外缘，板栗叶片将小雨滴聚集成大雨滴。这些因素都易引起细沟侵蚀、击溅侵蚀和坡面侵蚀，使板栗林的土壤环境越来越差，随处可见细根裸露的现象。板栗林的产量不稳定现象十分严重，以至于未进入盛果期，板栗林下的表层土壤就流失殆尽。因此，应从保护幼龄板栗林入手，通过提高水土保持措施建设标准和板栗林地的整地效率，避免板栗林下土壤侵蚀向更严重的程度发展。

燕山山区板栗林土壤侵蚀常见的治理措施包括木枋、水平沟（阶）、苔藓覆盖、生草覆盖和农林间作。现有的一些研究方法，如遥感影像法，由于分辨率低、板栗林冠层盖度大等原因，无法识别板栗林下的土壤侵蚀，导致对板栗林土壤侵蚀的研究滞后，政府和科研人员对此并未给予足够的重视。同时，大面积无序开垦和陡坡种植均使得土壤侵蚀治理技术无法同步跟进，管理人员老龄化趋势导致现有措施的维护滞后。为此，我们提出了以下改善板栗林生产经营的建议：

（1）在小流域尺度上，板栗的生产区按每户劳动人口划分，采用精细化管理（如农林间作），以改善土壤退化现状。其他板栗林进行自然恢复（如生草覆盖），禁止人为干扰，主要目的是维持土壤肥力。若干年后，自然恢复的板栗林作为主要生产区，从而实现板栗林"休憩"。

（2）在坡面尺度上，根据板栗林下垫面的特点，采用工程措施（如水平沟）和生物措施（如苔藓覆盖或生草覆盖）划分坡面。工程措施增加降雨入渗和拦截泥沙，而生物措施通过淤积泥沙维持土壤肥力，从而实现水土保持措施间的协作，达到防治土壤退化的目的。

　　燕山山区板栗林土壤侵蚀受降雨因素的影响非常明显。对于第 I 组典型变量，土壤侵蚀影响因子能较好地对土壤侵蚀特征因子进行预测。不同措施下目标变量的径流量负荷均减小，措施 1（M1）对减少径流量负荷的影响优于措施 2（M2）。在水平沟和地埂措施下，平均降雨强度和最大 30min 降雨强度（I_{30}）对径流量和产沙量影响不大。在这些生态技术下，I_{30} 对土壤侵蚀影响因子均有较大的作用。因此，应注意防范板栗林的短期强降雨。通过降低土壤容重、增加土壤孔隙度，提高水平沟的土壤入渗能力。此外，及时修复被水冲毁的地埂，减少坡面径流，也能防止燕山山区板栗林土壤侵蚀。

第5章

京津风沙源区生态工程关键技术评价与筛选

沙障是我国用于荒漠化防治的主要措施之一。随着对荒漠化研究的不断深入，一些防风固沙的新技术、新方法越来越得到群众的认可，新材料、新工艺的运用使得治沙体系更为完善。系统梳理我国有关沙障技术研究的内容，比选出效益突出的沙障以及如何付诸应用，是加快我国荒漠化防治的必要途径。

5.1　京津风沙源区沙障固沙技术研究进展

我国早期工程治沙的方法除了利用自然风力引水拉沙外，还常采用植物活沙障和黏土沙障。后来又从国外引进沥青沙障，由于环境污染等问题并未被推广使用。近年来有学者研究使用脱水污泥制作方格沙障，也未形成规模。材料多种多样导致沙障的生态效益也不尽相同。各种材料都有其各自的优劣，如黏土、砾石成本高且运输不便，麦草需求量大、耐腐性差等。

植物沙障可以通过多种途径保护和改善土壤条件，因此，设置各种植物沙障被认为是防风固沙、减少风蚀的一种有效途径。中国科学院兰州沙漠研究所玉门防沙组在戈壁区兰新铁路采取"以林养障（沙障）""林外截沙源，路内消积沙"的防护措施，成效显著。许林书等利用活体杨树枝条扦插沙障，沙障成林后，生态效益明显。李树苹采用黄柳沙障、柠条网格配置防沙效果明显，能提高柠条成活率和保存率，促进天然植被恢复。目前，我国防风治沙的生物措施，主要是利用不同植物构成活沙障、各种秸秆组成的死沙障以及二者结合。在干旱半干旱区荒漠化治理实践中，影响沙障防护效果的直接因素包括沙障的高度、大小和形状等，间接因素则包括地形地貌、风速、风向、风沙活动方式和活动强度以及沙障维护方式等。研究影响生物沙障的因素一方面关系着沙障的防护效益，另一方面又关系着沙障配置参数的选择，即设置沙障的成本。值得注意的是有些因素具有双向性，比如设置沙障年限，对活沙障来说，设障年限越长，防护效果越好；而对于死沙障，防护效果会随着设障年限的增加而降低。

5.1.1　治沙沙障比选

治理沙化和改善环境首先要面对的问题是植物沙障选取哪种类型植物、工程沙障选择哪种规格、化学沙障如何布设才能获得最大的防风效应。问题的关键在于，如何科学评估不同类型沙障的防风效应，实际上影响沙障防风效应的因素很多，沙障的材料、规格以及抗腐性能都是重要的因素，此外沙障的组合、主风方向、地貌形态等也会产生一定影响。因此，要准确评估不同类型沙障防风效应的差异困难较大，这却是合理布设治理措施的必要工作。

5.1.1.1　不同规格的沙障比选

袁立敏等研究了乌兰布和沙漠试验地布袋沙障后的防风效能、粗糙度、输沙量和土壤湿度差异。结果发现 1m×1m 布袋沙障防风效果最好，但在 0～20cm 土层土壤含水率较低。经过连续 3 年对沙障沙丘内植物种数、植株密度、平均高度和平均盖度的调查，沙袋沙障对植被的促进作用排序依次是 3m×3m 方格沙障最大，2m×2m 方格沙障次之，1m×1m 方格沙障最小。张登山等根据青海湖克土沙地 6 种不同规格麦草方格沙障的全年插钎蚀积监测和风季后凹曲面形态测量，综合分析表明，1.5m×1.5m 规格的综合防护指数最大为 0.64，为高寒沙区最为适宜的规格。翟庆虎等通过流动沙地草方格沙障固沙效果研究，比选出 2m×2m 与 3m×3m 这两个草方格沙障模式。蒙仲举等研究了毛乌素沙地 5 种规格（0.5m×1m，1m×1m，1m×2m，2m×2m，2m×3m）的半隐蔽格状沙柳沙障的防风阻沙效益，综合自然条件和经济状况，结果表明 2m×2m 沙柳沙障更加适宜毛乌素沙地。可见从有利于植被恢复的角度考虑，1m×1m 方格沙障并不是最优的，因此在实际应用中，需要综合考虑，灵活配置防治措施才能取得良好的防治效果。

5.1.1.2　不同工程材料的沙障比选

1972 年甘肃省民勤治沙综合试验站通过比较干沙层厚度、雨水下渗深度和防风效应，结果表明黏土沙障的效能均优于柴草沙障和对照。钟卫等通过风洞试验发现植被沙障的防护效果远优于土工格室和石方格沙障，石方格沙障的防护效果又稍好于土工格室。王训明等研究了塔里木沙漠公路沿线沙障的防沙效果，结果表明，3 种高立式沙障防沙效益为芦苇栅栏＞抗紫外线尼龙网栏＞白尼龙网栏。马学喜等在塔克拉玛干沙漠油田公路对比了尼龙网方格沙障和芦苇方格沙障的固沙效益及地形适应性，结果表明，芦苇方格沙障在不同地形条件下均有显著的固沙效果，而尼龙网方格沙障更适宜布设在较平坦的地貌区。马述宏等通过比较不同材料的沙障在不同风力条件下的固沙效果和保存年限等，综合利用价值排序为麦草网格沙障＞黏土沙障，棉花秆、芨芨草低立式沙障、土工编织袋沙障＞高分子固沙剂沙障、沥青沙障、生态垫沙障、尼龙网沙障。孙涛等综合考虑设置成本和防护效益，认为塑料沙障较其他沙障优越，具有长期、稳定的生态经济效益。综合前人成果，考虑的侧重点不同，会得出不同的设障材料的优劣。从保护环境的角度出发，大部分研究表现为植被活沙障固沙效果不仅优于土石材料的沙障和秸秆材料死沙障，而且好于化学材料的网栏。需要指出的是在一些水分制约严重的地区植被活沙障并不是首选，此时应当先以其他沙障措施固沙，然后再考虑恢复植被。如果水分和风力条件允许，应考虑植物沙障等多种沙障构成的综合防风固沙体系。

5.1.1.3　不同类型的沙障比选

李凯崇等对不同风速条件下板式挡沙墙、轨枕挡沙墙、高立式 PE 网沙障的研究表明，高度一致时，板式挡沙墙与轨枕挡沙墙的削减气流能力和阻沙效果均优于高立式 PE 网沙障。何志辉等在塔克拉玛干沙漠腹地的垄间平地采用大条带上疏下密式（A）、大条带上密下疏式（B）、小条带疏密相间式（C），均匀结构阻沙网为对照（CK）4 种孔隙度的尼龙阻沙网，研究其前后的风速变化、防风效能、积沙形态、积沙量等。结果表明，防风固沙效益排序为 C 阻沙网＞A 阻沙网＝CK 阻沙网＞B 阻沙网。王翔宇等对 9 种带状沙柳沙障的风速、地表粗糙度和近地表输沙率的研究表明，带状沙柳沙障的行数越多、带距越小，防护效果越好。综合考虑成本，带状沙柳沙障的效益为三行一带＞两行一带＞一行一带。马瑞等对比了植入式、栅栏式、集束式 3 种结构类型棉秆沙障的地表风速、沙障内沙粒运动以及沙面形态变化。防风固沙效果的结果为带枝叶植入式行列沙障＞栅栏式格状沙障＞集束式格状沙障。薛智德等对高立式沙障、石方格沙障、碎石压沙措施相结合的综合防风固沙体系的降低风速和输沙量的特征进行了研究，结果表明，多排高立式沙障具有显著的降低输沙率和风速的功效。目前关于不同类型沙障的效益研究较为充分，具有仿生性能的化学材料沙障的防护性能优于均匀材质的沙障；多行一带的高立式沙障具有优良的防护性能。尚没有对不同材料的多行一带沙障防护性能进行对比研究。

5.1.2　存在的问题及研究趋势

自中华人民共和国成立以来，我国根据以固为主、固阻结合的治沙策略，在实践中探索出多种防治风沙危害的措施，主要有植物治沙、机械沙障固沙、封沙育草、机械沙障与栽植灌木相结合等。然而，由于基础理论欠缺和社会经济的制约，我国关于防风治沙技术研究和应用还存在一定不足，需要进一步完善和加强。

5.1.2.1　存在的问题

（1）重大工程中的沙障效益评价困难。由于影响沙障防护效果的因素众多，有些因素既可能是正向作用也可能是负向作用，导致评价时影响因子的选取存在争议。目前尚没有建立沙障效益评价指标体系，对于重大工程中使用的关键技术还不能做出较理想的科学评价。

（2）设置沙障对沙地生态系统的影响还有待进一步研究。现有研究对设置沙障后的土壤水分、养分以及植被的动态变化研究较为充分，也有一些研究关于设置沙障与微生物之间的相互影响，但设置沙障后对植物以及微生物即沙地生态系统的影响研究还需进一步研究，为沙地生态系统的恢复和演替研究提供帮助。

（3）沙障固沙体系布局不合理。已有大量关于沙障规格与材料的筛选的研究，但是其目的性不强。现有的研究大多是先布设措施然后观测效果，未充分考虑研究区的自然条件，导致防护措施效果不显著。

5.1.2.2　研究趋势

（1）重大工程沙障效益评价指标体系研究。在沙漠化防治工作中，我国已实施了许多重大工程。各种类型的沙障发挥了非常重要的作用。因此，必须研究沙漠化地区布设沙障措施所引起的环境问题，对工程建设中的沙障防护效益做出科学评价，以提出有效合理的防治对策。

（2）应加强布设沙障措施对沙地生态系统影响的研究。在现有沙障设施内，开展沙障、沙生植物、微生物相互作用的研究。应在研究沙生植物生理生态、长期动态监测等的基础上，研究沙地生态系统演变过程以及沙生植物对微生物以及沙障设施的影响。

（3）防风固沙体系模式的优化研究。在研究风沙流特征和气候条件的基础上有选择地在不同位置布设不同的沙障，完成防风固沙体系的优化。针对不同地方的自然条件，引入新的环保防风固沙材料，因地制宜地布设在风沙区。随着植物凝结剂、生物结皮等技术的研发利用，以植被建设为主体，生物、工程与化学措施相结合的综合模式正成为发展趋势。

5.2　京津风沙源区生态技术评价体系构建

近年来，沙障固沙技术在治沙领域迅速发展，其使用的材料包括各类农作物秸秆、各种沙生植物、黏土、砾石以及新型化学材料等。由于障高、孔隙度和设置形状的不同，所形成的沙障种类繁多,主要包括:高立式沙障、近地式沙障、平铺式沙障;通风型沙障、疏透型沙障、紧密型沙障;网格沙障、带状沙障。马青江等认为针对不同的材料及设置方式,各技术的固沙能力、经济效益以及有效年限等也不尽相同。实际上影响沙障防风效应的因素很多,沙障的材料、规格以及抗腐性能都是重要的因素,此外沙障的组合、主风方向、地貌形态等也会产生一定影响,由此可见,沙障固沙技术的评价是在动态条件下进行的多因素复杂决策过程。

大部分现有研究主要关注点集中在沙障固沙技术固沙效应的几个方面,如起沙风速、地表粗糙度、输沙率、土壤含水率、植被成活率等,缺乏全面性,不能够系统地评估沙障固沙技术的固沙效应。目前,国内学者对沙障固沙技术的评价方法主要有比较分析法、效益评价法,尚缺乏一套科学、系统的评价指标及计算方法,导致不能有效地对沙障固沙技术进行评价,从而阻碍京津风沙源区沙障固沙技术的推广。本书在梳理国内外有关沙障固沙技术评价指标研究的基础上,对沙障固沙技术的相关指标进行科学筛选,建立了沙障固沙技术评价指标体系,以期为京津风沙源区沙障固沙技术的评价提供科学依据。

5.2.1　评价指标选取的原则

基于客观性、代表性、可操作性、完整性的原则,本书系统地构建了一套沙障固沙技术评价指标体系,并对其评价指标的选取进行了系统研究和论述,为沙障固沙技术的评价和筛选提供了可行性方法,也为沙漠化地区治沙技术集成与推广提供支撑。评价工作以促进沙障固沙技术科学设计和规范化应用为目标,引导治沙技术向提高环境社会效益方向发展。通过查阅大量文献梳理出机械沙障和生物沙障及其效果评价指标,具体见表 5-1,其中机械沙障 10 项,常见的机械沙障有麦草沙障、秸秆沙障、黏土沙障、砾石沙障、塑料沙障和沙袋沙障,其效果评价指标 21 项,常见生物沙障 9 项,效果评价指标 24 项。机械沙障更偏重于防风固沙效果,而生物沙障则注重植被的生长情况,二者对土壤理化性质均有改良作用。机械沙障主要通过改变微地形对移动沙丘起到固定作用,而生物沙障增加了地表覆盖度以减少风沙流动。在实际应用中,通常采用两种沙障相结合,才能取得较好的治沙效果。因此,在对沙障固沙技术进行评价时,选取评价指标应有所兼顾。此外,随着社会经济等环境因素的变化,需要对评价指标进行相应的调整。

表 5-1　　　　　　　各类机械沙障和生物沙障效果评价指标

沙障类型	定　义	亚　类	效　果　评　价　指　标
机械沙障	以土、柴草等死体材料设置的挡风阻沙的障碍物	秸秆沙障 黏土沙障 尼龙网沙障 塑料沙障 沥青毡沙障 土工布沙障 砾石沙障 污泥沙障 聚酯纤维沙障 高密度聚乙烯沙障	防风效能(16)、输沙率(13)、粗糙度(11)、土壤含水量(9)、土壤平均粒径(6)、障体耐蚀积能力(5)、时效性(5)、风蚀深度(5)、土壤理化性质(5)、风速廓线(4)、设置成本(4)、积沙深度(4)、最适孔隙度(3)、防风固沙(3)、破损率(2)、土壤盐分(1)、pH 值(1)、土壤湿度(1)、受沙害面积(1)、沙障高(1)、温度(1)

续表

沙障类型	定　义	亚　类	效 果 评 价 指 标
生物沙障	以旱生灌木和沙生草本植被等活体材料设置的防风阻沙的障碍物	黄柳沙障 杨柴沙障 踏郎沙障 沙柳沙障 柠条沙障 拐枣沙障 红柳沙障 白刺沙障 紫穗槐沙障	成活率（8）、高生长量（7）、植被覆盖度（4）、物种多样性（4）、地表粗糙度（3）、产投比（3）、冠幅（3）、抗病虫害（3）、起沙风速（2）、输沙率（2）、保存率（2）、沙丘移动距离（2）、适用范围（1）、使用年限（1）、分枝数（1）、根系扩展（1）、抗逆性（1）、破损率（1）、土壤理化性质（1）、机械组成（1）、物种结构（1）、地径（1）、阻沙粒度（1）

注　括号内表示该词在文献中出现的频次。

5.2.2　沙障固沙技术评价体系

5.2.2.1　评价指标确定

　　沙障固沙技术评价既应包含技术体系以及实施条件，又要注重技术的适应性和效果，因此本书从技术成熟度、技术应用难度、技术相宜性、技术效益和技术推广潜力 5 个方面对沙障固沙技术进行评价。其中技术相宜性为判断性指标，即从治理目标、立地条件、经济条件和政策法律角度综合评价沙障固沙技术的相宜性，只有待评价技术满足相宜性时才成为评价对象，具体见表 5-2。在技术相宜性中首先需要考虑生态、经济和社会目标的有效实现程度，其次是地形和气候条件的适宜性，还要考虑与产业的关联度以及与经济发展耦合度。此外，政策和法律对技术相宜性的影响也很重要。由于技术相宜性评价体系为定性评价，因此评价值主要采用德尔菲法获取，具体如下：①0表示该技术没有此指标功能；②1表示该技术的此项指标功能微弱；③2表示该技术包含一定的此项指标功能；④3表示该技术的此项指标功能较强；⑤4表示该技术的此项指标功能最强。

表 5-2　　　　　　　　　　沙障固沙技术判断性指标评价体系

一 级 指 标	二 级 指 标	三 级 指 标	性 质
技术相宜性 S	目标适宜性 S_1	生态目标的有效实现程度 s_1	定性指标
		经济目标的有效实现程度 s_2	定性指标
		社会目标的有效实现程度 s_3	定性指标
	立地适宜性 S_2	地形条件适宜性 s_4	定性指标
		气候条件适宜性 s_5	定性指标
	经济发展适宜性 S_3	技术与产业关联程度 s_6	定性指标
		技术经济发展耦合协调度 s_7	定性指标
	政策法律适宜性 S_4	政策配套程度 s_8	定性指标
		法律配套程度 s_9	定性指标

准则性评价指标体系从技术成熟度、技术应用难度、技术效益和技术推广潜力4个准则性指标评价沙障固沙技术，具体见表5-3。沙障固沙技术准则性指标体系要以定量指标为主。通过进一步比较影响沙障防风效益、改土效益、植被恢复和小环境效益的指标，共筛选出防风效能、地表粗糙度、输沙率、专利含有量、设置成本、破损率、土壤粒度、表土含水率、植被覆盖度、成活率、产投比等10项定量指标。

表 5-3 沙障固沙技术准则性指标评价体系

一级指标	二级指标	三级指标	性 质
技术成熟度 I_1	技术完整性 I_{11}	技术结构 i_1	定性指标
		技术体系 i_2	定性指标
	技术稳定性 I_{12}	破损率 i_3	定量指标
	技术先进性 I_{13}	专利含有量 i_4	定量指标
技术应用难度 I_2	技能水平需求 I_{21}	专业技术人员需求度 i_5	定性指标
	技术应用成本 I_{22}	设置成本 i_6	定量指标
技术效益 I_3	生态效益 I_{31}	地表粗糙度 i_7	定量指标
		土壤粒度 i_8	定量指标
		表土含水率 i_9	定量指标
		植被覆盖度 i_{10}	定量指标
		成活率 i_{11}	定量指标
	经济效益 I_{32}	产投比 i_{12}	定量指标
	社会效益 I_{33}	防风效能 i_{13}	定量指标
		输沙率 i_{14}	定量指标
技术推广潜力 I_4	生态建设需求度 I_{41}	技术与未来发展关联度 i_{15}	定性指标
	技术可替代性 I_{42}	技术可替代性 i_{16}	定性指标

有关准则性指标各个三级指标的描述如下。

（1）技术结构。技术结构是指构成技术的要素的完整性，根据有无主体技术通过0～4评分标准划分等级，具体评分为：①0表示无主体技术；②1表示该技术构成要素缺失较多；③2表示该技术构成要素有一定的完整性；④3表示该技术构成要素比较完整；⑤4表示该技术构成要素完整。

（2）技术体系。技术体系是指各种技术之间的相互关系，按主体技术和配套技术的完整程度划分0～4评分等级，具体评分为：①0表示无配套技术；②1表示该主体技术有配套技术，但均不完整；③2表示该主体技术有配套技术，但不完整；④3表示该主体技术和配套技术均比较完整；⑤4表示该主体技术和配套技术完整。

（3）破损率。沙障的破损率是指评价各类沙障稳定性的有效指标。沙障布设后，由于自然因素（日照、风沙、动物损毁等）的影响，各种沙障出现了不同程度的破损，按不同的时间节点进行调查记录，可得出各种沙障固沙技术的破损情况。

（4）专利含有量。专利含有量是指与各种沙障固沙技术相关的专利的数量，表征技术先进性程度。专利含有量通过登录国家专利局网站输入关键词进行专利检索，如输入秸秆沙障，然后进行识别，属于秸秆沙障的计数为1。

（5）专业技术人员需求度。专业技术人员需求度是指布设每种沙障所需人员的技能水平。技术水平越低，技术应用难度也越低。根据是否需要专业技术人员通过 0～4 评分标准划分等级，具体评分为：①0 表示无需专业技术人员；②1 表示该技术实施需要很少专业技术人员；③2 表示该技术实施需要一定的专业技术人员；④3 表示该技术实施需要较多专业技术人员；⑤4 表示该技术实施需要大量专业技术人员。

（6）设置成本。设置成本包括工程实施中的设置材料费、人工费、维护费用。各种沙障设置的费用不同，尤其在不同的时期材料和人工的价格差别很大，所以需要比较同时期沙障的设置成本。此外，还应考虑地域因素，如在有些区域由于麦草较难获得，导致麦草价格较高，所以这一指标因受限于时间和地域而对评价结果有很大的影响。

（7）地表粗糙度。地表粗糙度是指下垫面平均风速为零时的高度（Z_0），是反映地表对风阻抗能力的主要参数。由于地面起伏不平或沙粒较粗的原因，风速廓线上风速为零的位置通常不在高度等于零的地表。一般认为下垫面越粗糙，零风速出现的高度越高。沙障的作用越明显，地表的粗糙度越大。地表粗糙度计算公式为

$$\lg Z_0 = \frac{\lg u_2 - A \lg u_1}{1 - A} \tag{5-1}$$

$$A = u_2 / u_1$$

式中　Z_0——地表平均粗糙度，cm；

u_1、u_2——高度为 Z_1、Z_2 处的风速，m/s。

（8）土壤粒度。布设沙障后，地表风速得到有效降低，细小沙粒得以保留，加上植物根系及其枯落物的固沙作用，使表土理化性质得到改良，所以土壤粒度也是一个反应沙障固沙技术改土效益的指标。

（9）表土含水率。在沙丘的迎风坡、丘顶和背风坡布设采样点，在前期无降水的情况下，在每一点选择两个测量深度，由便携式土壤水分速测仪测得土壤含水量。表土含水率越高，说明沙障改土效应越明显。

（10）植被覆盖度。植被覆盖度是衡量各类沙障固沙技术成效的另一指标，反映了各类沙障内的植被恢复情况。计算方法为通过随机选取多个 $1m^2$ 的观测点，测得其投影面积，求出平均值，然后除以平均植被面积。植被覆盖度越高，说明布设沙障的效果越好。

（11）成活率。植物成活率是反应沙障固沙技术是否成功的指标之一。通过调查不同沙障固沙技术在不同坡度的沙丘上植物成活率及植物生长状况，从而反映沙障固沙技术的成效。在不同沙障内植被成活率越高，说明该机械沙障的环境越有利于植物生长。

（12）产投比。产投比是指治理单位面积所需花费与产出的比值，代表各种沙障固沙技术的平均防护效益。布设沙障的产投比越大，说明沙障的效益越高。产投比的计算公式为

$$R = \frac{P}{I} \tag{5-2}$$

式中　R——产投比，无量纲；

P——总产出，万元；

I——总投资，万元。

（13）防风效能。风速大小是影响风沙移动的主要因素，所以防风效能是衡量沙障固沙技术性能的指标之一。防风效能越好，说明沙障的效益越好。防风效能的计算公式为

$$E_h = \frac{u_{h_0} - u_h}{u_{h_0}} \times 100\% \tag{5-3}$$

式中　E_h——高度 h 处的防风效能，%；

　　　u_{h_0}——对应沙丘高度 h_0 处的平均风速，m/s；

　　　u_h——沙障内高度 h 处的平均风速，m/s。

（14）输沙率。输沙率是指观测沙地高度（0～20cm）内单位时间通过单位宽度的总沙量。在沙障中部区域设置 10 孔阶梯式集沙仪进行同步观测输沙率。10 孔阶梯式集沙仪观测高度为 20cm，每 2cm 为一层，计算出输沙率。

（15）技术与未来发展关联度。技术与未来发展关联度是指未来该区域的经济、社会发展对每种沙障固沙技术的需求程度。需求程度越高，说明这种沙障固沙技术越好。根据技术与未来发展关联度通过 0～4 评分标准划分等级，具体评分为：①0 表示该技术与未来发展无关联；②1 表示该技术与未来发展关联较少；③2 表示该技术与未来发展有一定的关联性；④3 表示该技术与未来发展关联较多；⑤4 表示该技术完全适合未来发展。

（16）技术可替代性。技术可替代性是指技术是否可以被其他技术所替代。沙障固沙技术对环境保护的作用越差，其可替代性越高。根据技术可替代性通过 0～4 评分标准划分等级，具体评分为：①0 表示该技术无发展前景，可替代性很大；②1 表示该技术可替代性较大；③2 表示该技术有一定可替代性；④3 表示该技术可替代性较小；⑤4 表示该技术有很大的发展前景，可替代性很小。

沙障固沙技术评价指标体系三级指标信息表征与数据获取方法见表 5-4。

表 5-4　　　　沙障固沙技术评价指标体系三级指标信息表征与数据获取方法

指　标	指　标　解　释	数　据　获　取　方　法
技术结构 i_1	构成技术的要素的完整性	在 0～4 区间评分，分值越大技术结构越完备
技术体系 i_2	各种技术之间相互联系的整体性	在 0～4 区间评分，分值越大技术体系越完整
破损率 i_3	沙障毁坏的比例	原始数据线性归一化
专利含有量 i_4	专利含有量	原始数据线性归一化
专业技术人员需求度 i_5	专业技术人员需求度	在 0～4 区间评分，分值越大需要专业技术人员越多
生态目标有效实现程度 i_6	技术与地区生态、经济和社会，地形、气候，产业关联和经济发展耦合以及政策、法律配套的相宜性	在 0～4 区间评分，分值越大技术相宜性越高
经济目标有效实现程度 i_7		在 0～4 区间评分，分值越大技术相宜性越高
社会目标的有效实现程度 i_8		在 0～4 区间评分，分值越大技术相宜性越高
地形条件适宜性 i_9		在 0～4 区间评分，分值越大技术相宜性越高
气候条件适宜性 i_{10}		在 0～4 区间评分，分值越大技术相宜性越高

指　标	指　标　解　释	数　据　获　取　方　法
技术与产业关联程度 i_{11}	技术与地区生态、经济和社会，地形、气候，产业关联和经济发展耦合以及政策、法律配套的相宜性	在 0～4 区间评分，分值越大技术相宜性越高
技术经济发展耦合协调度 i_{12}		在 0～4 区间评分，分值越大技术相宜性越高
政策配套程度 i_{13}		在 0～4 区间评分，分值越大技术相宜性越高
法律配套程度 i_{14}		在 0～4 区间评分，分值越大技术相宜性越高
设置成本 i_{15}	布设所需费用及维护费用	原始数据线性归一化
地表粗糙度 i_{16}	沙障措施布设后所引起的风速、土壤理化性质、植被恢复等间接变化	原始数据线性归一化
土壤粒度 i_{17}		原始数据线性归一化
表土含水率 i_{18}		原始数据线性归一化
植被覆盖度 i_{19}		原始数据线性归一化
成活率 i_{20}		原始数据线性归一化
产投比 i_{21}	平均防护效率	原始数据线性归一化
防风效能 i_{22}	沙障措施布设后所引起的风速及输沙量的变化	原始数据线性归一化
输沙率 i_{23}		原始数据线性归一化
技术与未来发展关联度 i_{24}	生态发展对该项技术的潜在需求度	在 0～4 区间评分，分值越大与未来关联度越大
技术可替代性 i_{25}	技术可替代性	在 0～4 区间评分，分值越大可替代性越小

5.2.2.2　评价指标权重确定

沙障固沙技术评价受众多因素影响，这些因素间有的起主要作用，有的则是附加作用，故进行评价时需赋予不同的权重。本书采用层次分析法对沙障固沙技术影响指标构建评价体系。层次分析法（Analytic Hierarchy Process，AHP 法）是一种条理化评价对象，通过搜集定量指标数据和专家给定性指标打分将所有评价指标整体排序的方法。

通过向石漠化治理技术、荒漠化治理技术、水土保持技术和生态修复技术 4 个领域的相关专家发放 120 份调查问卷，并收回 112 份有效问卷，确定了一级、二级指标的权重。三级指标的权重确定以技术效益中的生态效益和社会效益为例：我们认为某指标在文献中出现的频次越高，说明该指标为这一技术的研究热点，能反映该技术的实施效果，这一指标在评价体系中的权重越大，从而计算出各指标的权重，各指标权重如图 5-1 所示。利

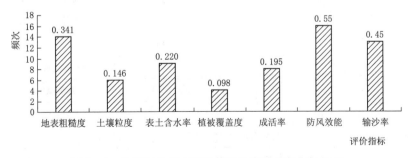

图 5-1　沙障固沙技术评价体系生态效益各指标权重

用指标在文献中出现的频次计算各评价指标的权重避免了德尔菲法的主观认识，具有一定的客观性。通过多年的文献积累，科研人员一直关注的研究指标说明其对研究对象的影响很大，因此，文献频次法筛选评价指标及确定评价指标权重是科学的。

其中技术相宜性为判断性指标，权重为 0.2983，其对应的 4 个二级指标中，立地适应性权重最大，说明立地条件对生态技术适用性的重要性，其他指标依次排序为目标适宜性、经济条件适宜性和政策法律适宜性，表示生态技术的成功应用与发展目标、经济条件和政策法律是密切相关的。其他 4 个一级指标为准则性指标，权重分别为 0.2241、0.1499、0.2292、0.0985。沙障固沙技术各级评价指标权重见表 5－5。

表 5－5　　　　　　　　　沙障固沙技术各级评价指标权重

一 级 指 标	二 级 指 标	三 级 指 标
技术成熟度 （0.2241）	技术完整性（0.3665）	技术结构（0.0411）
		技术体系（0.0410）
	技术稳定性（0.3944）	破损率（0.0884）
	技术先进性（0.2391）	专利含有量（0.0536）
技术应用难度 （0.1499）	技能水平需求（0.4818）	专业技术人员需求度（0.0722）
	技术应用成本（0.5182）	设置成本（0.0777）
技术相宜性 （0.2983）	目标适宜性（0.2821）	生态目标的有效实现程度（0.0337）
		经济目标的有效实现程度（0.0252）
		社会目标的有效实现程度（0.0252）
	立地适宜性（0.3649）	地形条件适宜性（0.0545）
		气候条件适宜性（0.0544）
	经济发展适宜性（0.1847）	技术与产业关联程度（0.0276）
		技术经济发展耦合协调（0.0275）
	政策法律适宜性（0.1683）	政策配套程度（0.0251）
		法律配套程度（0.0251）
技术效益 （0.2292）	生态效益（0.4232）	地表粗糙度（0.0331）
		土壤粒度（0.0142）
		表土含水率（0.0213）
		植被覆盖度（0.0095）
		成活率（0.0189）
	经济效益（0.3591）	产投比（0.0823）
	社会效益（0.2177）	防风效能（0.0274）
		输沙率（0.0225）
技术推广潜力 （0.0985）	生态建设需求度（0.6578）	技术与未来发展关联度（0.0648）
	技术可替代性（0.3422）	技术可替代性（0.0337）

在进行沙障固沙技术评价时，首先判断该技术是否符合该地区的发展，只有满足该地区自然、经济、社会发展需求时，才能进入技术评选，然后利用准则性指标体系评价该技术。在强调技术效益的同时，对每项技术进行全面地评价，权重分配合理。技术效益对应的二级指标中权重顺序为生态效益、经济效益和社会效益，以生态效益评价为主，符合我国建设生态文明的要求。生态效益共对应 5 个三级指标，筛选了能反应沙障固沙技术治沙成效的主要指标，其权重大小排序为地表粗糙度、表土含水率、成活率、土壤粒度和植被覆盖度，说明现有研究较关注治沙机理研究，即改良沙地粒级结构，土壤养分得到积累；提高土壤水分含量，土壤水分条件变好，植物成活率自然较高，植被覆盖度也能增加。三级指标中防风效能和输沙率对应社会效益，沙障布设后，风速降低，输沙率减小，居民生活受影响越小，社会效益越大。其他二级指标均选取了最能代表该指标特征的三级指标，权重值通过一级和二级指标的权重加权计算而得。总体上该评价指标体系选取指标全面，权重分配合理，可应用在沙障固沙技术的效果评价及筛选工作中。

5.3　基于分层模糊积分法的沙障固沙技术综合评价

沙障固沙技术评价需要考虑技术产生的时间，技术在地域间的差异等因素，且同类技术在相同时间段和相同地域所观测的指标也不同，因此在评价时需要综合多种因素。本书选用分层模糊综合评价法对沙障固沙技术进行综合评价。

5.3.1　评价对象

用 S_i 表示不同的评价对象，则由 6 种机械沙障（麦草沙障、秸秆沙障、砾石沙障、黏土沙障、塑料沙障、沙袋沙障）组成的评价对象集 $S = \{S_1, S_2, \cdots, S_6\}$。

5.3.2　指标值及隶属度的计算

5.3.2.1　指标值

本书对各技术模式的各项指标取值见表 5-6。其中，专业技术人员需求度、产投比、技术与未来发展关联度、公众接受意愿为定性指标，指标在 0.5～1 之间取值，分别表示指标效果的相对程度，如麦草沙障产投比为 1，代表麦草沙障布设费用与产出效益基本相当；而公众接受程度为 1，表示公众接受意愿较高。

表 5-6　6 种沙障固沙技术各项指标取值

评价指标	机械沙障					
	麦草沙障	秸秆沙障	砾石沙障	黏土沙障	塑料沙障	沙袋沙障
破损率	0.50	0.66	0.15	0.49	0.11	0.46
专利含有量	5	8	2	4	2	3
专业技术人员需求度	0.5	0.5	0.5	0.5	0.8	0.7
设置成本	850	1450	1000	1250	1842	1850
地表粗糙度	1.87	0.42	0.49	0.56	1.50	2.53
表土含水率	1.16	3.52	0.9	3.02	3.86	1.28

续表

评价指标	机械沙障					
	麦草沙障	秸秆沙障	砾石沙障	黏土沙障	塑料沙障	沙袋沙障
植被覆盖度	31.90	50.46	25	33.24	2.13	1.28
成活率	0.90	0.80	0.90	0.95	0.60	0.38
产投比	1	1	0.8	0.8	0.6	0.5
降低风速	0.27	0.49	0.32	0.55	0.66	0.19
输沙率	0.20	0.23	0.31	0.43	0.37	0.28
技术与未来发展关联度	0.7	0.7	0.8	0.7	0.6	0.6
公众接受意愿	1	1	0.8	1	0.8	0.8

5.3.2.2 指标权重

在沙障固沙技术评价指标中，专利含有量等指标的取值越大越好；而破损率等指标的取值则越小越好。隶属度表明某一指标对某被评价对象的影响大小，相当于该指标在这一评价体系中的权重。计算过程如下：

（1）确定理想值 A。对于效益型指标，取各沙障固沙技术中的最大值；对于成本型指标，取沙障固沙技术中的最小值。

（2）确定指标权重。对于效益型指标，$f = A_i / B_i$；对于成本型指标，$f = C_i / B_i$。其中 B_i 表示实际值。根据搜集到数据的特征，本书选用指数函数确定指标隶属度，取值范围为 [0，1]，隶属度越大，其指标权重越大。

6 种沙障固沙技术评价指标的隶属度 $h(f)$ 见表 5-7。

表 5-7　　　　　　　　6 种沙障固沙技术评价指标隶属度

评价指标	技术模式的隶属度 $h(f)$						
	理想值	麦草沙障	秸秆沙障	砾石沙障	黏土沙障	塑料沙障	沙袋沙障
破损率	0.1100	0.0283	0.0070	0.6951	0.0310	1.0000	0.0415
专利含有量	8.0000	0.5488	1.0000	0.0498	0.3679	0.0498	0.1889
专业技术人员需求度	0.5000	1.0000	1.0000	1.0000	1.0000	0.5488	0.6703
设置成本	850	1.0000	0.4937	0.8382	0.6246	0.3113	0.3084
地表粗糙度	2.5300	0.7026	0.0066	0.0156	0.0297	0.5033	1.0000
表土含水率	3.8600	0.0975	0.9079	0.0373	0.7572	1.0000	0.1332
植被覆盖度	50.4600	0.5589	1.0000	0.3612	0.5957	0.2544	0.0528
成活率	1.0000	0.8948	0.7788	0.8948	0.9487	0.5134	0.1956
产投比	1.0000	1.0000	1.0000	0.7788	0.7788	0.5134	0.4412
降低风速	0.6600	0.2376	0.7196	0.3506	0.8146	1.0000	0.0834
输沙率	0.2000	1.0000	0.8500	0.5698	0.3166	0.4274	0.6703
技术与未来发展关联度	1.0000	0.6514	0.6514	0.7788	0.6514	0.5134	0.5134
公众接受意愿	1.0000	1.0000	1.0000	0.7788	1.0000	0.7788	0.7788

5.3.3 综合评价值计算

本书以备选对象麦草沙障的综合评价值的计算来说明计算过程。某一研究对象的综合评价值为各评价指标的取值与其对应隶属度的乘积之和，还可计算各二级评价指标的评价值，因为每种沙障均有优缺点，所以通常情况下比较二级评价指标的评价值更有意义。但是，这对于评价指标的权重科学取值要求较高，应尽量避免主观赋予权重，模糊综合评价法在一定程度上避免了人为主观性，通过设立理想值来计算所有评价指标的隶属度避免了德尔菲法的缺点。

5.3.3.1 三级评价指标值计算

麦草沙障的生态效益 U_{31} 指标评价值的计算如下：U_{31} 包含 4 个三级指标，其隶属度分别为 0.7026、0.0975、0.5589、0.8948，依次排序为 $U_{314}>U_{311}>U_{313}>U_{312}$，对应的指标权重分别为 0.1192、0.0766、0.0340、0.0682，根据模糊积分评价模型，计算出生态效益指标的评价值 U_{31} 为 0.171。同理可计算出麦草沙障的 U_{32} 评价值为 0.155，U_{33} 的评价值为 0.080，麦草沙障的技术效益指标 U_3 评价值为 0.406。

5.3.3.2 指标层指标值计算

麦草沙障的技术属性与水平 U_1 指标值采用 5.3.3.1 相同的方法，U_1 为 0.028。麦草沙障的技术应用难度指标 U_2 包含两个二级指标 U_{21}（技能水平需求）、U_{22}（技术应用成本），其指标的隶属度均为 1.0000，指标权重均为 0.1255，根据模糊积分评价模型得出评价值 U_2 为 0.251。同理可计算出麦草沙障的技术推广潜力 U_4 评价值为 0.071。

5.3.3.3 准则层指标值计算

评价指标的隶属度表示该指标在这个评价体系中的重要程度，据此结合该指标的评价值计算出麦草沙障的评价值 U 为 0.756。其他被评价对象的综合评价值分别为 0.723、0.579、0.635、0.552、0.451。根据综合评价值，可得出 6 种沙障固沙技术排序分别为：S_1，麦草沙障；S_2，秸秆沙障；S_4，黏土沙障；S_3，砾石沙障；S_5，塑料沙障；S_6，沙袋沙障。

从技术属性与水平、技术应用难度、技术效益、技术推广潜力 4 个方面的单项及综合评价结果为各项沙障技术的推广潜力相近，S_2 秸秆沙障的技术效益评价分值最高，其次是 S_1 麦草沙障、S_5 塑料沙障、S_4 黏土沙障和 S_6 沙袋沙障，且 S_1 的经济性明显优于 S_5 和 S_6。

5.4 小 结

目前在评价沙障固沙技术实施效果时采用的指标不够科学和全面，鉴于此，本书提出了适用于京津风沙源区沙障固沙技术评价指标，能够全面科学地反映沙障固沙技术的效果，但其中仍存在一些问题值得探讨。

不同沙障固沙技术在不同区域和不同时间下的效果具有不确定性，因此对其进行评价时应充分考虑自然条件，只有在地貌、气象等情况相近时才能进行比较。京津风沙源区沙障固沙技术特性差异明显，应根据不同区域开展相应的沙障固沙技术评价研究。长时间尺度的试验不仅需要较高的时间成本，也需要较大经济投入。沙漠化治理是个动态的过程，沙障固沙技术也具有时间维度的动态性。因此为求评价科学性需限定在一定的时间内，例如选取我国治沙工程（通常以 5 年为期）所涉及的沙障固沙技术作为评价对象，以观测数据为评价依据，并以研究区布设沙障技术的实测效果来验证。选择生态工程检验评价模型主要有以下原因：

（1）我国实施的生态工程都是以 5 年为期的，从时间尺度上可以避免不同时期的技术其成熟度、技术应用难度等指标的不同，最明显的就是不同时期沙障技术的实施成本差别很大。

（2）我国已开展的生态工程大多是针对地域性突出的生态环境问题进行的治理研究，所实施的技术也是以问题为导向，针对这些技术进行评价避免了技术的地区差异性。

在确定沙障固沙技术评价指标权重时，应根据待评价技术的特征来确定评价指标的权重，如机械沙障通过降低风速、减少输沙量，而生物沙障主要依靠恢复植被达到固沙的目的，因此这两种沙障固沙技术评价指标的权重也应有所不同。为保证评价指标体系的实用性，技术结构、技术体系、技术相宜性等定性指标主要通过专家打分法获取评价数据。应当避免以综合评价得分评判各生态技术，而是根据不同地区生态问题的需要，通过比较各生态技术的判断性指标和准则性指标，甚至是某些关键三级指标的得分来选择生态技术。为了避免评价结果的无差异性，选取不同类别生态技术的技术效益评价指标应能反映这类生态技术的主要特征。在各评价技术的综合评价得分出现无差异性时，应检查各生态技术三级指标选取是否合理，从而保障评价结果的科学性。

本章针对京津风沙源区沙障固沙技术效果评价问题，建立了沙障固沙技术评价的方法体系，明确了沙障固沙技术评价指标集、评价指标权重以及沙障固沙技术评价面临的问题。在沙障固沙技术与自然条件、经济发展水平相协调的前提下，基于文献频次法和层次分析法从技术成熟度、技术应用难度、技术相宜性、技术效益、技术推广潜力 5 个方面共筛选出 1 项判断性指标、4 项准则性指标、14 项二级指标和 25 项三级指标，构建出沙障固沙技术评价指标体系。该指标体系以技术效益为主导，兼顾功能性和应用性综合评价，从而对京津风沙源区沙障固沙技术进行全面评价。采用分层模糊积分模型对 6 种沙障固沙技术进行综合评价和排序，最终筛选出麦草沙障、秸秆沙障、黏土沙障、砾石沙障、塑料沙障和沙袋沙障 6 种经济性、技术性能和环境效益较优的技术模式，为沙障固沙工程建设提供了参考。

第6章

南方岩溶区石漠化生态治理
工程关键技术评价与筛选

6.1　南方岩溶区石漠化生态治理模式研究进展

　　南方岩溶区石漠化是我国三大生态问题之一。岩溶区山高坡陡、地形破碎、土壤瘠薄，石漠化地块碎片化现状如图 6-1 所示。该区内生态环境脆弱、经济发展水平低、群众生活贫困。根据岩溶区地貌特征，将石漠化区划分为中高山、岩溶断陷盆地、岩溶高原区、岩溶峡谷、峰丛洼地、岩溶槽谷、峰林平原和溶丘洼地 8 大综合治理区。特殊的地质条件，有限的耕地资源，加上不合理的耕作方式是导致岩溶区水土流失和石漠化问题严重的主要原因。根据实际调查及收集的相关资料，流域内土壤侵蚀种类主要有坡面侵蚀、冲沟侵蚀、崩塌、滑坡和泥石流等，其中坡面侵蚀最为常见。

图 6-1　石漠化区地块碎片化现状

　　截至"十三五"期间，农业部和科技部在西南岩溶山区连续进行了很多生态工程："中国西部重点脆弱生态区综合治理技术与示范""西南喀斯特山地石漠化与适应性生态系统调控""岩溶山地土壤与植被关联退化过程及其调控对策研究""碳酸盐岩风化成土作用及其生态环境效应""喀斯特石漠化生态综合治理技术与生态示范区建设""喀斯特高原峡谷石漠化综合治理技术与示范""喀斯特高原石漠化综合治理生态产业技术与示范研究"，这些项目的实施说明国家越来越重视生态环境保护，并着力将科研成果进行推广应用。从石漠化治理途径来看，我国南方石漠化生态治理技术主要包括植被修复技术、工程整地技术及配套技术，具体见表 6-1，其中石改梯、饲料青贮和能源开发是该区较有特色的技术。

表 6-1　　　　　　　　　　　　南方石漠化生态治理技术

措　施	适合区域	方　　法	作　　用
封育	强度石漠化区	封育、人工促进	减少水土流失，恢复生态环境
经济林	轻度石漠化区	因地制宜选择树种	调整产业结构，改善生态环境
优良牧草	轻度石漠化区	多年生优质牧草	蓄水保土，促进畜牧业发展
石改梯	轻度石漠化区	沿等高线造石埂梯田	减少水土流失，改善生态环境
植物篱埂	轻度石漠化区	选择生命力强的固埂植物	防治埂面被水冲毁

措施	适合区域	方 法	作 用
整地	轻度石漠化区	平整土地、土壤改良	提高土地质量和利用效率
饲料青贮	轻度石漠化区	将青草刈割调制成干草	解决生态修复和脱贫致富
引流截水	轻度石漠化区	修建蓄水池、引水渠等	解决区域内的灌溉缺水问题
能源开发	轻度石漠化区	建沼气池，配套节柴灶等	解决农民日常生活能源问题

常见的石漠化生态治理模式评价方法主要有层析分析法、效益评价法，缺乏一套科学、系统的评价指标。很多评价指标的取值采用专家打分法，具有较强的主观性，这样建立的评价体系缺乏科学性，不能反映某一生态治理模式的内在机理，也不能有效地评价石漠化生态治理模式，从而阻碍岩溶区石漠化生态治理模式的推广。基于客观性、代表性、可操作性、完整性的原则，本书全面梳理国内外有关石漠化生态治理模式评价的研究，筛选出适用于石漠化生态治理模式的评价指标，以期为岩溶区石漠化生态治理模式的评价提供科学依据。本书梳理的石漠化生态治理技术及治理模式对进一步提升石漠化综合治理水平，以及将来开展生态环境治理规划提供参考。

6.1.1 生态治理工程

自 20 世纪 90 年代开始，云南省西畴县开始从源头治理石漠化问题，主要是解决耕地谋生存、恢复植被求生态。从耕地与植被出发，较平地块采取拔石以改善种植环境、改变耕作方式（顺坡改横坡、翻耕改点播）以减少水土流失；对于小于 25°坡地全面开展炸石擂台造地，大于 25°坡地则退耕还林还草；原有林区实施封山育林和人工林改造。此外，还配备有水窖等小型水利工程，一方面减少径流带走泥沙，另一方面集雨用于灌溉。对于坡面种植，为防止水土继续流失，实施坡面水系工程主要有排水渠沉沙池水柜水窖，一方面较少径流带走土壤，另一方面集水方便灌溉，解决用水问题。该区实施的生态恢复工程主要可分为坡改梯工程、植物防护工程和封育，具体见表 6-2。

表 6-2　　　　　　　　　　石漠化生态治理模式评价指标体系

生态治理工程	关键技术	技 术 要 点	技 术 原 理
坡改梯工程	石坎梯田 水窖 田间道路	采用干砌石砌筑，地面平整度小于 5°，保留活土层； 田坎高 1.0～1.5m，顶宽 40cm，土层厚度 30～50cm，进行适当深翻	顺山坡地形，大弯就势，小弯取直； 考虑和田间道路、灌溉、排水设施的结合
植物防护工程	水土保持林 经济林	适地适树，鱼鳞坑，水平沟； 选择抗逆性强，产出高树种	涵养水源、保土固坡、削减洪峰流量
封育	天然更新 人工促进	安排护林员进行人工巡护； 设立封育宣传标志	除草、松土、间苗有利于目的树种生长； 局部带状或块状整地防治水土流失

6.1.1.1 坡改梯工程

按照择优选择的原则，在靠近村庄、交通方便，坡度 5°～25°的坡耕地上进行坡改梯措施的布设。坡改梯规模因地制宜，既要相对集中连片，又要防止"一梯到顶"，严禁开荒造地。严格按照地块的不同坡度和地质条件，确定修梯田的地段和类型，地埂采用就地取材，宜石则石、宜土则土，如图6-2所示。坡改梯工程是为防治坡面水土流失而兴建的拦、引、蓄、灌、排等工程的总称，包括水窖、沟渠、排水网等，主要布置在新增坡改梯工程的地块中，保护农田和林草不遭受暴雨冲刷，并可蓄水利用。为了便于坡改梯施工和提高耕地质量，在布设了坡改梯的地块内修建农路，尽量路渠结合，宽度控制为作业便道宽2m，机耕道路宽3m。

图6-2　石改梯地块

6.1.1.2　植物防护工程

水土保持林主要布设在生产用地周边，林草植被难以恢复的裸地以及群众自觉退耕的坡耕地上。水土保持林需要工程整地、混交造林、适地适树和首选乡土树种。经济林主要种植在群众自觉退耕的坡耕地，村道路边，宅旁水前。此外，还需考虑经济林兼顾生态效益和经济效益。

6.1.1.3　封育

封育治理是指在山高坡陡地区、土壤瘠薄和植被覆盖度低的地区，当自然条件满足自然植被生长的要求时，对于轻度水土流失的疏幼林地或土壤退化的天然草地可依靠生态系统自然恢复能力，通过封育、人工巡护、抚育等以恢复植被的技术措施。

6.1.2　存在问题与发展趋势

开展岩溶区水土流失治理成果评估既有利于保障土地产出稳定、提高土地产出率，又能促进当地产业结构调整、巩固退耕还林成果，是推进石漠化综合治理工作的有力保障。目前我国对石漠化的本质规律、成因、治理措施和模式的研究较为深入。熊康宁等提出根据石漠化等级细化喀斯特地区的水土流失分级和制订合适的治理措施。韦清章等总结了朝营小流域石漠化综合治理模式，包括林下种草模式、林农结合模式、基本农田建设模式、生态养殖模式、林药结合模式，丰富了水土保持模式的治理技术。梅再美研究了贵州清镇退耕还林（草）对喀斯特区水土流失的影响。周文龙选取毕节鸭池示范区，对小流域内的土壤侵蚀情况等进行动态监测，研究其土壤性状的变化规律。张浩以花江示范区顶坛小流域为研究区，利用"3S"技术，研究了该流域2005—2010年石漠化治理工程效益。有关石漠化生态治理模式评估的研究主要关注生态效益、经济效益和社会效益，其中经济效益往往作为评价该生态治理工程成效的重要指标，忽略了生态治理技术的成本及应用难度等指标，导致不能全面地评价石漠化生态治理模式的实施效果，而且石漠化生态治理模式通常有配套技术，例如石改梯工程与水窖、田间道路等措施相结合取得了良好的效果，在评价经济效益时只认为是石改梯技术的效益是不合理的，采用治理模式间的比较更加科学。如何从不同石漠化治理技术的角度科学评价石漠化治理模式的成效是当前研究一大重要课题。

无论是坡改梯工程、植物防护工程，还是封育治理，均需严格遵循原则和设计标准，才能获得良好的治理效果。在实际应用当中，3 种治理模式协同发挥作用，了解每一种治理模式产生的效益对于合理布设措施具有十分重要的意义，如坡改梯对粮食增产起到的作用，植物防护工程对减流减沙的影响，封育对人民群众生活造成的影响等。也许这些治理模式的各项评价指标没有理想值，但是相比之下，总能有"最优"和"最劣"，通过对这些指标进行综合比较，评价结果可用于未来岩溶区石漠化治理规划中。

6.2　基于 TOPSIS 法的南方岩溶区石漠化生态治理技术评价

6.2.1　研究区概况

江东小流域属国家农业综合开发水土保持项目云南省西畴县兴街项目区，位于西畴县西南部兴街镇（104°34′43″～104°35′21″E，23°14′12″～23°15′49″N），土地总面积 17.44km²，水土流失面积 12.21km²，属岩溶峰丛洼地溶蚀地貌，地势总体呈南北高中间低。流域内属亚热带高原季风气候，气候温和，雨量充沛，但时空分布不均。年降水变化为 1200～1300mm，多年平均降水量为 1289.7mm。20 年一遇 24h 最大暴雨强度为 86.0mm/h。土壤类型主要有红壤土、黄壤土、石灰岩土、水稻土。小流域属南亚热带植被区，主要植被为长绿阔叶林、灌木林及松杉针叶林。

6.2.2　研究方法

TOPSIS 法是一种从几个方案中通过多指标综合分析评选最优方案的方法。其原理是利用逼近理想解的方式分别计算每个评价对象与最优（劣）方案的距离，计算各评价对象与最优（劣）方案的相对接近程度，以作为评价优劣的依据。

首先在可行方案中确定理想解和负理想解，最佳方案距理想解最近，而距负理想解最远。理想解对应某个属性在各个方案中所能达到的最好值；相反负理想解对应某个属性在各个方案中的最劣值。在小流域治理过程中，通常是多种土地利用方式搭配，应用多种生态技术才能取得理想的治理效果。每种土地利用方式下不同生态技术所侧重的生态指标也不同，有些指标在理想解中的取值并不是越大越好，同样的，一些指标在最劣解中也不是越小越好，因此需要对理想解进行修正。

本书系统地构建了一套石漠化生态治理模式评价指标体系，并采用 TOPSIS 法评价石漠化生态治理模式，计算流程见表 6-3，为其生态治理模式的集成和推广提供了可量化的依据和方法支撑。评价工作以梳理现有石漠化生态治理模式以及筛选优良生态治理模式为目标，引导石漠化生态治理模式向提高环境社会效益发展。

表 6-3　　　　　　　　　　　　　　　优劣解距离法建模流程

步　骤	目　　的		计　算　方　法	
构建判断矩阵	获取原始评价数据	评价基础	$Z=\begin{bmatrix} f_{11} & f_{12} & \cdots & f_{1m} \\ f_{21} & f_{22} & \cdots & f_{2m} \\ \cdots & \cdots & \cdots & \cdots \\ f_{n1} & f_{n2} & \cdots & f_{nm} \end{bmatrix}$	（1）
数据归一化	数据无量纲化处理	正向指标	$Z'_{ji}=\dfrac{f_{ji}-\min\limits_{1\leqslant i\leqslant m}(f_{ji})}{\max\limits_{1\leqslant i\leqslant m}(f_{ji})-\min\limits_{1\leqslant i\leqslant m}(f_{ji})}$	（2）
		负向指标	$Z'_{ji}=\dfrac{\max\limits_{1\leqslant i\leqslant m}(f_{ji})-f_{ji}}{\max\limits_{1\leqslant i\leqslant m}(f_{ji})-\min\limits_{1\leqslant i\leqslant m}(f_{ji})}$	（3）
求权重	用熵值法赋权	各指标权重	$E_j=-\ln(n)^{-1}\sum\limits_{i=1}^{m}\dfrac{Z_{ji}}{\sum\limits_{i=1}^{m}Z_{ji}}\ln\left(\dfrac{Z_{ji}}{\sum\limits_{i=1}^{m}Z_{ji}}\right)$	（4）
		各治理模式权重	$W_j=\dfrac{1-E_j}{n-\sum\limits_{j=1}^{n}E_j}$	（5）
决策矩阵	构造加权决策矩阵	评价依据	$Z_{ji}=W_jZ'_{ji}$	（6）
确定优劣解	寻找比较标准	最优解	$Z^+=(Z_1^+,Z_2^+,\cdots,Z_n^+)=\{\max\limits_{i=1}Z_{ji}\mid j=1,2,\cdots,n\}$	（7）
		最劣解	$Z^-=(Z_1^-,Z_2^-,\cdots,Z_n^-)=\{\min\limits_{i=1}Z_{ji}\mid j=1,2,\cdots,n\}$	（8）
计算距离	计算与优劣解距离	距最优解	$S_i^+=\sqrt{\sum\limits_{j=1}^{n}(Z_{ji}-Z_j^+)^2}$	（9）
		距最劣解	$S_i^-=\sqrt{\sum\limits_{j=1}^{n}(Z_{ji}-Z_j^-)^2}$	（10）
贴近度	评判距离优劣解的远近程度	评价标准	$C_i=\dfrac{S_i^-}{S_i^-+S_i^+}$	（11）

表 6-3 中，f_{ij} 代表第 i 个被评价对象第 j 个评价指标的取值，$i=1$，2，$\cdots$，m；$j=1$，2，$\cdots$，n。计算贴近度的意义在于作为评判生态治理模式的相对标准，贴近度在 $[0,1]$ 范围内取值，贴近度趋近 1 则越接近最优解，说明这种治理模式越理想，反之说明接近最劣解。

6.2.3　指标体系建立

　　石漠化生态治理模式评价指标要力求全面，要能充分反映技术特征，选取的指标要可用于各种石漠化生态治理模式的比较。本书从技术成熟度、技术应用难度、技术效益和技术推广潜力 4 个方面构成一级评价指标，并从技术完整性、技术稳定性、技能水平需求、技术应用成本、生态效益、经济效益、社会效益、生态建设需求度和技术可替代性 9 个二级指标层面对坡改梯工程、植物防护工程和封育 3 种生态治理模式进行评价，具体见表 6-4。

表6-4 石漠化生态治理模式评价指标体系

准　则　层	指　标　层	指　标　含　义	数据获取
技术完整性 I_1	技术完整性 i_1	技术的体系、标准和工艺是否完整	在0～4区间评分
	技术稳定性 i_2	技术是否可以长效发挥作用	在0～4区间评分
技术应用难度 I_2	技能水平需求 i_3	技术应用过程中对劳动力文化程度与能力的要求	在0～4区间评分
	技术应用成本 i_4	技术研发或购置费用的高低	在0～4区间评分
技术效益 I_3	生态效益 i_5	技术实施对生态环境改善的贡献	在0～4区间评分
	经济效益 i_6	技术实施对经济增长的贡献	在0～4区间评分
	社会效益 i_7	技术实施对社会公共利益和社会发展方面的贡献	在0～4区间评分
技术推广潜力 I_4	生态建设需求 i_8	技术与未来发展趋势的相关程度	在0～4区间评分
	技术可替代性 i_9	技术是否可以被其他技术所替代	在0～4区间评分

有关二级指标的解释及评分标准描述如下：

（1）技术完整性。技术完整性是指根据主体技术的完整性，多种配套技术按一定目的相互组成的完整性。评分标准：①0表示无主体技术，也无配套技术；②1表示有主体技术，无配套技术；③2表示有主体技术和配套技术，二者组合作用较差；④3表示有主体技术和配套技术，二者组合作用较好；⑤4表示有主体技术和配套技术，二者组合相得益彰。

（2）技术稳定性。技术稳定性是指在相同条件下，技术在实际使用过程中稳定发挥作用的时间。评分标准：①0表示低于25％的设计时间；②1表示位于设计时间的 [25％，50％）；③2表示位于设计时间的 [50％，75％）；④3表示位于设计时间的 [75％，100％）；⑤4表示达到设计时间，甚至超出设计时间。

（3）技能水平需求。技能水平需求是指应用技术对技能水平的需求和技术人员的协作程度。评分标准：①0表示技能要求高，协作要求高；②1表示技能要求高，协作要求适中；③2表示技能要求适中，协作要求适中；④3表示技能要求适中，可以独立完成；⑤4表示技能要求低，可以独立完成。

（4）技术应用成本。技术应用成本是指技术研发、购置和技术应用所需费用。评分标准：①0表示 [100，+∞)；②1表示 [10，100)；③2表示 [5，10)；④3表示 [1，5)；⑤4表示 [0，1)，单位为万元。

（5）生态效益。根据治理前流失强度及治理后流失强度对比可以确定其减蚀模数。评分标准：①0表示 [0，30)；②1表示 [30，60)；③2表示 [60，90)；④3表示 [90，120)；⑤4表示 [120，+∞)，单位为 t/hm^2。

（6）经济效益。经济效益是指根据流域内农产品、经济作物和木材等的市场价格，结合农户调查确定新增产值。评分标准：①0表示 [0，1000)；②1表示 [1000，2000)；③2表示 [2000，3000)；④3表示 [3000，4000)；⑤4表示 [4000，+∞)，单位为元。

（7）社会效益。社会效益是指技术实施对社会公共利益和社会发展方面的贡献。评分标准：①0 表示效果不明显；②1 表示效果一般；③2 表示效果较好；④3 表示效果良好；⑤4 表示效果非常好。

（8）生态建设需求度。生态建设需求度是指未来该区域的生态建设对该项生态技术的需求程度。评分标准：①0 表示小；②1 表示较小；③2 表示中等；④3 表示较大；⑤4 表示大。

（9）技术可替代性。技术可替代性是指技术是否可以被其他技术所替代。评分标准：①0 表示非常容易被替代；②1 表示比较容易被替代；③2 表示容易被替代；④3 表示不容易被替代；⑤4 表示不能被替代。

6.3 西畴县岩溶区石漠化生态治理模式综合评价

国家农业综合开发水土保持项目实施后，西畴县岩溶区内的水土流失得到有效控制，植被覆盖率从实施前 40.5% 增加到 59.3%，植被覆盖率提高 18.8%。

通过坡改梯工程的实施，有效地改善了农业耕作条件，使耕地的保土、保水、保肥能力有了显著提高；以水保林和经济林为主的植物防护工程，增加地面植被覆盖度，减少了表层土壤侵蚀。封育措施利用自然恢复的力量逐步恢复植被，生态环境进入良性循环。

通过向石漠化治理技术领域的相关专家发放 40 份调查问卷，并收回 36 份有效问卷，确定了准则层和指标层的得分。通过调查云南省西畴县岩溶区石漠化生态治理基本情况，搜集 3 种生态治理模式的相关数据，各项评价指标的初始数据见表 6-5。

表 6-5　　　　　　　　　　　　石漠化生态治理模式评价指标属性值

指标	技术完整性	技术稳定性	技能需求	应用成本	生态效益	经济效益	社会效益	生态建设需求度	技术可替代性
坡改梯工程	4.36	4.29	1.21	0.86	1.00	2.00	3.07	1.86	4.07
植物防护工程	3.00	2.75	3.33	1.25	2.17	3.50	1.75	2.75	3.25
封育	3.44	3.67	4.33	1.56	0.67	0.33	0.89	4.22	2.22

首先根据表 6-3 的公式（2）和公式（3）将表 6-5 的数据归一化，然后利用公式（4）和公式（5）计算各评价指标的客观权重为 $W = [0.116, 0.116, 0.109, 0.115, 0.108, 0.098, 0.109, 0.113, 0.115]$。

再将归一化矩阵和指标权重由公式（6）得到加权决策矩阵。根据公式（7）和公式（8）得到生态治理模式各评价指标的最优解和最劣解分别为 $Z^+ = [0.047, 0.047, 0.053, 0.049, 0.061, 0.059, 0.059, 0.054, 0.049]$；$Z^- = [0.032, 0.030, 0.015, 0.027, 0.019, 0.006, 0.017, 0.024, 0.027]$。

最后根据公式（9）和公式（10）分别计算得出各生态治理模式到最优解和最劣解的欧式距离。由公式（11）计算不同生态治理模式最优解和最劣解的贴近度，见表 6-6。

表 6—6　　　　　　　　　　　　不同生态治理模式的评价结果

欧氏距离	坡改梯工程	植物防护工程	封育
正	0.068	0.027	0.071
负	0.06	0.077	0.055
贴近度	0.53	0.74	0.56

　　根据 TOPSIS 模型计算的结果，与正理想解的距离排序为植物防护工程模式＜坡改梯工程模式＜封育模式，与负理想解的距离排序为封育模式＜坡改梯工程模式＜植物防护工程模式，植物防护工程模式的贴近度分值最高，生态治理综合效益最好。坡改梯工程模式和封育模式贴近度分值相近，说明二者的生态治理效益各有千秋，坡改梯工程的社会效益较高，但其经济效益差于植物防护工程，主要是因为经济林果的市场价要高于梯田上的作物单价，加上梯田造价普遍高于植物防护工程造价，所以植物防护工程的经济效益要比坡改梯工程的高。石漠化治理项目实施初期，封育措施当年取得生态效益和社会效益，坡改梯工程模式和植物防护工程模式需 2～5 年才能收益，所以封育模式的生态建设需求度最大。坡改梯工程总是伴随着机械化水平的提升而改进修缮梯田及其配套措施的效率，所以相对于植物防护工程和封育模式，坡改梯工程的技术可替代性更高。各项生态治理模式的实施对项目区内的经济发展、提高农民的生活水平，均起到积极的作用。随着植物防护工程实施，林草植被显著增加。通过合理地发展林下资源，既能促进地方经济发展，同时又能保护岩溶区宝贵的水土资源。

6.4　小　　结

　　合理的评价指标与评价方法对岩溶区石漠化生态治理模式综合评价至关重要，本书采用 TOPSIS 法与熵权法相结合的评价模型，通过对南方岩溶区现有的主要石漠化生态治理模式进行评价，得到以下结论：岩溶区石漠化生态治理模式评价是一个多属性、多因素的评价过程。本研究利用层次分析法构建了岩溶区石漠化生态治理模式评价指标体系，并确定了各评价指标的评分标准。采用熵权法确定岩溶区石漠化生态治理模式评价指标的权重。TOPSIS 法评价结果为植物防护工程模式最佳，坡改梯工程模式次之，封育模式最末，其结果与实际情况相符合。水土保持林和经济林结合鱼鳞坑、水平阶等工程措施兼顾经济效益和生态效益，可为岩溶区石漠化问题的治理提供有效的防护。

第7章

黄土高原生态治理工程关键技术评价与筛选

7.1 黄土高原生态治理工程关键技术评价研究进展

黄土高原是遭受严重水土流失和土地退化的地区之一，丘陵和沟壑区的土壤侵蚀尤为严重。自 20 世纪 80 年代以来，国家先后在该地区开展了水土保持重点工程、小流域综合治理工程、退耕还林工程、绿化工程、淤地坝等一系列生态工程。这些工程中运用了大量的生态技术，按治理范围划分可分为小流域综合治理技术和区域综合治理技术 2 项，按治理对象划分可分为坡面治理技术、沟道治理技术、矿山修复技术和水库绿化技术 4 项，按照技术类型划分可分为坡面工程技术、坡面农业技术和坡面生物技术 3 项，治理技术、开发技术和治理开发技术 3 项，修复技术、配置技术和调控技术 3 项。每一技术又包含许多单项技术，具体见表 7-1。

表 7-1 黄土高原水土流失治理生态技术清单

按治理范围	按治理对象	按技术类型	生 态 技 术 群
小流域综合治理技术	坡面治理技术	坡面工程技术	水平阶、水平沟、鱼鳞坑、蓄水池、截流沟、排洪沟、集雨窖
		坡面农业技术	等高耕作、竹节沟、地埂、免耕、少耕、深耕
		坡面生物技术	绿肥、有机肥、等高植物篱
	沟道工程技术	沟道治理开发技术	淤地坝、防洪坝、拦沙坝
		支毛沟治理技术	植被恢复
		沟沿治理技术	截流沟、整地、植被恢复
		沟坡治理技术	植被恢复
区域综合治理技术	矿山修复技术	整地集流技术	整地、截流沟、排水沟、集雨窖
		植被恢复重建技术	撒播、喷播
		植物选择配置技术	适地适树、抗逆性筛选
		林草栽培养护技术	修剪整形、除草
		水肥高效调控技术	水肥一体化
	水库绿化技术	植被恢复技术	乔灌草立体化
		植被配置技术	物种多样化
		库边拦沙技术	植被前置带
		库区减流技术	鱼鳞坑、水平阶

梯田、坝地、造林、种草在世界许多地方的植被恢复中被广泛使用。研究人员在评估时通常关注生态治理技术对土壤质量、水资源利用率、作物产量、地表径流和径流泥沙量等方面的影响。然而，对生态治理技术影响的定量评估还不够全面。为了充分评价不同生态治理技术的实施效果，选取了一些典型指标建立评价模型，对具有开发潜力的技术进行了筛选。此外，对生态治理技术有效性的综合评估还需要考虑生态技术的时间变异性以及自应用以来这些生态技术是如何演变的。

由于传统评价方法的不足，研究中常采用以项目评价法为代表的定性指标评价法、加权综合评价法、专家评分法。专家们利用自己的经验来选择指标并确定指标权重，虽然简单易行，但会产生很大的主观性。粗糙集理论根据数据本身的规律寻找多指标间的类属关系，从而消除冗余指标。并按照指标重要度计算各指标的权重，有效地克服现有评价模型中权重系数的不确定性，使评价结果更加客观。

本书对黄土高原水土保持技术、设备和应用以及工农业发展模式进行了大量的文献查阅，获得了较为翔实的延河流域水土流失资料，选择实验研究中报道的一些重要指标，如径流和土壤流失量、土壤质量（土壤含水量、土壤有机质）、作物产量和生态技术的使用年限，运用粗糙集理论建立了黄土高原生态治理技术综合评价模型，为技术优化和推广提供依据。本书的具体目标是：①筛选影响黄土高原生态技术有效性的指标；②建立不同生态技术有效性评价模型；③检验生态技术的有效性。

7.2 黄土高原生态治理技术评价指标体系

7.2.1 研究区概况

延河是黄河的第一支流，流域总面积 $7725km^2$。延河流域世行贷款二期工程位于延河流域上游、北部和东南部，占流域总面积的 30.94％。安塞县、宝塔县、延长县共有 19 个乡、296 个行政村，总人口 12.1 万人，其中农业人口 11.1 万人。项目区年平均降水量为 520mm。降雨有由上游向下游递增的趋势。年降水量变化较大，年分布极不均匀。降水量（6—9 月）占全年总降水量的 60％以上，多为暴雨。延河流域沟壑密度达 $3\sim5km/km^2$，地形十分复杂，植被覆盖率低。土壤主要为黄土、棉沙土、灰棉土。由于森林砍伐和过度放牧，余下的天然森林已经很少。该区年土壤侵蚀模数为 $10400t/km^2$，属于极强侵蚀强度。该地区常用的水土保持措施包含梯田、淤地坝、造林、经济林、种草、封育，具体见表 7-2。项目实施前后对比发现，这些地区造林面积和经济林面积有所增加，而梯田、淤地坝、种草、封育等措施面积有所减少，表明国家退耕还林政策成效显著，如图 7-1 所示。

表 7-2 　　　　　　　　　　黄土高原延河流域生态治理技术

措施	定 义	分 类 技 术
梯田	黄土高原地区治理坡耕地水土流失的主要措施。一般在 25°以下的坡面上沿等高线开阶为田，起到截流拦沙的作用	水平梯田、之字梯田、反坡梯田、隔坡梯田、樊亚军梯田、半月式梯田
坝地	为在各级沟渠中截留泥沙而修建的水坝。截沙造地、弃沟改良田，可以为山区农林牧业发展创造有利条件	洪涝控制坝、泥沙淤积坝
造林	在荒山、荒地、伐木地、火烧地、滩涂地、沙荒地和适于造林的采矿地建立新森林的过程	等高种植、鱼鳞坑、植物篱
经济林	以生产水果、食用油、工业原料和药材为主要目的的森林	选种、增产、提质
种草	利用草本植物控制水土流失、放牧或提高措施效益	等高草篱、植物带
封育	为了防止人类活动破坏生态区域，恢复自然植被，禁牧是在生态脆弱、水土流失严重、草地退化严重的地区，缓解放牧对植被的压力，促进植物生长，恢复植被的一种禁牧措施	自然更替、人工促新

（a）延河流域世界银行贷款项目区

（b）研究区实施项目前后的土地利用状况

图7-1　延河流域世界银行贷款项目区和研究区实施项目前后的土地利用状况

7.2.2　研究方法

为了了解项目实施后的经济效益和社会效益，从1999年开始，该地区以县（区）为单元，对典型农户经济收入变化进行监测。按典型农户与典型地块两个层次布设监测点，监测点的设置考虑了地貌类型、措施种类和有无项目的差异，开展长期连续监测。

典型农户和典型地块均逐年逐项跟踪调查，从而为经济效益和社会效益的评价提供基础资料。主要调查内容包括土地情况、人口状况、劳动力情况、农业资源条件、农业生产情况、项目投入、产出物品的价格、水土保持各项措施完成情况。典型地块对梯田、坝地、坡耕地上的粮食林果单位面积的产量逐年记录，并了解增产的具体原因。

生态效益调查包括项目实施前后土壤性质、植被覆盖度、小气候的变化等。延安区向阳沟主要观测裸露地、荒坡地、农耕地、人工草地、用材林地、经济林地、梯田等7个径流小区植被覆盖度、径流泥沙以及经济效益的变化。

小流域水土保持效益监测以标准小流域水沙监测站为主，包括小流域降雨情况，水土保持措施种类和质量随时间的变化以及综合治理措施的削流减沙效益。

粗糙集理论（RST）是 Z. Pawlak 教授首次提出的智能信息处理技术的新成果。RST是一种分析、推理、学习和发现不完整数据中核心属性（知识约减）的新方法，并分析信息系统中的冗余属性，粗糙集法的综合评价流程见表 7-3。粗糙集方法在不丢失信息、保持知识库分类能力不变的前提下，不需要附加信息或先验知识，删除了不相关或不重要的属性。它有效地精简了决策系统，在不影响其原有功能的情况下，以规则的形式描述所获得的知识。粗糙集法利用评价指标的离散属性，根据人们对评价对象的了解，采用模糊分类方法对其处理，比较不同评价指标下的分类情况，在保障知识库分类能力不变的前提下，按照一定的决策规则删除属性相近的指标，得到最终的决策系统。根据评价结果对评价指标进行筛选和调整，得到更加科学合理的指标体系。

表 7-3　　　　　　　　　　　　粗糙集法的综合评价流程

步　骤	说　明
数据预处理	量化定性指标，评价指标的归一化
数据离散化	采用上限排除法使连续数据离散化
筛选评价指标	计算指标体系中各指标间的相关性，根据属性约简原则剔除冗余指标
确定权重系数	根据各指标的重要性计算其权重
建立评价模型	根据评价模型计算评价指数，对评价对象进行比较排序
分析评价结果	运用评价模型对生态治理技术进行综合评价，并对评价结果进行分析

7.2.3　评价指标体系建立

为了充分反映每项技术的总体状况，我们通常在评价体系的构建中经常会选择尽可能多的指标，其中可能存在冗余信息，如评价指标间具有密切关联性或指标不属于同一层级，这些都会影响评价的准确性。粗糙集理论利用属性间关系筛选信息系统中的评价指标。如果从技术成熟度、技术应用难度、技术效率和技术推广潜力筛选评价指标，根据生态治理技术的应用情况，应以技术结构和保存率分别代表技术完整性和技术稳定性；以专业需求度和布置费用分别代表技术需求水平和技术应用成本；以土壤含水量、土壤有机质和植被覆盖度代表技术生态效益；以单位产出代表技术经济效益；以减少径流量和泥沙量代表技术社会效益；以技术与未来关联度和技术受公众认可度分别代表生产建设需求度和技术可持续性，如此即可运用粗糙集理论建立了生态治理技术评价指标体系生态治理技术评价指标体系如图 7-2 所示。

本指标体系构建科学合理，指标选择简洁有效，符合以下原则：①指标数据易获取；②定性指标和定量指标相互搭配；③评价指标的选取具有代表性。定性指标通过专家打分法获取数据，定量指标数据来自黄土高原延河流域水土保持治理世界银行贷款项目。

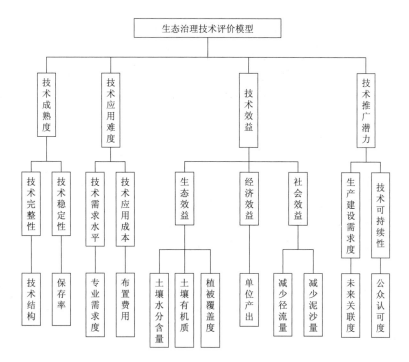

图 7-2　生态治理技术评价指标体系

三级指标的描述如下：

（1）技术结构是指技术要素的完整性。技术分为 0～4 级，0～4 分别对应有无主要技术和配套技术的完整性，具体得分为：①0 表示无配套技术；②1 表示配套技术不完整；③2 表示配套技术有一定的完整性；④3 表示主体技术相对完整；⑤4 表示主体技术完整。

（2）保存率用于评估各种技术的稳定性。生态治理技术部署后，由于受自然因素（降雨、耕作等）的影响，生态治理技术受到不同程度的破坏。到项目结束时，各生态技术的保存率计算公式为

$$P_r = \frac{A_0}{A} \times 100\%$$

式中　P_r——生态技术的保存率；

A_0——生态技术的现有面积，hm^2；

A——生态技术的布置面积，hm^2。

（3）专业需求是指每项生态技术对专业人员的技术需求程度。根据专业技术人员是否需要，具体的 0～4 评分要求为：①0 表示不需要专业技术人员；②1 表示需要专业技术人员较少；③2 表示需要一定数量的专业技术人员；④3 表示需要更多的专业技术人员；⑤4 表示需要大量的专业技术人员。

（4）设置成本是指用于各种治理措施的建设投资，在分析个别措施时只考虑直接用于这些措施的投资，包括在项目实施中设置材料成本、人工成本和维护成本，单位为万元。

（5）除降雨外，土壤含水量还受土壤质量、蒸发量、植被、土地利用方式、坡向和坡度的影响。同时，不同土地利用方式下土壤含水量不同，土壤水分影响作物产量和植被恢复，因此土壤含水量是评价不同生态治理技术效果的重要指标之一。

（6）有机质含量是形成水稳性团聚体的基础，是各种营养物质特别是氮、磷的主要来源，是评价土壤肥力的有效指标。研究不同生态治理技术下土壤有机质含量对评价该技术的效果具有重要意义。

（7）植被具有截留降雨、减缓径流、涵养土壤、加固土壤的功能，在干旱半干旱地区水土流失中起着决定性作用。植被盖度对土壤侵蚀有显著影响，植被盖度变化分析是准确预测不同生态治理技术效果的基础。黄土高原不同的生态调控技术也会影响土壤水分和肥力，导致植被覆盖率的变化。研究植被盖度对不同生态管理技术的响应，可以揭示生态技术是否有利于区域植被的恢复，这对制订合理的生态治理技术和管理具有重要意义。本书选择黄土高原中部的延河流域，分析了不同生态治理技术下的植被覆盖情况。

（8）单位土地产量是指项目结束时单位土地的收益，单位为万元/公顷，其值越大，经济效益越好，适用于评价不同生态治理技术的经济效益。每项措施的单位产量根据项目区典型农户和地块的监测数据，结合物价、统计部门多年统计调查的结果确定。各种治理措施的投入和产出主要根据措施类型进行分类。

（9）减少径流和泥沙量通过分析生态治理技术实施前后水文要素的变化，研究了不同生态技术对径流和泥沙的影响。

（10）技术与未来关联度是指各生态治理技术对该地区未来经济社会发展的需求程度。需求越高，生态治理技术越好。根据技术与未来发展的相关性，分为0~4分。具体得分为：①0表示该技术与未来发展无关；②1表示该技术与未来发展相关较小；③2表示该技术与未来发展有一定关联；④3表示该技术与未来发展相关较大；⑤4表示该技术完全适用未来的发展。

（11）公众认可度越差，生态治理技术对环境保护的影响越大，公众接受度越高，越利于生态治理技术的推广实施。根据公众接受度，按0~4分打分。具体得分为：①0表示公众不愿意接受该技术；②1表示公众对该技术的认可度较低；③2表示公众对该技术有一定程度的认可度；④3表示公众对该技术的认可度较高；⑤4表示公众非常愿意接受该技术。

7.3 黄土高原生态治理工程关键技术评价

7.3.1 数据来源

本书选取6种生态治理技术作为被研究对象，采用技术评价指标体系进行综合技术评价与分析。选择了梯田、坝地、造林、经济林、种草、封育6种技术，通过世界银行贷款黄土高原延河流域水土保持治理项目的资料，在CNKI、科学网、科学指导网上发表的学术论文，得到各种生态治理技术的评价因子值，生态治理技术基础数据见表7-4。

表 7 - 4　　　　　　　　　　　　　　　生态治理技术基础数据

指　标	生 态 治 理 技 术					
	梯田	坝地	造林	种草	封育	经济林
技术结构（i_1）	4.50	4.45	3.50	3.25	3.75	4.20
保存率（i_2）	95.00％	90.00％	81.04％	80.80％	81.70％	90.70％
专业需求度（i_3）	5.00	2.78	2.00	1.75	2.42	3.00
布置费用（i_4）	13600.3	4105.8	2579.1	2312.9	3339.7	4240.5
土壤水分含量（i_5）	15.64％	22.05％	12.31％	13.71％	10.95％	15.66％
土壤有机质（i_6）	4.91	4.99	11.99	8.05	8.75	12.20
植被覆盖度（i_7）	27.00％	26.00％	65.50％	46.25％	42.67％	68.30％
单位产出（i_8）	3.53	4.80	2.27	4.83	3.08	4.81
减少径流量（i_9）	284.75	361.25	170.00	127.50	170.00	212.50
减少泥沙量（i_{10}）	96.11	169.29	50.65	50.52	50.78	70.78
技术与未来关联度（i_{11}）	4.78	4.78	3.78	3.59	2.59	4.39
公众认可度（i_{12}）	4.63	4.66	3.66	3.59	2.53	4.76

采用干燥法测定土壤含水量、重铬酸钾法测定有机质、冠层投影法监测林冠密度、用针刺法监测草地覆盖情况。以上监测指标每年监测两次，连续 5 年，取其平均值作为比较值。

7.3.2　基于粗糙集理论的黄土高原生态治理技术评价

根据黄土高原生态治理技术评价指标体系，将原始数据代入归一化计算公式，分为 5～4、4～3、3～2、2～1 和 1～0，得到 6 种生态治理技术的原始数据，具体见表 7 - 5。根据上限排除法，对应值为 5、4、3、2 和 1。量化处理的基本原则为：①数据在一定范围内变化的中位数，大于 5 的指标值记录为 5；②根据经验，技术成熟度、技术推广潜力等难以量化的指标评分，按平均值给出相应的评分；③技术应用成本等指标，根据项目实施的实际情况确定数据。

表 7 - 5　　　　　　　　　　　　　　　离散评价指标后的信息系统表

指　标	生 态 治 理 技 术					
	梯田	坝地	造林	种草	封育	经济林
技术结构（i_1）	4.50	4.45	3.50	3.25	3.75	4.20
保存率（i_2）	4.47	4.24	3.82	3.80	3.85	4.27
专业需求度（i_3）	5.00	2.78	2.00	1.75	2.42	3.00
布置费用（i_4）	8.73	2.63	1.65	1.48	2.14	2.72
土壤水分含量（i_5）	4.13	5.82	3.25	3.62	2.89	4.13

指　　　标	生 态 治 理 技 术					
	梯田	坝地	造林	种草	封育	经济林
土壤有机质（i_6）	2.23	2.27	5.46	3.66	3.98	5.55
植被覆盖度（i_7）	2.26	2.17	5.47	3.86	3.57	5.71
单位土地产出（i_8）	3.59	4.88	2.31	4.91	3.13	4.89
减少径流量（i_9）	4.95	6.28	2.96	2.22	2.96	3.69
减少泥沙量（i_{10}）	4.27	7.53	2.25	2.25	2.26	3.15
技术与未来关联度（i_{11}）	4.78	4.78	3.78	3.59	2.59	4.39
公众认可度（i_{12}）	4.63	4.66	3.66	3.59	2.53	4.76

表 7-5 显示了一个信息系统 $K = \{U, I, V, P\}$，其中整个对象 $U = \{U_1, U_2, U_3, U_4, U_5, U_6\}$，属性集 $I = \{I_1, I_2, I_3, I_4\} = [\{i_1, i_2\}, \{i_3, i_4\}, \{i_5, i_6, i_7, i_8, i_9, i_{10}\}, \{i_{11}, i_{12}\}]$，取值范围 $V = \{1, 2, 3, 4, 5\}$，P 是一个信息函数，反映对象 U 在 K 中的完整信息。

根据粗糙集理论，对相似属性进行了约简，对于技术成熟度指数，存在以下公式。

$$U/ind(I_1 - \{i_1\}) = \{\{U_1, U_2, U_6\}, \{U_3, U_4, U_5\}\} \tag{7-1}$$

$$U/ind(I_1 - \{i_2\}) = \{\{U_1, U_2, U_6\}, \{U_3, U_4, U_5\}\} \tag{7-2}$$

这表明指标 i_1 和 i_2 在属性集 I_1 中扮演着相同的角色。因此，在技术成熟度指数下有两个约减值 $\{i_1\}$ 和 $\{i_2\}$。同样，技术应用难度指数下有两个约减值 $\{i_3\}$ 和 $\{i_4\}$，技术效益指标下有两个约减值 $\{i_5、i_6、i_8、i_9\}$ 和 $\{i_5、i_6、i_8、i_{10}\}$。在技术推广潜力指标下，有两项约减指标 $\{i_{11}\}$ 和 $\{i_{12}\}$。结合该指标在水土保持工程中的重要性程度，给出了黄土高原生态治理技术约减指标集 $\{i_2、i_4、i_5、i_6、i_8、i_{10}、i_{11}\}$。属性约简后，12 个原始指标中有 5 个被约简，保留了保存率、设置成本、土壤含水量、有机质含量、单位土地产出、径流量减少、技术与未来关联度等 7 个指标，构成了新的评价体系。根据粗糙集取值规则，黄土高原生态治理技术及 4 项一级指标，具体见表 7-6。

表 7-6　　　　　　　　　　　　属性约简后的信息系统

指　　　标	生 态 治 理 技 术					
	梯田	坝地	造林	种草	封育	经济林
保存率（i_2）	5	5	4	4	4	5
布置费用（i_4）	5	3	2	2	3	3
土壤水分含量（i_5）	5	5	4	4	3	4
有机质含量（i_6）	3	3	5	4	4	5
单位土地产出（i_8）	4	5	3	5	4	5
减少泥沙量（i_{10}）	5	5	3	3	3	4
技术与未来关联度（i_{11}）	5	5	4	4	3	5

各指标权重一般由专家在现有评价方法中给出，导致评价结果具有一定的主观性。为了避免主观因素的干扰，使结果更加准确，各评价指标的权重由其属性重要性计算。计算结果分别为 0.167、0.167、0.5、0.5、0.5、0.5、0.167。

根据各指标的值和权重，综合评价结果及排序见表 7-7。

表 7-7　　　　　　　　　约减后生态技术指标评价结果

指　标	生 态 治 理 技 术					
	梯田	坝地	造林	种草	封育	经济林
评价结果	11.0	11.17	9.17	9.67	8.67	11.67
排名	3	2	5	4	6	1

由表 7-7 可知，6 种生态治理技术的综合排序为经济林（11.67）＞坝地（11.17）＞梯田（11.0）＞种草（9.67）＞造林（9.17）＞封育（8.67）。为了比较 6 种生态治理技术在 4 个一级指标层面的应用情况，分析如下：

（1）在技术成熟度指标中，技术结构和措施保存率为等价指标，本书选取具有实际调查数据的措施保存率指标。梯田，坝地、骨干坝、水窖均达到了工程规范标准和设计施工要求，各种生态治理技术的保存率相差不大，均在 85% 以上。

（2）在技术应用难度中，技能水平需求和技术应用成本为等价指标，本书选取各项技术实际花费作为评价指标。

（3）从技术效益指标来看，土壤水含量、土壤有机质含量、植被覆盖度、单位土地产量、径流量和泥沙量从生态效益、经济效益和社会效益的角度诠释了不同技术的效益大小，通过属性约减，土壤含水量、土壤有机质含量、单位土地产出、减少泥沙量为技术效益的等价指标集。

以梯田和林地为例，分别与坡耕地和撂荒地比较了 1996—2004 年间的土壤水分变化状况如图 7-3 所示。可以看出，无论在丰水年还是平水年，梯田的土壤水分均高于坡耕地的，林地的土壤水分均高于撂荒地的，说明梯田通过增加土壤厚度，改善土壤结构从而改善了土壤水分状况，而林地通过增加地表覆盖，减少水分蒸发，所以比荒地土壤水分高。虽然梯田和林地改善土壤水分的机理不同，它们增加土壤水分的效果均很显著。

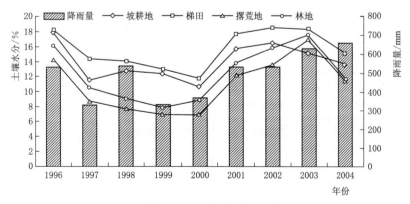

图 7-3　不同土地利用方式下的土壤水分状况

以梯田和林地为例，分别与坡耕地和撂荒地比较了 1996—2004 年间的土壤有机质的变化状况如图 7-4 所示。可以看出，梯田的土壤有机质均高于坡耕地的，林地的土壤有机质均高于撂荒地的，说明梯田通过减少水土流失从而减少土壤有机质的流失，而林地通过积累枯落物而增加土壤有机质含量。虽然梯田和林地增加土壤有机质的机理不同，它们增加土壤有机质的效果均很显著。

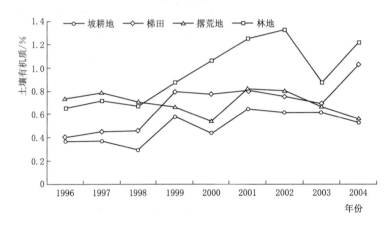

图 7-4　不同土地利用方式下的土壤有机质状况

以造林、经济林、种草和封育为例，对比其在 1999—2004 年间的植被覆盖度的变化状况如图 7-5 所示。可以看出，种草的植被覆盖度高于造林的，其次是封育和经济林，经济林覆盖度最低，原因可能是农户为了增加产量而控制其密度，或者为了增加林冠通风而进行剪枝等管理活动；封育措施前两年的郁闭度虽然较低，但由于人为干扰的减少，所以其郁闭度增加快于经济林的；种草的郁闭度在前 3 年直线上升，然后保持在相对稳定的状态，所以如果为了提高植被覆盖度，种草是一项比较好的技术，其次是造林技术。

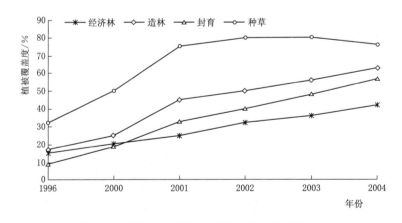

图 7-5　不同土地利用方式下的植被覆盖度变化

从技术推广潜力为视角来分析，与未来相互关联度和公众接受度为等价指标。本书选取与未来相互关联度指标，与未来相互关联度越高，公众越愿意接受，但公众接受度越高，技术与未来关联度不一定高，如按照规划某区域以发展林业和畜牧业为主，则造林种草技术与未来关联度较高，该区域的土地利用方式应以植树和草优先发展。

7.4　小　　结

本书借鉴国内有关黄土高原水土流失治理的已有研究成果，归纳总结了影响水土流失生态治理技术的主要因素，以 6 种生态治理技术为研究对象，基于粗糙集理论保留了黄土高原水土流失生态治理技术的关键影响因子，构建了黄土高原水土流失生态治理技术评价模型。本书主要结论如下：建立了 2 级黄土高原水土流失生态治理技术评价指标体系框架，分别从技术成熟度、技术应用难度、技术效益和技术推广潜力 4 个方面分析了影响水土流失生态治理技术的因素，共有 12 个 2 级指标；然后对梯田、坝地、造林、种草、经济林、封育 6 种生态治理技术进行验证分析，根据各评价指标间的不可分辨关系实现属性约简，获得由 4 个 1 级指标、7 个 2 级核心指标组成的黄土高原水土流失生态治理技术评价指标体系。然后由属性重要性计算各二级指标的权重，再由层次分析法得出各一级指标的权重。最后加权求和得到 6 种生态治理技术的综合评价结果，即经济林（11.67）＞坝地（11.17）＞梯田（11.0）＞种草（9.67）＞造林（9.17）＞封育（8.67）。

第8章

水利行业生态治理技术评价

8.1　水利行业生态治理技术识别

我国的水利工程建设持续发展，主要表现为以下几个方面：

（1）大江大河干流防涝减灾体系基本形成。七大江河基本形成了以骨干枢纽、河道堤防、蓄滞洪区等工程措施，与水文监测、预警预报、防汛调度指挥等非工程措施相结合的大江大河干流防洪减灾体系，其他江河治理步伐也明显加快。

（2）水资源配置格局逐步完善。通过兴建水库等蓄水工程，解决水资源时间分布不均问题；通过跨流域和跨区域引调水工程，解决水资源空间分布不均问题。

（3）农田灌排体系初步建立。中华人民共和国成立以来，特别是 20 世纪 50—70 年代，开展了大规模的农田水利建设，大力发展灌溉面积，提高低洼易涝地区的排涝能力，农田灌排体系初步建立。

（4）水土资源保护能力得到提高。在水土流失防治方面，以小流域为单元，山水田林路村统筹，采取工程措施、生物措施和农业技术措施进行综合治理，对水土流失严重地区实施了重点治理。在生态脆弱河流治理方面，加强水资源统一管理和调度、加大节水力度、保护涵养水源等综合措施。在水资源保护方面，建立以水功能区和入河排污口监督管理为主要内容的水资源保护制度，加强了水资源保护工作，部分地区水环境恶化的趋势得到初步遏制。

水利枢纽工程多为承担着防洪、灌溉、发电以及航运等多项功能的综合性水利枢纽，一般包括水利枢纽工程、引调水工程、供水工程、灌区工程、江河湖泊治理工程、小流域综合治理工程、污水处理工程、海绵城市、节水工程等。

（1）水利枢纽（包括水库、闸坝等工程）一般属于综合性工程，通常承担着防洪、供水、灌溉、发电、航运等多项功能。

（2）引调水工程多为跨流域或跨区域工程，是为解决区域水资源分布不均、供求不平衡的战略发展举措。

（3）供水工程是保障经济和社会可持续发展的重要工程，是居民生活和工业生产中不可或缺的基础设施，供水工程主要包括水源、取水工程、净水工程、输配工程 4 部分。

（4）灌区工程为覆盖具有可靠水源和引输配水渠道及相应排水沟道的灌溉面积的工程。

（5）传统的江河湖泊治理工程一般指清淤疏浚、防洪达标治理。近年来，生态治理理念不断推广，江河湖泊治理成为防洪达标治理、河道水环境治理、水生态修复等措施的结合体。

（6）小流域综合治理工程是一项以水土资源的可持续利用和生态与环境的可持续维护为目标的工程，对生态系统的良性循环，人口、资源和环境的协调发展有着至关重要的作用。

（7）污水处理工程是指用各种方法将污水中所含的污染物分离出来或将其转化为无害

物，从而使污水得到净化的工程项目。

（8）海绵城市遵循生态优先的原则，将自然途径与人工措施相结合，在确保城市排水防涝安全的前提下，最大限度地实现雨水在城市区域的积存、渗透和净化，促进雨水资源的利用和生态环境保护。海绵城市体现"慢排缓释"和"源头分散"的设计理念，既避免了洪涝，又有效地收集了雨水。

（9）节水工程主要为提高水资源的利用效率和效益的工程。传统的节水工程偏重于发展节水生产力，新型节水工程主要是转变节水管理思路，由"工程水利"向"资源水利、生态水利"、由"劣治"向"良治"转变，推行管理型节水、科技型节水、公众参与型节水和循环利用型节水并行的节水理念，形成以经济手段为主的节水机制，提高水资源承载能力。

8.1.1　水利工程护坡护岸技术

1. 岩石边坡植被护坡技术

（1）技术原理。岩石边坡植被护坡技术是指用活体植物与工程措施结合，在坡面构建各种各样的基质—植被综合保护体系，通过体系本身的护坡工程性能保护整个坡面，它可以看作是利用特殊的复合材料系统以防止岩石坡面风化剥落的一项生态工程技术。

（2）主要特点。可降低土壤孔隙压力，吸收土壤水分，植物可提高土体的抗剪强度，增强土体的黏聚力，从而使土体结构趋于坚固和稳定。另外，还可截留降雨，延滞径流，削减洪峰流量，调节土壤湿度，减少风力对土壤表面的影响。

（3）存在问题。①植被组合简单、生态适应性差，该技术多以草坪草种为主，需要严格后期管理，植被群落稳定性差，初期入侵的植被多为一年生草本，工程生态功能周期多为一年；②工程成本高，植被型混凝土护坡技术为 $80\sim110$ 元/ m^2，框格植被技术为 $70\sim90$ 元/ m^2，厚层基材喷射为 $50\sim80$ 元/ m^2；③后期管理较困难，植被生物活体的长期稳定存在需要一定的生态环境，后期管理难成为该技术的重要限制因素。

（4）适用范围。异质性较强、土壤环境变化激烈且坡度较大的岩石边坡。

2. 抛石＋植草型护坡技术

（1）技术原理。抛石＋植草型护坡技术为马道部位种植水生植物，抛石防护，斜坡段保留原植被，种植景观植草，二者互相结合。抛石＋植草型护坡示意图如图 8-1 所示。

（2）主要特点。地基适应性好，维护简单容易，工程造价低，生态景观好，对河岸的破坏小。每延米护坡工程的造价为 $500\sim600$ 元。

（3）存在问题。抗水流和船行波的冲击能力较差，耐久性也不是很好，使用寿命不是很长。

（4）适用范围。浙江省湖嘉申线航道湖州段已应用这种护坡型式，效果良好。

3. 球形生态混凝土组合砌块护坡

（1）技术原理。生态混凝土预制构件，具有一定的强度，在利用自身的重力进行护坡的同时，为植物的生长预留了足够的空间。植物的垂直根系穿过坡体表层，锚固到较稳定

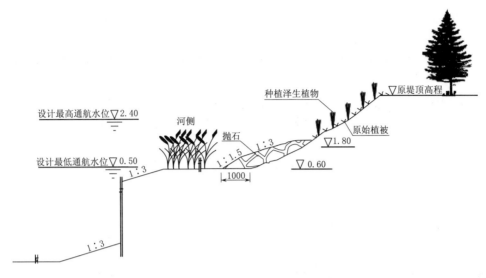

图 8-1　抛石＋植草型护坡示意图

的岩土层上，起到预应力锚固的作用；植物的根系使边坡土体成为土壤与草根的复合体，起到加筋作用，提高了边坡土体强度；通过植物的吸收和蒸腾作用，减少了坡体内水分，降低了土体空隙水压力，提高了土体的抗剪强度，有利于边坡的稳定。

（2）主要特点。分为现浇式和预制构件式两种型式。现浇式要求岸坡较平整，能提供较大的施工作业场地，并有养护条件，绿化方式仅限于液压喷播护或铺草皮等；预制构件式具有一定的强度，施工方便，适用范围广。球形生态混凝土组合砌块护坡有单球组合和16球联体砌块两种形式如图 8-2 所示。

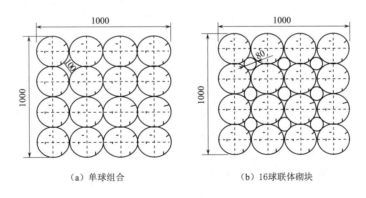

（a）单球组合　　　　　　　　　　（b）16球联体砌块

图 8-2　球形生态混凝土

4．直立矮墙＋混凝土方格植草

（1）技术原理。下部为常规的直立式挡墙，顶部高程略高于设计最高通航水位，防止船舶在高水位航行时触底，坡面采用方格植草（或生态袋，但价格高）进行防护。

（2）主要特点。通航水位范围内防护效果好，地基适应性好，施工简单，工程造价低，亲水性好，景观生态效益好。

（3）存在问题。征地范围略大。

5. 预制空心混凝土开孔空箱护岸

（1）技术原理。采用预制钢筋混凝土空箱结构，墙前后开孔，内填级配块石，现浇或预制基础，上部植草，墙后采用反滤系统。

（2）主要特点。施工速率快，耐久性好，征地小，景观和生态效益好。

（3）存在问题。工程造价高，不便于维护，地基适应性差。

6. 生态块体加筋挡土墙

（1）技术原理。胸墙和基础采用混凝土，墙面板采用预制混凝土生态块体，加筋体采用土工格栅，回填料采用粉质黏土或黏土。

（2）主要特点。适应变形能力强，造价相对较低，景观和生态好。

（3）存在问题。必须做好墙后反滤，压实回填料，施工工艺较复杂。

7. 空心方块＋生态混凝土

（1）技术原理。空心方块可起到消波减浪作用，墙身可再造湿地环境，为水生动植物生长提供条件；生态混凝土是在混凝土中加入相应的轻质多孔石料、长效缓释肥料、保水材料等制作而成，其添加物可有不同种类搭配，为植被附着和扎根提供载体，同时继承混凝土牢固性。空心方块＋生态混凝土护坡如图8-3所示。

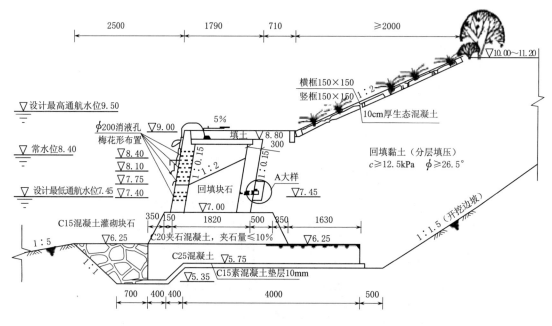

图8-3 空心方块＋生态混凝土护坡

（2）主要特点。具有良好的透气水和多孔性，可在岸坡形成整体的反滤效果、消除静水压力、确保河岸稳定，并与环境相协调，改善景观、净化水质和完善生态系统的多重功能。

8. 生态袋挡墙护坡技术

（1）技术原理。生态袋中装入客土，通过连接扣、加筋格栅等组件相连，形成力学稳定软体边坡。

（2）主要特点。强度高，稳定性好，耐腐，抗 UV，使用寿命长，回收率高，透水不透土。

（3）存在问题。施工工艺复杂，要求高，施工过程中、完工后会产生不同程度的沉降和位移，造价较高。

9. 混凝土连锁护面块结构

（1）技术原理。由预制的块体并排嵌套契合组成。

（2）主要特点。适应岸坡变形，易于操作，可工厂化生产，施工效率高，景观效果好。

（3）存在问题。成本较高。

10. 植草护坡

（1）技术原理。植草护坡是利用植被固土的原理来稳定岸坡，美化生态环境的一种新技术，是涉及岩土工程、恢复生态学、植物学、土壤肥料学等多学科于一体的综合工程技术。

（2）主要特点。植草护坡主要依靠坡面植物的地下根系及地上茎叶的作用护坡，其作用可概括为根系的力学效应和植被的水文效应两方面。

（3）存在问题。工程服务周期较短。

11. 三维土工网垫技术

（1）技术原理。一种丝瓜瓤形状类的植草网垫，采用尼龙丝进行加工制作，形成丝丝交黏接，彼此缠绕而又留有空隙。在网孔中填加上土料以及草籽，当草籽长出并穿过网垫时，其根系已经深埋网土内，使得网土草成为一个牢固的坡皮表面。

（2）主要特点。其孔隙占到了不低于 90% 的空间，能有效缓解水生植物存活有效改善沟渠生态，还能适当地调节气候。在遭遇较大流速的冲刷时，草皮植被能防止水土流失，对流过的泥沙起到吸附作用。

（3）存在问题。技术较为复杂，要进行长期的维护，成本较高，当草皮还没有成熟前，不能有效保护地表不受侵蚀，达到牢固草籽的功效。

（4）适用范围。当水流速度低于 4m/s 时，可采用这样的护坡技术，否则应当考虑其他的衬砌技术。

12. 透水性预制混凝土沉箱式护岸

（1）技术原理。护岸墙体采用预制混凝土沉箱，箱内植草绿化。

（2）主要特点。结构合理，抗冲刷，占地少，可工厂化制作，机械化施工，施工效率高，社会经济和环境效益好。

（3）存在问题。对地质条件要求高。

13. 透水空箱＋自嵌块护岸

主要特点。自嵌块挡墙粗糙的表面质感提供自然景观效果及怡人的视觉感。独立混凝土劈裂面单元形成的挡土墙面与单调的钢筋混凝土挡墙面或块石挡墙表面相比更具新鲜感，且可以更好地融于周围环境。与传统浆砌块石挡土墙相比，自嵌式挡土墙材料用量少，可较大程度节省天然资源。透水空箱＋自嵌块护岸如图 8-4 所示。

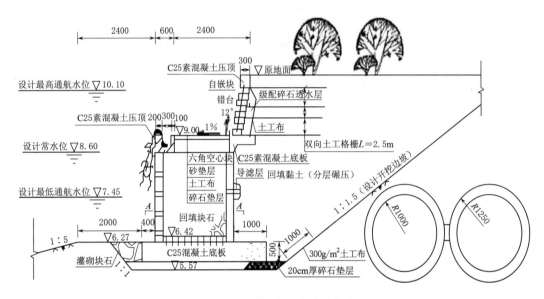

图 8-4　透水空箱＋自嵌块护岸

14. 植被型生态护岸

（1）技术原理。采用植物护岸，水向辐射区种植水生植物，水位变幅区种植耐湿植被，陆向辐射区种植乔木。

（2）主要特点。固土、消浪效果好，造价低，施工工艺简单，生态景观效果好。

（3）存在问题。稳定性较差，维护较难。

15. 椰子纤维卷护岸技术

（1）技术原理。椰子外皮内植当地植物，用剑麻把椰子纤维卷系栗子树木桩上，在椰子纤维卷和马道之间填上淤泥，淤泥里种植当地植物。

（2）主要特点。景观和生态效益好，材料易得，易维护，成本低，可降解，污染小。

（3）存在问题。耐久性较差，适用寿命较短。

16. 新型生态护岸结构

（1）技术原理。水下前沿设置防护挡墙，岸侧水下滩地种植水生植物，滩地后方采用生态袋、铰链式生态护坡块及金属网护垫生态等防护结构。

（2）主要特点。结构稳定性好，防冲消浪，耐久性好，生态环保。

（3）存在问题。工艺较复杂，成本较高。

17. 鱼巢式挡墙＋预制连锁块

主要特点。鱼巢护岸迎水面通过设置鱼巢孔，不仅消波减浪，而且墙身用连贯空腔通道的钢筋混凝土生态型鱼巢结构，可以满足水生生物和两栖动物安全繁衍生息的需要。鱼巢式挡墙＋预制连锁块如图8-5所示。

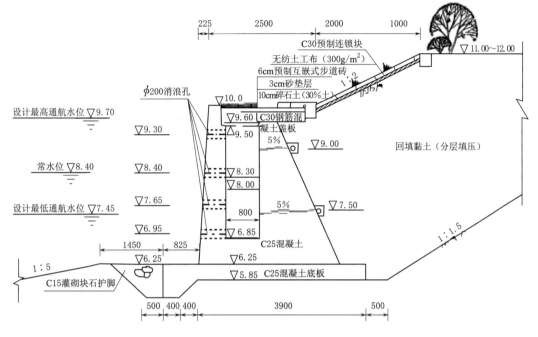

图8-5　鱼巢式挡墙＋预制连锁块

18．多孔混凝土特定生镜生态修复技术

多孔混凝土生态岸线是对河湖进行原位性的生态修复过程。通常可分为现浇式和预制构件式两种。其具有如下优点：

（1）预制构件铺设，运输、施工简便快捷。

（2）预制构件外形优化设计，符合生态孔隙原理，有利于植物生长、动物繁殖。

（3）对河道岸坡具有保护作用，有效减少雨水滴溅和坡面径流的侵蚀，增大雨水入渗量，防止水土流失。

（4）对面源污染物具有一定的拦截和去除功能。

（5）预制砌块构型多样，适合不同坡度的生态堤岸建设。

（6）其植物具有透水性，地表水和地下水可融为一体，坡面不需设置专用排水通道。

8.1.2　水利工程施工工艺技术

1．雷诺护垫＋格宾挡墙

（1）技术原理。将较小直径的块石装入方形或圆柱形钢丝笼，格宾石笼可还原生态环境，保持水土。

（2）主要特点。整体性好，很好地适应地基的变形，施工方便，具有很高的空隙率，能净化水质，保持水土，便于植被扎根。雷诺护垫＋格宾挡墙如图8-6所示。

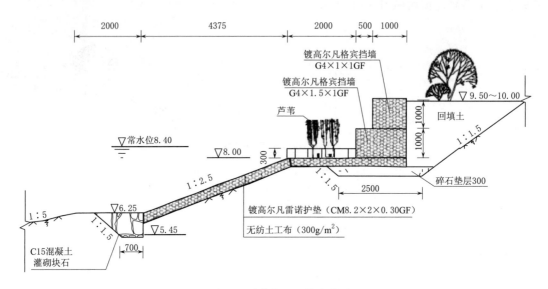

图 8-6 雷诺护垫＋格宾挡墙

（3）存在问题。工艺较复杂。

2. 雷诺护垫＋生态袋加筋挡墙

主要特点。生态袋一方面充分利用了施工现场的土方充填，为边坡构建了柔性的防护壳体，防止水土流失；另一方面为植被提供了生长载体，帮助植物根系吸收水分，植物的生长提高模袋抗紫外线的能力，有效保护袋体，延长模袋寿命。随着植被不断生长，其根系穿过土工模袋底部进入边坡土体，有效地起到固土护坡的作用。雷诺护垫＋生态袋加筋挡墙如图 8-7 所示。

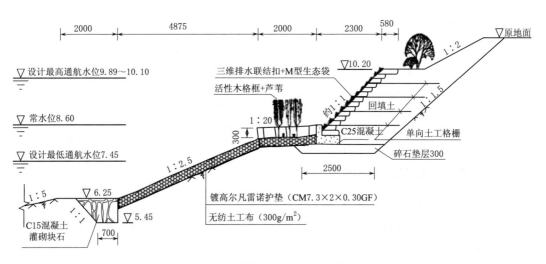

图 8-7 雷诺护垫＋生态袋加筋挡墙

3. 铰链式护坡砌块＋草皮护坡

主要特点。柔韧性好，耐拉性强，透水良好，能够阻止泥沙被水流冲刷，起到阻水缓流挂淤作用。采用香根草等植被护坡，既固土护坡、保持水土，又有绿化河岸的作用。铰链式护坡砌块＋草皮护坡如图 8-8 所示。

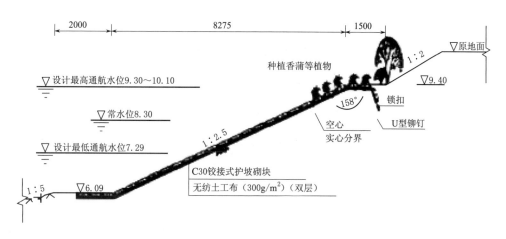

图 8-8　铰链式护坡砌块＋草皮护坡

4. 混凝土渠道衬砌生态处理技术

（1）技术原理。该技术是对传统衬砌技术的改良，在原有混凝土的中间建立多个立体化生态空间，即在混凝土面上留出足够的生态带，填充好土壤，以便种植水下植物，方便水生动植物的栖息生存。

（2）主要特点。通过合理的布局，将渠道内部的生态环境进行优化自净，恢复渠道的生机。一般情况下，选用深色的聚乙烯、聚氯乙烯膜最科学，在渠坡上，膜料和土层坡度应与混凝土渠坡一致。然后在黏土层的上方布置传统的混凝土，但应设计成格埂形状，构成栅格状，然后再填土壤，以便种植水下植物。这样填充种植上植物的好处是可以减缓渠水的流速，起到生态防冲的作用，还可以有效防止传统衬砌易横向滑动的现象。混凝土生态衬砌断面示意如图 8-9 所示。

（3）存在问题。为预防水流的冲刷和破坏，不能在节制闸下游设计植物生态带，在纵向布局上，生态带的宽度不能太大。横向上的生态带是可以设计大一点的，带间应留有 40～50cm 的距离，但不要影响防渗、整体糙率等要求，结合生态和美观综合选择。

5. 植生型防渗砌块技术

（1）技术原理。植生型防渗砌块技术具有不透水特征，在渠道底部进行防渗处理，在表层建造混凝土块体，并打造出"井"形状，这是可供植物生存的混凝土。这个混凝土是无砂型混凝土，是由较大粗骨料与水泥混合组成，而水泥浆是不能填充，它的作用在于包裹住石子，从而使得石子被胶结，形成整体的大孔状的混凝土。由此形成的"井"框内的混凝土的孔隙就多，有较好的透水及抗变形功能，有利于水下植物生长。

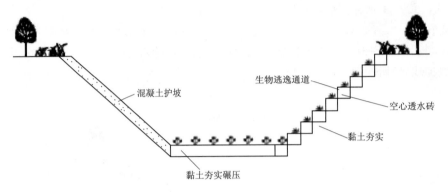

图 8-9 混凝土生态衬砌断面示意图

（2）主要特点。该技术可有效预防过度的渠水下渗，为水生物创造良好、有自净能力的渠道内生态循环系统。

（3）适用范围。该技术专门运用在一些干旱地区的渠道。

6. 坡改梯整地工程技术

（1）技术原理。水平梯田是半干旱黄土丘陵区面广量大的基本农田，是水土保持、坡面、田间工程措施的主要组成部分。

（2）主要特点。修造梯田可以有效地拦蓄天然降水，减少地面径流，避免冲刷，有效控制水土流失，增加土壤含水量，提高土壤搞旱保墒能力。坡地改成水平梯田后，便于灌溉与机耕，也便于集约化经营，增产效益十分显著，一般为旱坡地的 3～4 倍，乃至更多。

7. 水平沟集雨工程技术

（1）技术原理。水平沟是坡地水土保持工程的重要形式，不仅具有防止坡面土壤侵蚀、保护表土的作用，而且具有汇集、保持雨水并增加入渗的功能。

（2）适用范围。适用于宁夏半干旱黄土丘陵区等土壤水分条件差、人工造林成活率低、保存率较低的地区。

8.1.3 水利工程调控管理技术

1. 生态需水控制

（1）广义：是指维持全球生态系统水分平衡的控制，包括维持水热平衡、水盐平衡、水沙平衡等所需的水。

（2）狭义：是指为维护生态环境不再恶化，并逐步改善所需要的水资源总量控制。

2. 生产调度控制

（1）广义：强调水利工程的经济效益与社会效益的同时，将生态效益提高到应有的位置。保护流域生态系统健康，对筑坝给河流带来的生态环境影响进行补偿。考虑河流水质变化。保证下游河道的生态环境需水量。

（2）狭义：在实现防洪、发电、供水、灌溉、航运等社会目标的前提下，兼顾河流生态系统需求的调度方式。

8.1.4　中小型水土保持生态工程技术

中小型水土保持生态工程包括工程措施和林草措施两类，涉及荒地治理技术、沟壑治理技术、坡耕地治理技术、小型蓄排水工程、风沙治理技术等。

1. 荒地治理技术

荒地治理工程包括人工造林、人工种草及封育治理等。

（1）水土保持人工造林时需要根据实际情况进行林种选择、林相选择（纯林和混交林）、树种选择（适地树种选择和优质高产树种选择）、苗圃选择（县、乡、村或小流域）等。人工造林施工过程中，对施工时间（整地工程修筑时间、造林季节）及施工质量（工程施工质量、苗木质量、植苗造林质量、直播造林质量和分殖造林质量）有严格的要求。

（2）水土保持种草时应确定人工种草的位置、确定人工种草的面积等。种草施工中应进行耕前土壤及表面处理、种子处理、播期确定、种子采收及采后工作等。

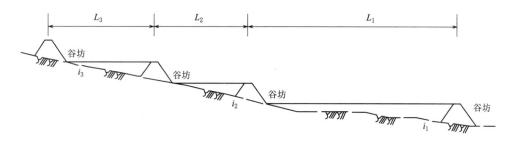

图 8-10　谷坊布设示意图

（3）封育治理包括封山育林措施（全年封禁、季节封禁和轮封轮放）和封坡育草措施（封育割草区、轮封轮放区）。

2. 沟壑治理技术

沟壑治理工程包括沟头防护工程、谷坊工程（图 8-10）及淤地坝工程。其中沟头防护工程、谷坊工程部分适用于我国北方（西北、东北、华北）高塬区、丘陵区、漫岗区和土石山区；淤地坝工程适用于我国西北、华北、东北、黄土区。

（1）沟头防护工程一般在小流域为单元的全面规划、综合治理中，与谷坊、淤地坝等沟壑治理措施互相配合。沟头防护工程的重点位置应在沟头上游因暴雨中坡面径流集中汇入沟头引起的沟头前进和护张的地方。

（2）谷坊工程应修建在沟底比降较大（5%～10%或更大）、沟底下切剧烈发展的沟段。主要为巩固并抬高沟床，制止沟底下切，同时稳定沟坡、制止沟岸扩张。谷坊类型可选择土谷坊、石谷坊、植物谷坊等。

（3）淤地坝建设应以小流域为单元，全面系统地进行坝系规划与坝址勘测，然后分期分批实施。施工包括碾压式土坝、溢洪道、泄水洞、浆砌石（或块石）、干砌块石等的施工。

3. 坡耕地治理技术

坡耕地治理技术包括保水保土耕作和梯田两种。

（1）保水保土耕作是在坡耕地上结合每年农事耕作，采取各类改变微地形或增加地面植物被覆盖率，或增加土壤入渗，提高土壤抗蚀性能，以保水保土，减轻土壤侵蚀，提高作物产量。可通过改变微地形、增加地面植物被覆盖率、增加土壤入渗提高土壤抗蚀性能等进行保水保土耕作。

（2）梯田可分为土坎梯田与石坎梯田（图8-11）两类。土坎梯田施工时应注意梯田定线、田坎清基、修筑田坎、保留表土、修平田面等。石坎梯田施工应注意修筑石坎、坎后填膛与修平田面等。

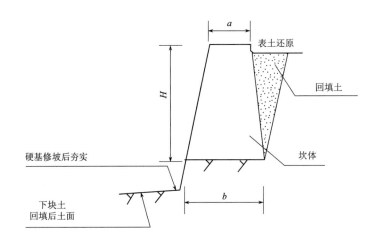

图8-11 石坎梯田断面设计图

a—上底宽；*b*—下底宽；*H*—坎高

4. 小型蓄排水工程

坡面小型蓄排工程包括截水沟、排水沟、沉沙池和蓄水池等类型，适用于南方多雨地区。北方部分雨量较多、坡面径流较大的土石山区和丘陵区，也可参照使用。

（1）截水沟。当坡面下部为梯田或林草，上部是坡耕地或荒坡时，应在其交界处布设截水沟。

（2）排水沟。一般布设在坡面截水沟的两端或较低一端，用以排除截水沟不能容纳的地表径流。

（3）蓄水池和沉沙池。一般布置在坡脚或坡面局部低凹处，与排水沟的终端相连，容蓄坡面排水。

5. 风沙治理技术

北方沙化地区南沿，应以防风固沙为主，采取保护农田、道路、城镇等沙障固沙，营造防固沙林带、固沙草带，引水拉沙造田以防止风的耕作技术等综合措施。黄泛区古河道沙地，应先治理风口，堵住风源，采取翻淤压沙、造林固沙等措施，将沙地改造成果园或农田等。风沙治理措施一般包括沙障固沙、固沙造林、固沙种草及引水拉沙造地等措施。

（1）沙障固沙。沙障固沙是用柴草、活性沙生植物的枝茎或其他材料平铺或直立于风蚀沙丘地面，以增加地面糙度，削弱近地层风速，固定地面沙粒，减缓和制止沙丘流动。施工中应注意区分平铺式沙障、直立式沙障、黏土沙障的不同特点。

（2）固沙造林。固沙造林一般包括造林整地、植苗造林、插条造林和飞播造林等。

（3）固沙种草。在风蚀和流沙移动的地方，应种植防风固沙草带。在林带与沙障已基本控制风蚀和流沙移动的沙地上，应及时进行大面积人工种草，进一步改造并利用沙地。对地广人稀、固沙种草任务较重的地方，可采用飞播种草。

（4）引水拉沙造地。根据水源的位置、高程与沙区的地形，确定范围，根据水源的总水量和日供水量，确定规划方案与进度。

8.1.5 贝壳堤植被建植技术

贝壳堤是淤泥质或粉砂质海岸所特有的一种滩脊类型，主要由海生贝壳及其碎片和细砂、粉砂、泥炭、淤泥质黏土薄层组成的，与海岸大致平行或交角很小的堤状地貌堆积体。

目前贝壳堤滩脊地带主要存在植物幼苗繁殖困难、成活率和保存率低等问题，从而造成植被覆盖率低，泥质海岸带防护林结构和功能低下。

1. 贝壳砂生境育苗床改造构建技术

贝壳砂生境育苗床改造构建技术主要包括：

（1）构建防风蚀栅栏。为避免风力侵蚀造成的贝壳砂埋和植物折断等的影响，需在育苗地四周建以树枝、芦苇等材料捆扎组成的栅栏，以保证育苗地不受砂埋和风力侵蚀的影响。育苗地具体大小可依据所需苗木数量进行实际设计。

（2）配置混合贝壳砂土。育苗所用的贝壳砂土壤具有一定的粒径和比例要求。为减小贝壳砂土壤的孔隙度和渗透性，增强其保水保土能力，可结合实际情况，将降雨淋洗后的原生境滨海潮土在含盐量降低到 0.1% 以下后，挖掘出土壤，然后经过夏季曝晒和冬季冰雪冻土后，第二年春季进行晾干、压区按一定比例将贝壳砂与滨海潮土混合，达到水气关系比较协调，蓄水保土和持水性能较好的效果。

（3）组建育苗床体。为防止潜水水位升高造成贝壳砂盐分上升，在育苗地内，首先挖掘 60cm 深的贝壳砂穴，然后进行育苗床体的组建。

2. 贝壳砂生境促根生长抗旱炼苗技术

贝壳砂生境促根生长抗旱炼苗技术主要包括以下方面：

（1）种子采集。尽量采集贝壳堤生态系统内杠柳群落成熟的杠柳种子。

（2）播种时间及挖穴深度。考虑黄河三角洲贝壳堤植物材料的生物学特性，在 4 月中旬左右开始播种，播种前温水浸泡 2～3h，为防止病虫害发生，采用高锰酸钾消毒。挖

2.0m 深条沟，宽度为 5.0cm，每条沟旁预留高 5cm 宽 10cm 地垄，以利于收集雨水保水抗旱，进行隔垄条沟播种。

（3）播种密度、覆土厚度及浇水灌溉。播种密度控制在 300 粒/m²，播种后进行饱和灌溉后进行 2cm 厚度的混合贝壳砂土覆盖。覆盖 3d 后再进行一次灌溉，以后每隔 2～3d 浇水 1 次，保持贝壳砂湿润，直至杠柳发芽出苗。出苗后 3～5d 浇水一次直至幼苗阶段。

（4）炼苗定苗措施。幼苗正常生长 1 年后，逐步减少浇水次数，开始贝壳砂干旱生境的持续炼苗，剔除生长较差的残次幼苗，按照比例进行压埋，模拟自然生境的砂埋，进一步增强其根系的抗旱能力。

8.1.6 湿地生态修复技术

根据湿地的构成和生态系统特征，湿地的生态修复包括以下 3 个方面。

1. 湿地生境修复技术

湿地生境修复的目标是通过采取各类技术措施，提高生境异质性和稳定性。主要包括湿地基底修复、湿地水文状况修复和湿地土壤修复等。

2. 湿地生物修复技术

湿地生物修复技术主要包括物种选育和培植技术、物种引入技术、物种保护技术、种群动态调控技术、种群行为控制技术、群落结构优化配置与组建技术、群落演替控制与修复技术、充实生态位技术、景观格局配置技术等。

3. 湿地生态系统结构与功能修复技术

湿地生态系统结构与功能修复技术主要包括生态系统总体设计技术、生态系统构建与集成技术等。

8.1.7 雅鲁藏布江流域风沙化生态恢复技术

雅鲁藏布江流域高寒河谷流动沙地所处地貌单元的不同而造成立地条件的差异，决定了在生态恢复与环境治理措施上也存在一定差别。

1. 河滩流动沙地

整治流动沙地首先要抓好河滩流动沙地植树造林这一关键环节。固沙造林时，应特别注意：①造林应选择在离洪水较稳定的地区，并尽可能在外围修建挡洪拦沙坝或其他防洪工程措施；②应顺地势和风向营造乔、灌混交的林网或片林，尽可能形成紧密结构，把流沙阻止在林外或固定在林内，充分发挥其防风阻沙和固定沙地的功能；③考虑到地下水位高，易受洪水淹没，故应选择喜湿，耐水淹的乔、灌木速生树种。

2. 河岸与山坡流动沙地

由河心滩、河漫滩上的流沙，在枯水季节经风力吹扬搬运在上述地貌部位上，或原来的固定沙地遭受人畜破坏后活化形成的，包括阶地、冲洪积扇及山坡上的流沙。这类沙地的沙层厚度超过 20cm，局部地段达十几米以上，有大小不等的新月形沙丘、新月形沙丘链、格状沙丘和星状沙丘等分布。此类型沙地应以无灌溉上灌草植被建设为主。

3. 风沙化土地治理措施

根据我国北方沙区的生物固沙经验和西藏"一江两河"中部流域河岸流动沙地的生境特点，可采用下述方法建立沙地人工—天然植物，以控制和固定流沙。

（1）丘间地造林。西藏"一江两河"中部流域地区河岸沙地，丘间地地下水位一般在 2m 以内。可充分利用流动沙丘的丘间地和平沙地，采明深根性树种营造团块状乔、灌木片林，以分割包围沙丘。造林 1～2 年后沙丘前移形成退沙畔，再进行第二次、三次造林，如此扩大乔、灌木人工林，便可不断缩小流沙面积。

（2）沙丘栽植固沙植物。我国半干旱草原地带的生物固沙工作一般先不设置人工沙障，在沙丘迎风坡沿等高线带状栽培丛生固沙植物，兼起沙障与生物固沙的双重作用。

（3）人工沙障防护栽植固沙植物。人工沙障防护栽植固沙植物适用于直接危害农田、居民点，特别是水渠、公路及其他重要设施的流动沙丘。

（4）封沙育林。在半干旱地区，一旦消除人为强度经济活动干扰，沙漠化过程就会逐渐终止。植被具有自我恢复的能力，所以天然封育通常作为半干旱自然条件下普遍采用的一种有效措施。据当地经验，一般经 3～4 年封育后，砂生板、固沙草、白草、西藏黄芩等草灌木就能生长起来，植被盖度达到 30%～50%。地面风蚀基本上可得到控制，斑块的低矮流动沙丘趋于固定。

（5）飞播造林种草。飞播造林种草是用飞机直接播种沙生植物种子，提高沙地植被覆盖度，控制流沙移动，改善生态环境，提高沙地利用率的一种有效植物治沙措施。

8.2 水利行业生态治理技术定性评价

根据关键生态治理技术识别的结果，本书初步选取层次分析法，以水利行业生态护坡技术为例，初步对关键生态治理技术群效果进行分析，提炼相应的评价指标，建立生态护坡技术评价数据集，并对该关键技术群进行定量评价。根据水土保持研究所提出的指标评价体系，本指标评价体系主要分为三级。

8.2.1 技术评估方法

本次评价水利行业生态治理工程和关键技术步骤为：

（1）确定评价目的。确定技术评价的主要目标，如不同技术筛选、技术适用性考察、对技术的某一方面或某几个方面的性能进行考察等。

（2）建立评价指标体系。具体包括评价目标的细分与结构化，指标体系的初步确定，指标体系的整体检验与单体检验，指标体系结构的优化，定性变量的数量化等环节。一般可分成三级评价指标，评价内容逐级细化，直到可以满足评价判断要求，评价指标可分为定性指标和定量指标两类。

（3）指标赋权。指标赋权是多指标综合评价中的一项重要环节，是将指标量化用来对比、权衡相对重要性的过程，指标权重体系是各指标在指标体系中的价值反应和评价者对指标地位的理解，指标权重的判定结果直接影响评价结果。

（4）选择评价方法与模型。具体包括评价方法选择，权数构造，评价指标体系的标准值与评价规则的确定。在选用不同的评价方法后，其赋权方法也相对固定，因此，要根据评价对象的特点，选择适合的评价方法。

（5）综合评价。在确定了各指标的权重、消除了指标数据的量纲影响后，就可以采用特定的专门方法进行综合评价。综合评价主要分两大类：一类是根据评价指标体系中某个单个的指标对评价对象进行评价；另一类则是考虑多个指标的共同作用，将多个指标的值进行综合，根据每个被评价对象的综合评价结果进行综合排序或定级。为科学评价水利行业生态治理工程和关键技术，对多种评价方法进行了研究，综合测评，选定层次分析法对关键技术进行评价。

层次分析法（Analytical Hierarchy Process，简称 AHP）是 1977 年美国 Thomas L Saaty 教授提出的，是一种通过定性与定量相结合的多目标决策、分析方法，其特点是思维明确、简化问题，理论上科学合理、方法上简单易行，是应用较为广泛的综合评价方法。

层次分析法的基本步骤为：

（1）构建递阶的层次化指标体系。

（2）构造判断矩阵。

（3）求各指标相对于上层指标的归一化权重向量。

（4）进行矩阵一致性检验。

（5）计算各指标相对重要度，得出层次总排序。

层次分析法思路清晰、方法简单，将主观判断系统化、数量化和模型化。层次分析法的局限性在于它是依赖于主观经验得到的判断结果，结果受主观因素的影响，运用层次分析法可以减少主观判断中的非一致性。

层次分析法是目前使用广泛的一种评价方法，可以有效将复杂问题用递阶层次的形式表达，通过专家判断以决定指标相对重要性的总排序。具有实用性、系统性、简洁性。该过程也是完全依靠专家的主观评判，但专家只对指标进行两两评判指标重要程度，使分析更具逻辑性，再加上数据处理，提高了指标赋权的可信度。具体计算过程如下：

（1）两两对比建立判断矩阵。根据每一层中各要素相对于上层要素的相对重要程度，对同一层次指标采取两两对比的方法，从次准则层到准则层，将比较值按顺序排列，构建判断矩阵（表 8-1）。本次分析采用 1～9 标度法进行量化，建立判断矩阵见表 8-1。AHP 法相对重要性标度原则见表 8-2。

表 8-1		判 断 矩 阵 表		
M	A_1	A_2	$\cdots$	A_n
A_1	a_{11}	a_{21}	$\cdots$	a_{1n}
A_2	a_{21}	a_{22}	$\cdots$	a_{2n}
$\vdots$	$\vdots$	$\vdots$	$\vdots$	$\vdots$
A_n	a_{n1}	a_{n2}	$\cdots$	a_{nn}

表 8-2	AHP 法相对重要性标度原则
标　度 a_{ij}	含　义
1	i 指标与 j 指标同样重要
3	i 指标与 j 指标稍微重要
5	i 指标与 j 指标较重要
7	i 指标与 j 指标非常重要
9	i 指标与 j 指标绝对重要
2、4、6、8	为以上相邻两个判断之间的中间状态对应的标度值
倒数	若 j 指标与 i 指标，其标度值 $a_{ij}=1/a_{ij}$，则 $a_{ij}=1$

注：a_{ij} 表示 A_i 与 A_j 比较得到的相对重要程度，并由此得到判断矩阵。

在得到排序后，需要计算判断矩阵的特征根和特征向量，即对判断矩阵 M，计算满足 $MW=\lambda \max W$ 的特征根 $\lambda \max$ 和特征向量 $W(w_{10},\cdots,w_{io},\cdots,w_{no})T$，$w_i$ 表示根据各判断矩阵计算被比较要素对于该准则的相对权重，其常用计算方法为

$$w_i=\left(\prod_{j=1}^{n} a_{ij}\right)^{\frac{1}{n}} \tag{8-1}$$

w_{io} 是指归一化后的相对权重，即

$$w_i^0=w_i/\left(\sum_{i=1}^{n} w_i\right) \tag{8-2}$$

（2）指标一致性检验。通过建立层次结构、构造成对比较矩阵、经过专家对多种事物各指标之间两两比较的结果进行赋值，利用层次分析法的分析过程，计算出各指标的权重，从而为决策分析问题提供数据上的支持。

根据矩阵理论可以得到这样的结论，即如 $\lambda 1$，$\lambda 2$，$\cdots$，λn 满足式

$$A\chi=\lambda \chi \tag{8-3}$$

的数，也就是矩阵 A 的特征根，并且对于所有 $a_{ii}=1$，有

$$\sum_{i=1}^{n} \lambda i=n \tag{8-4}$$

当矩阵具有完全一致性时，$\lambda 1=\lambda \max=n$，其余特征根均为零；当矩阵 A 不具有完全一致时，则有 $\lambda 1=\lambda \max >n$，其余特征根 $\lambda 2$，$\lambda 3$，$\cdots$，λn 有如下关系，即

$$\sum_{i=1}^{n} \lambda i=n-\lambda \max \tag{8-5}$$

其中 $\lambda\max$ 是判断矩阵的最大特征根，即

$$\lambda\max=\cfrac{1}{n\sum\limits_{i=1}^{n}\cfrac{\sum\limits_{i=1}^{n}a_{ij}w_j}{w_i}} \qquad (8-6)$$

当判断矩阵不能保证具有完全一致性时，相应的矩阵的特征根也将发生变化，这样就可以用判断矩阵特征根的变化来检验判断的一致性程度。所以，在层次分析法中引入判断矩阵最大特征根以外的其余特征根的负平均值，作为度量判断矩阵偏离一致性的指标，即

$$CI=\frac{\lambda\max-n}{n-1} \qquad (8-7)$$

用式（8-7）检查判断思维的一致性。CI 值越大，表明判断矩阵偏离完全一致性的程度越大；CI 值越小（接近于0），表明判断矩阵的一致性越好。当判断矩阵具有完全一致性时，$CI=0$，反之亦然，$CI=0$，$\lambda1=\lambda\max=n$，判断矩阵具有完全一致性。

衡量不同阶判断矩阵是否具有满意一致性，使用平均随机一致性指标 RI 值，对于 $1\sim9$ 阶判断矩阵，RI 的值见表 8-3。

表 8-3 平均随机一致性指标

1	2	3	4	5	6	7	8	9
0.00	0.00	0.58	0.90	1.12	1.24	1.32	1.41	1.45

当矩阵阶数大于2时，判断矩阵的一致性指标 CI 与同阶平均随机一致性指标 RI 之间的比称为随机一致性比率，记为 CR，即

$$CR=\frac{CI}{RI}$$

当 $CR<0.10$ 时，则认为判断矩阵具有满意一致性，否则需要调整判断矩阵，一直到满意一致性为止。

8.2.2 一级指标定性评价

一级指标包括技术成熟度、技术有效性、技术成本、技术应用难度、技术推广潜力等5个方面构建生态治理技术评价的指标体系。

技术成熟度是指技术相对于某个具体系统或项目而言所处的发展状态，反映了技术对于项目预期目标的满足程度。

技术有效性是指对时长行为所作的分析，是指在某个特定的环境下对某一领域实现某种目标可以产生效果的总结。

技术应用难度是指技术使用过程中需要的人力资源的知识层级、产生效果需要的时间成本及工期等。

技术推广潜力是指技术相对于其他技术的优势，是否有推广的空间及优化潜力。

8.2.3 二级指标定性评价

二级指标是对一级指标的细化，用于半定量评价过程。包括技术稳定性、技术已使用

年限、生态效益、社会效益、施工期成本、运维成本、技术复杂程度、适用空间范围、技术有效年限、可持续性等。

二级指标半定量评价时，通过专家知识法，赋予每个二级指标一个有特定意义的分值，利用加权平均计算得到某项生态技术的得分，通过得分高低来评价石漠化生态系统治理技术的优劣。该指标体系中二级指标包括一级指标体系下 5 类共 14 个指标，分别为技术完整性、技术稳定性、技术先进性、技能水平需求层次、技术应用成本、目标适宜性、立地适宜性、经济发展适宜性、政策法律适宜性、生态效益、经济效益、社会效益、技术与未来发展关联度和技术可替代性。14 个二级指标适用于对选定的生态退化治理技术的评价。

8.3 水利行业生态治理技术定量评价

8.3.1 技术评估方法

本研究邀请有关专家对水利行业生态治理技术长清单单项治理技术进行全评价指标打分，单项技术一级指标综合得分结果见表 8-4，在 30 项参与评价的水利行业生态治理技术中，前 10 名得分分别为固沙种草（4.700）、排水沟（4.205）、生态袋挡墙技术（4.229）、混凝土连锁湖面块结构（4.247）、三维土工网垫技术（4.242）、新型生态护岸结构（4.478）、引水拉沙造地（4.392）、疏浚清淤（4.902）、生物操纵防治水库富营养化技术（4.453）、人工湿地技术（4.224）。由得分结果可知，整体上生物技术得分要高，且工程成熟、使用时间长的技术得到专家认可的较多，说明经过长时间的使用和尝试后依然能够应用在水利行业的技术更加受到人们的青睐。其次是工程技术，因为实施以后能立即起到效果，所以能获得专家们的认可。

表 8-4　　　　　　　　　　单项技术一级指标得分

序号	单项技术	技术成熟度	技术应用难度	技术相宜性	技术效益	技术推广潜力	综合得分
1	飞播造林种草	3	3	4	5	4	3.926
2	人工造林	5	5	5	5	3	3.847
3	封育治理	5	5	5	4	4	4.179
4	种草	5	5	5	4	4	3.397
5	固沙种草	4	4	5	5	5	4.700
6	排水沟	5	3	5	5	4	4.205
7	沉沙池	5	4	5	4	4	3.758
8	混凝土渠道衬砌生态技术	5	4	5	4	4	3.379
9	岩石边坡植被护坡技术	5	4	5	4	4	4.104

续表

序号	单项技术	技术成熟度	技术应用难度	技术相宜性	技术效益	技术推广潜力	综合得分
10	抛石＋植草型护坡技术	5	3	5	5	2	4.131
11	直立矮墙混凝土方格植草	5	3	5	5	2	3.776
12	生态块体加筋挡土墙	4	4	5	4	4	3.924
13	生态袋挡墙护坡技术	5	3	5	4	3	4.229
14	混凝土连锁护面块结构	5	4	4	4	3	4.247
15	植草护坡	5	5	4	4	2	3.976
16	三维土工网垫技术	5	4	4	4	3	4.242
17	挡板式护岸	5	4	4	4	3	3.473
18	植被型生态护岸	5	4	4	4	3	4.045
19	新型生态护岸结构	4	5	5	3	3	4.478
20	引水拉沙造地	5	5	3	4	3	4.392
21	梯田	5	4	3	5	2	3.924
22	人工沙障、栽植固沙植物	5	5	4	3	2	4.046
23	播种密度、覆土浇水灌溉	5	4	3	4	4	3.874
24	生态需水控制	4	4	4	3	5	3.950
25	生产调度控制	4	2	5	3	4	3.995
26	疏浚清淤	3	3	4	5	3	4.902
27	生物操纵防治技术	4	3	4	4	3	4.453
28	设置鱼道	4	4	4	3	3	3.822
29	人工湿地技术	5	5	3	3	2	4.224
30	土壤渗滤技术	4	3	4	3	4	3.150

8.3.2　二级指标定性评价

在每项一级指标基础上细化每项指标，将技术成熟度细化为技术完整性、技术稳定性、技术先进性；将技术应用难度细分为技能水平需求层次和技术先进性；将技术适宜性细化为目标适宜性、立地适宜性、经济发展适宜性和法律法规适宜性；将技术效益细化为生态效益、经济效益和社会效益；将技术推广潜力细化为技术与未来发展关联度和技术可替代性，聘请多个行业专家进行综合打分，结果见表8-5。水利行业生态治理技术评价结论见表8-6。

表8-5　生态治理技术二级定性指标

序号	类型	水利行业生态治理技术	技术成熟度			技术应用难度		技术适宜性				技术效益			技术推广潜力	
			技术完整性	技术稳定性	技术先进性	技能水平需求层次	技术应用成本	目标适宜性	立地适宜性	经济发展适宜性	政策法律适宜性	生态效益	经济效益	社会效益	技术与未来发展关联度	技术可替代性
1	生物技术	飞播造林种草	4	3	3	3	2	4	3	3	4	4	3	3	3	3
2	生物技术	人工造林	4	3	3	4	4	4	4	4	4	4	3	3	3	3
3	生物技术	封育治理	4	3	2	4	2	4	4	3	4	5	3	3	3	3
4	生物技术	种草	3	5	2	5	4	4	4	4	4	3	4	4	4	4
5	生物技术	固沙种草	3	3	2	4	4	4	3	3	4	3	4	3	3	3
6	工程技术	排水沟	4	4	2	4	3	3	4	3	4	3	4	3	4	3
7	工程技术	沉沙池	4	4	2	4	3	3	4	3	4	3	4	3	4	3
8	工程技术	混凝土渠道衬砌生态处理技术	4	4	4	4	3	3	4	4	4	5	4	4	4	3
9	工程技术	岩石边坡植被敷护护坡技术	5	5	4	4	4	4	5	4	4	5	4	4	4	3
10	工程技术	抛石＋植草型护坡技术	5	4	4	3	3	4	5	5	4	5	4	4	4	3
11	工程技术	直立矮墙＋混凝土墙	4	5	4	3	3	4	4	3	4	4	4	4	4	3
12	工程技术	生态块体加筋挡土墙	4	4	4	3	4	4	3	4	4	4	4	4	4	4
13	工程技术	生态袋挡墙护坡技术	4	4	4	4	4	4	3	4	4	4	4	3	5	5
14	工程技术	混凝土连锁护面块结构	4	4	4	4	4	4	3	4	4	4	4	3	5	5
15	工程技术	植草护坡	4	3	4	4	4	4	3	4	4	4	4	3	5	5

续表

序号	水利行业生态治理技术		技术成熟度			技术水平	技术应用难度		技术适宜性			技术效益			技术推广潜力	
			技术完整性	技术稳定性	技术先进性	技能水平需求层次	技术应用成本	目标适宜性	立地适宜性	经济发展适宜性	政策法律适宜性	生态效益	经济效益	社会效益	技术与未来发展关联度	技术可替代性
16	工程技术	三维土工网垫技术	3	3	3	4	3	4	3	4	4	4	4	3	5	5
17	工程技术	挡板式护岸	3	3	3	3	3	3	3	4	3	4	3	3	3	3
18	工程技术	植被型生态护岸	4	4	4	4	4	3	4	4	4	5	4	5	5	5
19	工程技术	新型生态护岸结构	4	4	4	3	4	4	3	4	4	4	4	4	4	4
20	工程技术	引水拉沙造地	4	5	3	4	3	4	3	3	3	4	4	4	4	3
21	工程技术	梯田	4	3	3	3	3	4	4	4	4	3	4	3	4	4
22	工程技术	人工沙障、栽植固沙植物	4	4	4	3	4	4	4	4	4	3	4	3	4	4
23	农业技术	播种密度、覆土浇水灌溉	4	4	4	4	4	3	3	3	3	3	4	3	3	3
24	其他	生态需水控制	4	4	4	3	3	3	3	3	4	3	3	4	3	3
25	其他	生产调度控制	4	3	3	3	3	4	3	4	3	4	4	4	4	3
26	其他	疏浚清淤	4	4	3	3	3	4	4	4	3	4	4	3	4	4
27	其他	生物操纵防治技术	4	4	4	3	3	4	4	4	4	4	4	4	5	5
28	其他	设置鱼道	4	4	4	4	4	4	3	3	3	4	4	3	4	4
29	其他	人工湿地技术	4	4	3	3	4	4	3	4	4	4	4	4	5	4
30	其他	土壤渗滤技术	4	4	4	3	4	4	4	4	4	4	4	4	4	4

表 8-6 水利行业生态治理技术评价结论

	水利行业单项生态技术		一级指标得分	二级指标得分					加权一级
				技术成熟度	技术应用难度	技术适宜性	技术效益	技术推广潜力	
1	生物技术	飞播造林种草	3.926	3.79	3.00	3.99	3.58	3.00	3.60
2	生物技术	人工造林	3.847	3.87	5.00	4.64	4.00	4.00	4.31
3	生物技术	封育治理	4.179	4.03	3.96	4.72	4.06	5.00	4.33
4	生物技术	种草	3.397	3.79	4.48	4.45	4.21	4.00	4.21
5	生物技术	固沙种草	4.700	3.84	4.00	4.72	4.22	4.32	4.26
6	工程技术	排水沟	4.205	3.24	3.48	3.91	4.15	3.34	3.70
7	工程技术	沉沙池	3.758	4.63	4.00	4.27	5.00	4.00	4.45
8	工程技术	混凝土渠道衬砌生态处理技术	3.379	4.27	4.08	4.08	3.58	3.68	4.11
9	工程技术	岩石边坡植被护坡技术	4.104	4.63	4.00	3.70	3.86	3.00	3.92
10	工程技术	抛石＋植草型护坡技术	4.131	3.39	5.00	4.66	4.00	4.66	4.28
11	工程技术	直立矮墙＋混凝土方格植草	3.776	3.63	3.48	3.34	3.64	3.68	3.53
12	工程技术	生态块体加筋挡土墙	3.924	4.61	3.48	4.55	4.42	3.34	4.25
13	工程技术	生态袋挡墙护坡技术	4.229	3.37	4.52	3.90	3.72	5.00	3.94
14	工程技术	混凝土连锁护面块结构	4.247	4.03	3.00	4.18	3.58	4.00	3.81
15	工程技术	植草护坡	3.976	3.37	5.00	4.38	4.36	4.34	4.24
16	工程技术	三维土工网垫技术	4.242	3.87	4.52	3.82	3.42	4.66	3.93
17	工程技术	挡板式护岸	3.473	3.79	3.48	4.17	4.78	4.34	4.14
18	工程技术	植被型生态护岸	4.045	4.63	4.48	4.66	4.78	5.00	4.69
19	工程技术	新型生态护岸结构	4.478	4.16	3.48	4.18	4.06	4.66	4.09
20	工程技术	引水拉沙造地	4.392	3.48	4.52	3.00	3.94	3.75	3.99
21	工程技术	梯田	3.924	3.37	3.00	4.72	3.00	4.00	3.59
22	工程技术	人工沙障防护栽植固沙植物	4.046	3.79	4.52	3.65	4.06	4.00	3.94
23	农业技术	播种密度、覆土百度及浇水灌溉	3.874	3.24	3.48	3.62	4.42	3.34	3.67
24	其他	生态需水控制	3.950	4.61	4.04	4.27	3.85	4.34	4.22
25	其他	生产调度控制	3.995	3.84	5.00	4.10	3.44	4.00	4.01
26	其他	疏浚清淤	4.902	3.61	4.00	3.65	5.00	3.66	4.00
27	其他	生物操纵防治水库富营养化技术	4.453	4.63	3.00	3.53	3.42	3.66	3.69
28	其他	设置鱼道	3.822	4.61	3.96	4.36	3.36	4.34	4.13
29	其他	人工湿地技术	4.224	4.61	4.48	3.99	3.72	3.66	4.11
30	其他	土壤渗滤技术	3.150	3.97	3.52	3.36	4.14	4.66	3.93

经过评价确定了最终水利行业重要生态治理技术，也根据一级、二级定性打分结果，确定了定性评价的各项指标最终权重值，具体见表 8-7。

表8-7 水利行业生态治理评估指标权重

一级指标	权重值	二级指标	权重值
技术成熟度	0.2241	可使用年限	0.2241
技术应用难度	0.1499	技术水平需求层次	0.4818
		技术应用成本	0.5182
技术适宜度	0.2983	生态目标实现程度	0.2821
		经济目标实现程度	0.1847
		政策法规适宜度	0.5332
技术效益	0.2292	林草覆盖率	0.4232
		生物多样性	0.3591
		人均纯收入	0.2177
技术推广潜力	0.0985	生态建设需求度	0.6578
		经济发展需求度	0.3422

8.3.3 三级指标定量评价

根据水利行业特点，三级指标全部采用定量指标，对每项技术按照可使用年限、劳动力文化程度、技术成本等进行汇总，得到水利行业生态技术信息表。为了对生态技术指标进行三级定量评价，将所有指标按照实际值转换成1~5之间的分数。具体指标及计算方法见表8-8。

表8-8 三级指标定量评分标准 万

序号	三级指标	评分标准
1	可使用年限	20年及以上为5分，20年以下按照百分比计算
2	劳动力文化程度	大学及以上的为1；高中为2；初中为3；小学为4；文盲为5
3	技术研发或购置费用	小于1万元/公顷·年为5分，1万~5万元/公顷·年为4分，5万~10万元/公顷·年为3分，10万~20万元/公顷·年为2分，大于20万元/公顷·年为1分
4	机会成本	在水利行业理解为市场应用广泛程度
5	生态目标实现程度	根据生态目标实现程度划分：绿化覆盖率实现1%~20%得1分，实现20%~40%得2分，实现40%~60%得3分，实现60%~80%得4分，实现80%~100%得5分
6	经济目标实现程度	代表年均单位价格可达到多少百分点的效益值。小于20为1分，20~40为2分，40~60为3分，60~80为4分，大于80为5分
7	政策配套程度	相关政策数在10个以内的1分，10~20个得2分，20~30个得3分，30~40个得4分，40个以上得5分
8	法律配套程度	由于相关法律较少，因此以实际为准
9	林草覆盖率程度	参考水利部颁布的《土壤侵蚀分类分级标准》(SL 190—2007)中的植被覆盖度分级标准。<30%为1，30%~45%为2，45%~60%为3，60%~75%为4，>75%为5
10	增加生态多样性	能为5分，否则为0分
11	是否产生经济效益	是为5分，否为0分
12	专利数	没有为0，小于20个为1，大于等于20小于50个为2，大于等于50小于100个为3，大于等于100小于500个为4，大于等于500为5分
13	研究文献数量	小于5个为1，大于等于5小于10个为2，大于等于10小于15个为3，大于等于15小于20个为4，大于等于20为5分

根据以上三级指标评价方法，结合一级和二级指标权重，对水利行业筛选出的技术进行指标评价并得到最终评价结果，具体见表8-9和表8-10。

表 8-9 水利行业单项生态技术定量评价指标参数

水利行业单项生态技术		技术成熟度			技术应用难度			技术适宜性			技术效益				
		技术完整性	技术稳定性		技术水平需求层次		技术应用成本	目标适宜性		法律配套程度	生态效益		技术推广潜力		
		技术规程	专利数	设计年限	劳动力文化程度	技术研发或购置费用	机会成本	生态目标的有效实现程度	经济目标的有效实现程度	法律配套程度	林草覆盖率	生物多样性指数	是否产生经济效益	研究文献数量	
1	生物技术 飞播造林种草	无	1	5	大学	0.8	3	60%	1	6	0.7	否	否	24	
2	生物技术 人工造林	有	2	20	高中	0.9	5	100%	3	46	0.8	能	有	22	
3	生物技术 封育治理	无	3	1	高中	0.6	3	40%	2	8	0.7	否	否	16	

表 8-10 水利行业生态技术三级指标定量表

水利行业单项生态技术		技术成熟度 0.2241			技术应用难度 0.1499			技术适宜性 0.2983			技术效益 0.2292			
		技术完整性 0.3665	技术稳定性 0.3944		技术水平需求层次 0.4818		技术应用成本 0.5182	目标适宜性 0.4668		法律配套程度 0.5332	生态效益 0.4232		技术推广潜力 0.0985 技术与未来发展关联度 0.657	
		技术规程	专利数	设计年限	劳动力文化程度	技术研发或购置费用	机会成本	生态目标的有效实现程度	经济目标的有效实现程度	法律配套程度	林草覆盖率	生物多样性指数	性价比	研究文献数量
1	生物技术 飞播造林种草	2	1	2	1	5	3	5	1	1	4	0	0	5
2	生物技术 人工造林	5	1	5	2	5	5	5	3	2	5	5	5	5
3	生物技术 封育治理	3	1	1	2	5	3	3	2	1	4	0	0	4

根据一级、二级定性指标权重，加权三级定量指标结果，得到各个技术的三级指标加权综合得分，具体见表 8-11。

表 8-11　　　　　　　　　　水利行业生态治理技术评价结论

	水利行业单项生态技术		三级加权	一级指标得分	二级指标得分	三级指标加权得分
1	生物技术	飞播造林种草	2.28	3.926	3.60	3.31
2	生物技术	人工造林	3.22	3.847	4.31	4.69
3	生物技术	封育治理	2.28	4.179	4.33	3.62
4	生物技术	种草	2.52	3.397	4.21	3.57
5	生物技术	固沙种草	2.03	4.700	4.26	3.36
6	工程技术	排水沟	1.58	4.205	3.70	2.48
7	工程技术	沉沙池	1.65	3.758	4.45	2.52
8	工程技术	混凝土渠道衬砌生态处理技术	1.56	3.379	4.11	2.06
9	工程技术	岩石边坡植被护坡技术	2.14	4.104	3.92	2.53
10	工程技术	抛石＋植草型护坡技术	2.37	4.131	4.28	2.71
11	工程技术	直立矮墙＋混凝土方格植草	1.38	3.776	3.53	2.08
12	工程技术	生态块体加筋挡土墙	1.87	3.924	4.25	2.08
13	工程技术	生态袋挡墙护坡技术	2.28	4.229	3.94	2.52
14	工程技术	混凝土连锁护面块结构	1.12	4.247	3.81	1.65
15	工程技术	植草护坡	2.86	3.976	4.24	3.89
16	工程技术	三维土工网垫技术	2.18	4.242	3.93	3.14
17	工程技术	挡板式护岸	1.19	3.473	4.14	2.02
18	工程技术	植被型生态护岸	2.58	4.045	4.69	3.25
19	工程技术	新型生态护岸结构	2.35	4.478	4.09	2.52
20	工程技术	引水拉沙造地	1.92	4.392	3.75	1.92
21	工程技术	梯田	2.75	3.924	3.59	3.69
22	工程技术	人工沙障防护栽植固沙植物	2.38	4.046	3.94	3.30
23	农业技术	播种密度、覆土百度及浇水灌溉	0.92	3.874	3.67	1.81
24	其他	生态需水控制	1.62	3.950	4.22	2.39
25	其他	生产调度控制	1.62	3.995	4.01	2.45
26	其他	疏浚清淤	1.77	4.902	4.00	2.62
27	其他	生物操纵防治水库富营养化技术	2.15	4.453	3.69	2.50
28	其他	设置鱼道	2.35	3.822	4.13	3.59
29	其他	人工湿地技术	3.06	4.224	4.11	3.95
30	其他	土壤渗滤技术	3.15	3.970	3.83	2.58

8.4　水利行业生态治理关键技术推介

经指标体系综合分析，水利行业生态技术中前 3 项重点技术为人工造林、人工湿地和植物护坡技术，最终权重指标分别为 4.69、3.89 和 3.73。3 项技术都属于在我国应用起步较早、较成熟的技术，不断的改良和调整，对技术本身的环境适用性，以及对生态环境的改善都起到了不可或缺的作用。

（1）人工造林。人工造林属于我国覆盖最广的防沙治沙工程，工程覆盖了我国八大沙漠、四大沙地，截至目前，通过植树造林 20% 的荒漠化土地得到了不同程度治理，全国土地沙化由 20 世纪 90 年代末期年均扩展 $3436km^2$ 缩减到 21 世纪初年的 $1283km^2$，属于我国保护规模最大的天热林资源保护工程。

（2）人工湿地。人工湿地是一个综合的生态系统，工程利用生态系统中物种共生、物质循环再生原理，达到了良好的内部循环获得污水处理与资源化，适合于广大农村，中小城镇的污水处理之中，人工湿地在我国河道净化中发挥了不可或缺的作用。

（3）植物护坡技术。植物护坡技术应用历史较早，早期主要用于水土保持和防风固沙，随着我国经济的发展和人民生活水平的提高，人民对环境的要求越来越高，植被护坡已从单纯的水土保持转向水土保持与景观改善相结合，甚至景观改善已成为植物护坡的重要目的。

8.5 水利行业重大工程典型案例分析

8.5.1 案例概况

我国河道污染问题严重，在采取控源截污、雨污分流、内源治理、原位修复、生态补水等措施后，仍有一部分不可控的污水入河，影响河道断面持续稳定达标，尤其对北方天然径流量占比小的河道影响更为严重。人工湿地技术是指在特定面积及地面有坡度的洼地中，由土壤、填料混合建成填料床，同时在床体表面栽种具备处理能力性能佳、抗水性能优、成活率高等优点的植物，以此建立起一个特有的生态系统，人工湿地断面如图 8-12 所示。人工湿地具有环境友好性、形式多样性、功能复合性等优点，越来越多地被应用于污染河道的治理中。

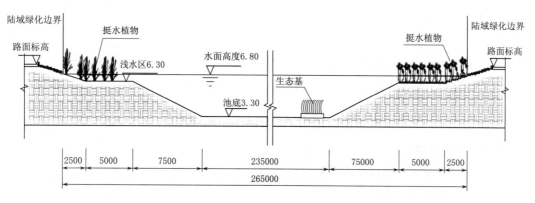

注：图中高程单位为m，尺寸单位为mm。

图 8-12 人工湿地断面图

8.5.2 效益分析

8.5.2.1 生态效益

湿地作为独特的生态系统，在维持生态平衡、保持生物多样性、珍稀物种资源以及涵养水源、蓄洪防旱、降解污染、调节气候、补充地下水、控制土壤侵蚀等多方面起到重要作用。

（1）作为可直接利用水源或补充地下水。湿地在蓄水、补给地下水和维持区域水平衡中发挥重要作用，起到蓄水防洪的"生态海绵"作用，湿地可通过吞吐调节时空上分配不均的降水，减少水旱灾害，湿地上的发育植物的根系层疏松多孔，可以储备相当于自身重力 3～15 倍的水量，通过植物的蒸腾和水分蒸发，这些水可以在自然界循环，实现维持空气湿度和调节降水的作用。

（2）有效处理污水功能。人工湿地能够快速降解消除污水中的有机物。经过二级处理的污水中不溶性有机物经过过滤、沉淀等处理后，能够快速被拦截，且被微生物处理。而污水中的可溶性有机物则会被植物的根系吸收，经过一系列流程后被分解。我国大多数二级污水处理厂的出水中普遍存在含氮、磷元素量偏高的情况，人工湿地通过植物直接吸收氮、磷元素，对氮、磷元素有良好的去除效果，去除率分别超过 80% 和 90%；而以往的污水处理技术对氮元素、磷元素的去除率仅为 20%～40%。

（3）动物的栖息地。湿地复杂多样的植物群落为野生动物提供了良好的栖息地，是鸟类、两栖类动物的繁殖、栖息、迁徙和越冬的场所。

8.5.2.2 经济效益

（1）提供丰富的动植物产品。人工湿地在人为养护下，可以种植莲藕菱角及浅海水域的鱼虾贝类等丰富的营养副产品，部分动植物还可以作为中药材，也可以培养种植轻工业需要的原材料，例如芦苇等。因此，可以说湿地间接带动了工业发展，也为农业、渔业、牧业和副业生产提供了自然资源。

（2）提供水电资源。湿地的蓄水和补充地下水的功能，使其成为人类发展工业、农业生产用水和城市生活用水的主要来源。同时湿地中的泥炭可以作为燃料，林草可以作为薪材，湿地可以作为能源来源为电力提供原料。

（3）提高污水处理效率、节约运行成本。人工湿地处理技术应用所需投入的成本远低于传统二级污水处理厂的投入成本。在污水处理过程中，因为人工湿地处理技术不需要曝气、施加药剂以及回流污泥，也不会残留污泥，所以很大程度上降低了运行成本的投入，一般只需消耗少量的电能。另外，在维护管理方面，因为人工湿地处理无须投入使用机电设备，所以维护管理以清理渠道及管理农作物等为主。

8.5.2.3 社会效益

（1）观光旅游。运营良好的湿地可以作为自然观光、旅游、娱乐等资源，也可作为疗养胜地，具有重要的文化价值，为居民提供休憩空间等方面具有重大社会效益。

（2）科学研究价值。湿地生态系统、多种动植物的生长环境在科学研究中具有重要的研究地位和作用，为科学研究提供了对象、材料和试验基地，在研究环境的演变、生态环境等方面具有不可或缺的作用。

8.6 小 结

本书全面梳理并综合评价了水利行业生态治理技术，利用层次分析法和专家打分法等评价系统，搭建水利行业生态治理技术评价系统，制定一级、二级和三级评价指标，按照定性和定量相结合的原则，综合评价水利行业现有的生态治理技术，为水利行业生态建设的可持续发展提供有效技术支持，为今后水利行业推广应用生态治理技术，使生态退化趋势得到遏制，促进生态文明建设目标实现，维护和改善生态环境，推动经济社会发展打下基础。

（1）水利行业重大生态治理工程和关键生态治理技术识别。本书以水利工程行业中大江大河治理工程、水库枢纽工程、水资源配置工程、农村水利水电工程、水土保持工程等为主要调研对象，对这些水利工程中重大生态治理工程及所涉及的关键生态治理技术进行全面梳理，通过文献检索和实地调研，识别水利行业中重大生态治理工程和关键生态治理技术。

（2）水利行业关键生态治理技术评价方法选择及指标体系构建。本书根据关键生态治理技术识别的结果，初步选取层次分析法、模糊聚类法、专家打分法等对关键生态治理技术效果进行分析，提炼相应的评价指标，建立技术评价数据集，最终选择适合的评估方法建立水利行业重大生态治理工程中关键生态治理技术的指标评价体系。

（3）水利行业关键生态治理技术综合评估。本书根据最终选择的技术评估方法及建立的指标评价体系，对水利行业重大生态治理工程中的关键生态治理技术进行全面综合评估，主要包括生态治理技术的适用性、适用范围、治理效果等方面，形成评估报告。

第9章

交通行业生态治理技术评价

9.1 交通行业生态治理技术识别

梳理国内外交通行业关于边坡治理及取土场、弃渣场治理的文献，筛选出以植物措施为主要手段的治理技术，最终获得一份交通行业生态治理技术清单，用于下一步的评价工作。

9.2 交通行业生态治理技术定性评价

9.2.1 一级指标定性评价

通过 20 位专家进行一级指标专业打分，结果见表 9-1。分析可知，20 项公路边坡防护工程措施中，存在 9 项治理技术分值低于 5 分，分别是土工格栅挂网喷浆防护技术、液压喷播植草护坡技术、蜂巢式网格植草护坡技术、绿化混凝土生态护坡技术、喷混凝土植生护坡技术、OH 液植草护坡技术、生态袋挡土绿化护坡技术、现浇网格生态护坡技术、厚层基材喷播绿化护坡技术，分数均为 4.8501。

表 9-1 交通行业生态治理工程技术评价结果

生态工程类型	技 术 名 称	一级指标总分	二级指标总分
公路边坡防护	土工网垫植物防护技术	5	22.095
	土工格栅挂网喷浆防护技术	4.8501	22.3341
	土工栅格与植草灌护坡技术	5	22.3341
	土工栅格生态袋护坡技术	5	22.3341
	混凝土空心砖喷播植草防护技术	5	22.3341
	植物纤维防护技术	5	22.5732
	液压喷播植草护坡技术	4.8501	22.3341
	蜂巢式网格植草护坡技术	4.8501	22.3341
	绿化混凝土生态护坡技术	4.8501	22.5732
	喷混凝土植生护坡技术	4.8501	22.5732
	点播灌木绿化技术	5	22.4372
	OH 液植草护坡技术	4.8501	23.231
	行栽香根草护坡技术	5	22.4372
	生态袋挡土绿化护坡技术	4.8501	22.9154
	现浇网格生态护坡技术	4.8501	22.3341

续表

生态工程类型	技术名称	一级指标总分	二级指标总分
公路边坡防护	厚层基材喷播绿化护坡技术	4.8501	22.3341
	三维植被网草皮护坡技术	5	22.5732
	土工网植被覆盖技术	5	22.3341
	植被纤维固阻沙障	5	22.9154
	麦草、秸秆草方格沙障	5	22.9154
公路取土场弃渣场防护	生态植被毯复绿技术	4.8501	22.9154
	挂网客土喷播技术	4.8501	22.6763
	土工栅格植草绿化技术	4.8501	22.095
	三维网植被恢复技术	4.8501	22.095
	原生植物移植技术	4.7002	22.4372
	植生袋植被复绿技术	5	22.9154
	藤蔓植物攀爬复绿技术	5	22.6763
	草皮生态截排水沟技术	4.7002	22.9154
	堑顶截流引排草皮回铺护壁技术	4.7002	22.9154
	客土灌木化技术	4.7002	22.4372
	保水保肥植被恢复技术	4.8501	22.6763
	土质沟道农林复合生态修复技术	4.7002	22.6763
	石质坡面弃渣场林业生态修复技术	4.7002	22.6763
	土石质弃渣场植物篱生态修复技术	4.7002	22.6763
铁路边坡防护	客土喷播	4.7002	22.4372
	土工格室植草	4.8501	22.4372
	液压喷播植草	4.8501	22.4372
	干根网状	4.8501	22.095
	框格植草防护	4.8501	22.095
	喷混植草	4.8501	22.6763
	OH 液植草	4.8501	23.5732
	香根草护坡	5	22.4372

续表

生态工程类型	技 术 名 称	一级指标总分	二级指标总分
铁路边坡防护	蜂巢式网格植草	4.8501	22.095
	挂网喷播	4.8501	23.3341
	草棒技术	5	22.9919
	植生带	5	23.5732
	草包技术	5	23.5732
	植被毯	5	23.5732
	铺草皮	5	22.095
	布鲁特岩石边坡垂直绿化技术	4.7002	23.231
	金属框架客土喷播	4.7002	23.3341
	现浇网格生态护坡	4.7002	23.231
	生态袋挡土绿化护坡	5	23.5732
	植生袋钢筋笼护坡	4.7002	23.3341
	土工格栅生态袋护坡	4.8501	22.7528
	植被混凝土生态护坡	4.8501	23.095
	沙柳＋柠条造林	5	22.7528
	条形截水沟＋杨柴造林	4.8501	22.7528
	浆砌石＋植灌种草	4.8501	22.7528
	拱形骨架＋灌木造林	4.8501	22.7528
	菱形骨架＋植草恢复	4.8501	22.7528
	浆砌石＋覆土挂网种草	4.8501	22.7528
	喀斯特地区灌木护坡	5	22.7528
	鑫三角技术	4.8501	23.231
铁路取土场弃渣场防护	草方格沙障	5	24.5368
	平铺砾石沙障＋低立菱形芦苇沙障技术	5	24.0586
	芦苇沙障＋樟子松造林	5	23.095

续表

生态工程类型	技 术 名 称	一级指标总分	二级指标总分
铁路取土场弃渣场防护	活沙柳沙障＋杨柴造林	5	23.095
	芦苇沙障	5	24.0586
	活沙柳沙障＋柠条造林	5	23.095
	挂网喷播	4.8501	22.9919
	穴状植草护坡	5	24.0586
	香根草生物工程技术	5	24.0586
	浆砌石挡墙技术	4.8501	21.2976
	生态排水沟技术	4.7002	23.0914
西南山地机场	香根草生物边坡防护技术	5	24.2977
	石质边坡喷播技术	4.8501	23.3341
	三维植被网护坡技术	4.8501	22.9919
	土工网复合植被护坡技术	4.8501	22.9919
	土壤改良喷播技术	4.8501	23.3341
青藏高原地区机场	植被移植技术	4.8501	23.095
	人工种植技术	5	23.095
南方丘陵区机场	生态砖截、排水沟技术	5	22.5101
	草皮排水沟技术	4.8501	22.6132
干旱半干旱区机场	防风固沙技术	4.7002	22.5732
	雨水收集利用技术	4.7002	23.0914

公路建设取土场、弃渣场防护工程共 14 项技术，分数为 5 分的有两项，分别是植生袋植被复绿技术和藤蔓植物攀爬复绿技术，分数最低的共 7 项，分数为 4.7 分，分别为原生植物移植技术、植生袋植被复绿技术、藤蔓植物攀爬复绿技术、草皮生态截排水沟技术、堑顶截流引排草皮回铺护壁技术、客土灌木化技术、保水保肥植被恢复技术、土质沟道农林复合生态修复技术、石质坡面弃渣场林业生态修复技术、土石质弃渣场植物篱生态修复技术。

铁路边坡防护技术共 30 项，分数达到 5 分的共 9 项，分别为香根草护坡、草棒技术、植生带、草包技术、植被毯、铺草皮、生态袋挡土绿化护坡、沙柳＋柠条造林、喀斯特地区灌木护坡，而得分最低的有 5 项，分数为 4.7 分，分别为客土喷播、布鲁特岩石边坡垂直绿化技术、金属框架客土喷播、现浇网格生态护坡、植生袋钢筋笼护坡。

铁路取土场弃渣场防护技术共 11 项，其中分数达到 5 分的有 8 项，分别为草方格沙障、平铺式砾石沙障＋低立式菱形芦苇沙障＋高立式沙柳沙障＋樟子松造林、芦苇沙障＋樟子松造林、活沙柳沙障＋杨柴造林、芦苇沙障、活沙柳沙障＋柠条造林、穴状植草护坡、香根草生物工程技术，分数最低的是生态排水沟技术，分数为 4.7 分。

机场生态防护技术方面，应用于西南山地区的技术共 5 项，分数达到 5 分的为香根草生物边坡防护技术；应用于青藏高原地区的技术有 2 项，人工种植技术分数达到 5 分；应用于南方丘陵区的技术有 2 项，分数达到 5 分的为生态砖截排水沟技术；而应用于干旱半干旱区的治理技术有 2 项，包括防风固沙技术以及雨水收集利用技术，分数均为 4.7 分。

9.2.2 二级指标定性评价

对 86 项生态治理技术进行二级指标评价，评价结果见表 9-1。公路边坡防护技术得分最高的技术为 OH 液植草护坡技术，分数为 23.231 分，得分最低的为土工网垫植物防护技术和土工格栅铺设防护技术，分数均为 22.095 分。

公路取土场弃渣场防护技术得分最高的为生态植被毯复绿技术、植生袋植被复绿技术、草皮生态截排水沟技术、堑顶截流引排草皮回铺护壁技术，分数均为 22.9154 分；得分最低的为土工栅格植草绿化技术、三维网植被恢复技术，分数为 22.095 分。

铁路边坡防护技术中挂网喷播、金属框架客土喷播、植生袋钢筋笼护坡、OH 液植草、植生带、草包技术、植被毯、生态袋挡土绿化护坡 8 项技术得分最高，分数为 23.5732 分，得分最低的为干根网状、框格植草防护、蜂巢式网格植草、铺草皮，分数为 22.095 分。

铁路取土场弃渣场防护技术中平铺式砾石沙障＋低立式菱形芦苇沙障＋高立式沙柳沙障＋樟子松造林、芦苇沙障、穴状植草护坡、香根草生物工程技术、草方格沙障 5 项技术得分最高，分数为 24.0586 分，而浆砌石挡墙技术得分最低，分数为 22.9919 分。

9.3 交通行业生态治理技术定量评价

通过对 86 项生态防护技术进行评价后，整理结果，并筛选出 5 项优选技术，分别是公路边坡防护的土工栅格与植草灌护坡技术，铁路边坡防护的土工格栅生态袋护坡、沙柳＋柠条造林，铁路取土场、弃渣场防护的芦苇沙障，以及应用在南方丘陵区机场的草皮排水沟技术，通过文献搜索获取每项技术的三级指标结果表 9-2。最终的得分结果为土工栅格与植草灌护坡技术 2.48 分，土工格栅生态袋护坡 3.37 分；沙柳＋柠条造林 3.63 分，芦苇沙障 3.10 分，草皮排水沟技术 2.01 分，根据打分结果得出沙柳＋柠条造林技术在这 5 项技术中得分最高。

表9-2 交通行业治理工程优选技术三级指标结果

适用环境	技术	技术成熟度 技术完整性(0.3665) 技术规程	技术稳定性(0.3944) 专利数	设计年限	技术应用难度 技能水平需求(0.4818) 劳动力文化程度和技能要求	技术应用成本(0.5182) 年均单位面积投资[万元/(公顷·年)]	技术相宜性 降水量需求量	技术效益 生态效益(0.4232) 氮磷拦截能力	物种多样性	阻沙率	植被覆盖度	技术推广潜力 与未来发展关联度(0.6578) 性价比	研究文献数量(0.6578)
公路边坡	土工栅格与植草灌护坡技术	专业规程	23	4	大学	4.00	>400mm	—	—	—	0.7	17.50	37
铁路边坡	土工格栅生态袋护坡	专业规程	37	15	大学	1.80	>400mm	—	—	—	1	55.56	36
	沙柳+柠条造林	约定俗成规程	2	7	小学	0.43	≤400mm	—	1.15	—	0.7	268.33	57
铁路取土场、弃渣场	芦苇沙障	专业规程	15	5	大学	0.60	200~400mm	—	—	0.94	—	156.67	20
南方丘陵区机场	草皮排水沟技术	约定俗成规程	1	15	大学	6.77	>800mm	0.35	—	—	—	5.17	1

9.4　交通行业生态治理关键技术推介

在 9.3 节中对交通行业生态治理技术开展三级指标定量评价，本节以公路边坡土工格栅与植草灌护坡技术为例开展应用状况及其推介，从生产建设项目造成的对环境扰动的角度，提出治理技术。

9.5　交通行业重大工程典型案例分析

9.5.1　案例概况

公路边坡土工格栅与植草灌护坡技术如图 9-1 所示。本技术在广东省龙大线由深圳龙华起至东莞大岭山接上 107 国道上得到应用。该区域位于广东省东南部，珠江口东岸，属于海洋性季风气候，年均气温 22℃，年均降雨量 1941mm，沿线的山丘风化土层十分深厚，一般超过 20m，经暴雨冲刷，易造成边坡失稳。在技术实施时，需提前做好坡面平整处理，清除场地中的杂物，而后铺设格栅，在格栅中种植植物，植物种选择早熟禾、矮牵牛、结缕草等当地适生草种。

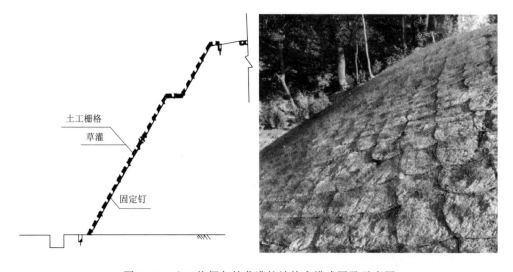

图 9-1　土工格栅与植草灌护坡技术模式图及示意图

9.5.2　效益分析

公路边坡防护土工栅格与植草灌护坡技术以提高坡面覆盖、防止降雨径流侵蚀为目的，技术实施后，该区域坡面的植被覆盖度达到 0.7，地表覆盖程度提高，有效减弱了降雨以及地表径流对坡面的侵蚀。

9.6 小 结

本书总结了近些年来交通行业关键生态治理技术，获得了一份由 86 项技术组成的生态治理技术清单，通过一级、二级定性评价并优选出 5 项生态治理技术，涉及公路边坡、铁路边坡、铁路取土场弃渣场以及南方丘陵区机场 4 个不同的使用场景，在 5 项技术中选择公路边坡土工格栅与植草灌护坡技术，并从布设方法、技术效益两方面进行技术推荐，研究表明这套技术评价体系适用于交通行业关键生态治理技术的评价。

第10章

重大生态工程的关键生态治理技术筛选与推荐

10.1　重大生态工程技术库

依托于各个专业及行业相关人员的专业知识，通过文献检索、资料收集和实地调查等手段，梳理了京津风沙源、黄河上中游、南方石漠化等不同生态脆弱区类型以及交通、水利等典型行业的生态技术，并对生态技术进行分类和定性描述，形成了国家重大生态工程生态技术库。然后对生态技术群及其对应的生态技术进行统计、分类和汇总，形成了交通行业、水利行业、京津风沙源、黄河上中游、南方石漠化生态技术基础数据库，包括生态技术清单共 5 份，涵盖生态技术群 65 个，生态技术 350 项。

经过组内讨论、专家质询等，对基础生态技术库进行筛选、凝练和调整，最终完成确定京津风沙源关键生态技术群 9 个、生态技术 31 项；黄河上中游生态技术群 7 个、生态技术 23 项；南方石漠化生态技术群 15 个、生态技术 46 项；交通行业生态技术群 8 个、生态技术 86 项；水利行业生态技术群 4 个、生态技术 30 项，共计 43 个技术群、216 项关键生态技术，并对关键技术进行了技术实施地点、原理、特点等说明，形成重大生态工程关键生态技术库。

10.1.1　京津风沙源治理生态技术库

基于文献的检索及分析、实地调研和资料收集相关工作，梳理完成京津风沙源地区生态技术群 12 个，对应的生态治理技术 57 项，其中防沙治沙技术 2 项，风沙区草场生态整治水利综合技术 4 项，人工造林技术 4 项，林业生态工程典型技术 5 项，整地技术 2 项，退耕还草技术 4 项，污水处理技术 7 项，面源污染人工湿地技术 4 项，节水灌溉技术 5 项，水土保持技术 4 项，林业工程监测技术 4 项，区域综合治理典型技术 11 项，具体见表 10-1。

表 10-1　　　　　　　　　　　京津风沙源生态技术清单

序号	技　术　群	技　术　名　称
1	防沙治沙技术	生态垫结合植物措施治理流动沙地技术
2		草方格沙障技术
3	风沙区草场生态整治水利综合技术	草地小流域工程与植物措施优化配置技术
4		种子包衣牧草灌溉技术
5		高分子聚合物草地水土保持应用技术
6		固沙先锋植物防风固沙配置技术
7	人工造林技术	治沙造林技术
8		抗旱造林技术
9		石质山地爆破整地造林技术
10		片麻岩区优化造林技术

续表

序号	技术群	技术名称
11	林业生态工程典型技术	低效林改造技术
12		林地抚育技术
13		封山育林技术
14		飞播治沙造林技术
15		Pt 菌根生物造林技术
16	整地技术	牛犁山带状整地技术
17		反坡面穴状整地技术
18	退耕还草技术	围栏封育技术
19		退耕还草优化技术
20		优良牧草种子繁殖技术
21		河滩盐碱地混播牧草地建植技术
22	污水处理技术	厌氧生物处理技术
23		膜生物反应器（MBR 工艺）
24		人工湿地污水处理技术
25		生态水沟（渠）
26		稳定塘及生物接触氧化
27		太阳能曝气工艺
28		小型污水净化槽
29	面源污染人工湿地技术	地表流湿地、潜流湿地、垂直流湿地、潮汐湿地技术
30		前置库技术
31		缓冲带技术
32		水陆交错带技术
33	节水灌溉技术	喷灌技术
34		微灌技术
35		低压管道灌溉技术
36		渠道衬砌与防渗技术
37		地面灌溉节水技术
38	水土保持技术	植被覆盖技术
39		拦水截沙技术（饮水槽、拦沙坝、山塘）

序号	技 术 群	技 术 名 称
40	水土保持技术	围山转＋坡面积雨水窖工程贮水抗旱节水技术
41		等高效耕作（农田免耕、保护性耕作、草地轮作、梯田建设）
42	林业工程监测技术	植被恢复、保护及生长的动态监测技术
43		森林生物量的遥感提取技术
44		基于多源对地观测数据的防护林工程评价指标提取技术
45		基于 NPP 和植被降水利用率土地退化遥感评价与监测技术
46	区域综合治理典型技术	北京市昌平区南口扬沙起尘综合治理技术
47		冀北荒漠化土地生物综合治理技术
48		京津风沙源区葡萄固沙与减灾技术
49		旱区覆盖产流植被重建综合技术
50		河北省张家口市洋河沿岸沙地综合治理技术
51		内蒙古农牧交错带京津风沙源治理区草地植被建植与恢复技术
52		内蒙古地区优良生态灌木树种筛选及培育技术
53		翁牛特旗沙源治理工程实用造林技术
54		内蒙古包头市土不胜小流域治理技术
55		农牧交错带草畜耦合技术
56		农牧交错带退化草地植被建植与恢复技术

经过进一步专家质询、讨论，对基础生态技术库进行筛选、凝练和整合，最终梳理完成京津风沙源关键生态技术群 9 个、生态技术 31 项，并对每项技术进行了技术说明，形成京津风沙源生态技术库，具体见表 10 - 2。

表 10 - 2   京津风沙源区生态治理技术清单

技术群名称	技 术 名 称	技 术 说 明
防沙治沙技术	生态垫结合植物措施治理流动沙地技术	一种利用油棕榈树果壳纤维制成的网状覆盖物铺设于沙地上的技术
	草方格沙障技术	用麦草，稻草，芦苇等材料扎成方格形状阻挡风蚀的技术
风沙区草场生态整治水利综合技术	种子包衣牧草技术	采取机械或手工方法，按一定比例将含有杀虫剂、杀菌剂、复合肥料、微量元素、植物生长调节剂、缓释剂和成膜剂等多种成分的种衣剂均匀包覆在牧草种子表面，形成一层光滑、牢固的药膜
	高分子聚合物草地水土保持应用技术	用高分子聚合物喷施于沙地表面，如聚丙烯酰胺、聚乙烯醇、聚醋酸乙烯醇和聚醋酸乙烯，可有效固定流沙表面
	固沙先锋植物技术	利用先锋沙生植物先固定沙丘，随后进行配套植被恢复

技术群名称	技术名称	技术说明
人工造林技术	抗旱造林技术	结合整地、运输、栽植等技术，使造林过程有效地利用有限的水分，提高旱地造林成活率
	石质山地爆破整地造林技术	用炸药在造林地上炸出一定规格的深坑，然后回填客土，植入苗木的一种造林技术
	片麻岩区优化造林技术	母质为片麻岩的山区，植被生长受土壤水分和养分的影响严重，通过人工抚育进行改良的造林优化技术
林业生态工程典型技术	低效林改造技术	通过人工抚育措施改造北京山区因人为或自然因素造成的林分生产力低下的林地
	封山育林技术	封山育林是利用森林自身的更新能力，在自然条件适宜的山区，实行定期封山，禁止垦荒、放牧、砍柴等人为的破坏活动，以恢复森林植被的一种育林方式
	飞播治沙造林技术	利用飞机作业将草种均匀撒在具有落种成草条件土地上
	Pt 菌根生物造林技术	Pt 菌根剂是一种生物制剂，其作用是诱发植物形成菌根，提高造林成活率以及促进幼林生长亦有极显著的效果，立地条件越差，效果越显著
整地技术	牛犁山带状整地技术	在河北省丰宁县，根据地形或环等高线进行整地，采用双铧犁翻地，将犁沟整成小反坡，栽植穴与穴间挡土埂呈格状，以利于均匀蓄水
	反坡面穴状整地技术	河北省张北县对穴状整地方式进行改进，将穴内整成反坡向小斜面，以利于多蓄积雨水。该方法在当地主要用于落叶松、樟子松、云杉等树种的整地造林。张北县大面积应用推广了种技术，当年造林成活率都在 95% 以上
退耕还草技术	围栏封育技术	对中度轻度退化的草地进行围禁，促进风沙区草地恢复
	优良牧草种子繁殖技术	根据不同牧草的特性，采取不同的培育和种植方法，提高牧草种子质量的技术
	河滩盐碱地混播牧草地建植技术	在盐碱地地区，从选种的组合方式到播种方法和管理措施的改进，有效提高人工播种草地的覆盖度和生产力
节水灌溉技术	喷灌技术	利用管道将有压水送到灌溉地段，并通过喷头分散成细小水滴，均匀地喷洒到田间，对作物进行灌溉
	微灌技术	根据作物需水要求，通过低压管道系统与安装在末级管道上的灌水器，将作物生长所需的水分和养分以较小的流量均匀、准确地直接输送到作物根部附近的土壤表面或土层中的灌水方法
	渠道衬砌与防渗技术	修建灌溉渠并进行衬砌，以减少灌溉用水运输过程中的水分渗透的技术

续表

技术群名称	技 术 名 称	技 术 说 明
水土保持技术	拦水截沙技术（饮水槽、拦沙坝、山塘）	在山区利用拦沙坝、淤地坝、谷坊等水土保持措施对沟道治理以达到拦截山洪、拦水截沙、禁止泥沙入库的技术
	"围山转＋坡面积雨水窖"工程贮水抗旱节水技术	在河北省迁西县，利用地势的优势修建蓄水池，采用宜窖则窖，宜坝则坝的方式达蓄水抗旱节水的目的
	高效耕作（农田免耕、保护性耕作、草地轮作、梯田等）	耕作时的水土保持措施体系，减少因耕种造成的水土流失
区域综合治理典型技术	北京市昌平区南口扬沙起尘综合治理技术	建立快速固沙示范区，培育、繁殖抗逆性树种，筛选处适合本地的防沙治沙树种10种，建立防沙治沙功能区
	冀北沙化土地生物综合治理技术	立足京津风沙源区，提出适宜冀北的防沙治沙植物材料，以生物技术为主导的活沙障固定流动沙丘技术和生态垫覆盖造林等沙化土地治理技术体系，生态经济效益显著
	京津风沙源区葡萄固沙与减灾技术	主要针对京津风沙源区葡萄栽培区土壤荒漠化、沙漠化日趋严重，冰雹、干旱缺水等自然灾害频发的现实，进行以葡萄免埋土防寒、免耕生草、防护林配置等为主的固沙技术，以防雹、防鸟、集雨节水、限域栽培为主的减灾技术
	旱区覆盖产流植被重建综合技术	利用径流原理和PAM覆盖技术，有效调控土壤入渗率与侵蚀，结合水土保持工程措施，提高坡面降水的利用效率，解决旱区坡地水土保持、生态建设中的重要技术问题
	内蒙古地区优良生态灌木树种筛选培育技术	针对内蒙古干旱，半干旱的自然条件，筛选、培育优质灌木的技术
	翁牛特旗沙源治理工程实用造林技术	通过对项目区造林地运用整地与水土保持相结合；抗旱抗寒能力强的树种选取；加强苗木保水，苗木深栽，减少水分蒸腾；实施坐水栽植，分层踩实、截干、摘叶、剪枝、培抗旱堆的抗旱造林技术手段解决其造林成活率低、保存率低、成材难的技术问题
	内蒙古包头市土不胜小流域治理技术	依据《水土保持综合治理规划通则》（GB/T 15772—2008），采取工程措施和林草措施相结合，治坡与治沟相结合的原则，建立沟道治理措施、荒坡治理措施
	农牧交错带退化草地植被建植与恢复技术	针对不同功能模块的植被与资源特征，制定以生产力提升或多样性保护为重点的草地管理方案，建立基于水分、养分和能量平衡的草地利用技术体系

10.1.2　黄河上中游生态技术库

基于文献、资料梳理，经过专家咨询讨论，梳理完成黄河上中游关键生态技术群共7个，对应的生态技术23项。其中坡面治理技术5项，沟壑整治技术7项，植被建设与恢复技术5项，小流域综合治理技术2项，小型水保集雨工程2项。对每项生态技术进行描述，形成黄河上中游生态技术库，具体见表10-3。

表 10 - 3　　　　　　　　　　黄河中上游区生态治理技术清单

技　术　类　别	技　术　类　型	技　术　说　明
坡面治理技术	基本农田建设	一定时期内，通过农村土地整治形成的集中连片、设施配套、高产稳产、生态良好、抗灾能力强、与现代农业生产和经营方式相适应的基本农田。包括经过整治后达到标准的原有基本农田和新划定的基本农田。对农村地区低效利用和不合理利用的土地，通过田、水、路、林、村综合整治，增加有效耕地面积，提高耕地质量，改善农村生产生活条件和生态环境的土地利用活动
	坡改梯	坡耕地改梯田是我国开发利用坡地，发展农业生产的一种传统方式。梯田建设可以有效降低地面坡度，改变小地形，从而增加入渗、减少径流速率，提高土壤质量，增加作物产量，在农业生产和农村经济发展中的作用越来越明显
	坡面截排水技术	坡面截排水工程应与梯田、耕作道路、沉沙蓄水工程同时规划，并以沟渠、道路为骨架，合理布设截流沟、排水沟、蓄水沟、沉沙池、蓄水池等设施，形成完整的防御、利用体系。应根据治理区的地形条件，按高水高排、低水低排、就近排泄、自流原则选择线路。梯田排水沟布设应兼顾拦蓄和利用当地雨水的原则。在干旱缺水区的山坡或山洪汇流的槽冲地带，应合理布设蓄水灌溉和排洪防冲工程，坡面截排水工程布设应避开滑坡体等不利地质条件
	土地整治技术	土地整治是指在一定区域内，按照土地利用总体规划、城市规划、土地整治专项规划确定的目标和用途，通过采取行政、经济和法律等手段，运用工程建设措施，通过对田、水、路、林、村实行综合整治、开发，对配置不当、利用不合理，以及分散、闲置、未被充分利用的农村居民点用地实施深度开发，提高土地集约利用率和产出率，改善生产、生活条件和生态环境的过程，其实质是合理组织土地利用。广义的土地整治包括土地整理、土地复垦和土地开发
	坡地集流补灌和节水灌溉技术	节水灌溉系统采用地下慢性渗透水技术，在坡地上端建立存水池，存水池通过分水管与下端数根带有微眼孔的分水管连接，然后将管道埋入距地表 40～70cm 农作物根系活动层内，并在存水池安装阀门，天涝时存水，天旱时打开阀门放水，也可向存水池中加水灌溉，灌溉水通过微孔渗入土壤供作物吸收，达到节水抗旱目的
水土保持耕作技术	水土保持耕作技术	在遭受水蚀和风蚀的农田中，改变微地形，增加地表覆盖和土壤抗蚀力，实现保水，保肥，保土和改良土壤，提高作物产量的方法
沟壑整治技术	拦泥库、淤地坝	淤地坝是指在水土流失地区各级沟道中，以拦泥淤地为目的而修建的坝工建筑物，其拦泥淤成的地叫淤地坝。在流域沟道中，用于淤地生产的坝叫淤地坝或生产坝

技 术 类 别	技 术 类 型	技 术 说 明
沟壑整治技术	粗泥沙集中治理技术	在建设基本单元上,以支流为单元,人工治理与自然恢复相结合,建设以淤地坝为主体,坡面工程、植被工程、农业耕作工程相结合的综合防护体系,实现减少入黄泥沙、改善生态环境和发展区域经济的目标
	拦沙坝	在沟道中以拦蓄山洪及泥石流中固体物质为主要目的的拦挡建筑物。它是荒溪治理的主要工程措施,坝高一般为3~15m。拦沙坝的作用:①拦蓄山洪或泥石流中的泥沙(包括块石),减轻对下游的危害;②抬高坝址处的侵蚀基准,减缓坝上游沟床坡降,加宽沟底,减小水深、流速及其冲刷力;③坝上游拦蓄的泥沙掩埋滑坡的剪出口,使滑坡体趋于稳定
	沟道治理开发技术	为防止沟底下切,沟岸扩张而修筑的工程措施
	支毛沟治理技术	现行国家标准《水土保持综合治理 技术规范》(GB/T 16453—2008)规定,沟头防护工程的防御标准是10年一遇3~6h最大降水
	沟沿治理技术	上挖下填,挖沟筑堤,形成拦水沟堤,或在沟头上方修埝,在适当地方修涝池,将水引入池中,或加固沟头,营造沟头防护林等
	沟坡治理技术	在不稳定沟道或紧靠岸坡崩滑体地段的下游,设置一定高度的拦沙坝,抬高沟床,减缓纵坡。利用拦蓄的泥沙,堵埋崩滑体的剪出口或保护坡脚,使沟床及岸坡稳定
植被建设与恢复技术	林草栽培养护技术	坚持适地适树的原则,应根据不同的造林地类型选择适宜的树种
	植被恢复与重建技术	根据土地退化程度的不同,植被的恢复与重建途径有:①对于正在发展的退化土地,其上植被、土壤等变化尚处于初期发展阶段,采取自然恢复的过程,使生态系统趋于一种动态平衡状态;②对于强烈和严重发展的退化土地,由于地表割切破碎、植被在劣地发育,其恢复难度较大,则需配以适当的人工措施,达到控制土地退化、水土保持的目的。植被恢复与重建的主要技术手段有保护天然林、封山育林、飞播造林种草、人工植树等
	植物种类选择和配置技术	结构性景观布局主要确定设计区域的总体景观框架。它主要基于顾客的总体景观意向需要和整体美学原则的需要来构筑景观框架。结构性景观布局在某种程度上等同于景观框架区划
	整地集流技术	漏斗式集流整地造林技术是黄土丘陵半干旱区旱作林业的一个创新,有效地解决了长期困扰半干旱地区林业生态建设中抗旱与集水、成活与生长的核心问题,在经果林栽培中,体现在土壤水分利用率高、造林成活率高、树体生长量大,其经济效益十分显著

续表

技 术 类 别	技 术 类 型	技 术 说 明
植被建设与恢复技术	水肥资源高效利用与调控技术	利用植物的生理调控技术—局部根区灌溉技术，并研究在该技术条件下水氮的高效耦合效应与作用机理，以及对土壤环境的影响，为水肥高效利用提供支撑
生态修复技术	生态修复技术	生态修复是指依靠生态系统的自我调节能力使其向有序的方向进行演化，辅以人工措施，使遭到破坏的生态系统逐步恢复
小流域综合治理技术	沟道工程	为防止沟底下切，沟岸扩张而修筑的工程措施
	坡面工程	通过布设坡面工程措施，对地表下垫面进行二次改造和整理，能够增强土壤的抗蚀性，改变径流的冲刷距离，减小径流的搬运能力，减少径流和泥沙的输入，加强水分的入渗，提高坡面土壤含水量。坡面工程措施对改善坡面土壤理化性状、养分状况也有良好的效果，可提高地面植物的成活率，促进降水在坡面的就地入渗
小型水保集雨工程	涝池	在干旱地区，为充分利用地表径流而修筑的蓄水工程，其水面受阳光直接照射，水面蒸发量大
	集雨窖	把雨季的无效降水收集起来变成有效降水，在地头建造容积 $50m^3$ 左右的集雨水窖

10.1.3 南方石漠综合生态技术库

基于文献分析、现场调研，梳理完成南方石漠化关键生态技术 46 项，按照技术类型生物、工程、农业分为 3 大类，并在此基础上按照属性进一步分类 15 个技术群和 46 项技术单项，对每项技术进行技术描述，形成南方石漠化生态技术基础库，具体见表 10-4。

表 10-4　　　　　　　　　　石漠化生态治理技术清单

一级技术	二级技术	三级技术	技 术 描 述
生物技术	人工造林	直播造林技术	植苗或种子造林，经济林，生态林
		飞播造林技术	借助飞机进行空中播种
	人工种草	人工种草	轻度石漠化，坡度<15°，单播、混播；免耕
		飞播种草	地势开阔高差小，集中连片（面积>350hm²），重度石漠化，高海拔冷干地区采用
	自然封育	人工辅助式封育	重度石漠化，植被盖度<10%，选择适生、易长的植物进行苗木繁殖、培育生产，主要在坡中下的位置，定植穴
		自然恢复式封育	陡峭山峰地段，长期封山育林，重点发展水源林，涵养表层岩溶水（全封、半封、轮封）
	植物护坡	植生袋护坡技术	高陡裸露边坡堆砌植生袋
		植物篱护坡技术	植物组成的无间断性或接近连续、较窄、密集的植物带护坡，适用于坡度小于25°，土层厚度>50cm地区
		厚层基质喷附技术	喷附植物种子、保水剂、微生物肥料等的混合基质保护坡面，恢复植被

石漠化单项生态技术			技 术 描 述
一级技术	二级技术	三级技术	
工程技术	坡面水系工程	地头水柜技术	拦截天然雨水供给农业灌溉等
		屋顶集雨技术	结合农户房屋改建，利用混凝土屋面作集雨坪，并在厨房房顶修建过滤池，雨水通过过滤池过滤再进入蓄水池
		截水沟	当坡面下部是梯田或林草，上部是坡耕地或荒坡时，应在其交界处布设截水沟
		排水沟	一般布设在坡面截水沟的两端，用以排除截水沟不能容纳的地表径流
		沉沙池	一般布设在蓄水池进水口的上游附近。排水沟排出的水量，先进入沉沙池，泥沙沉淀后，再将清水排入池中
		蓄水池	一般布设在坡脚或坡面局部低凹处，与排水沟的终端相连，以容蓄坡面排水
	岩溶水资源开发	地表河低坝蓄水工程	在地表筑堤坝以拦蓄地表河段，可以在落水洞处设立泵站将水上提
		裂隙水开发技术	利用工程手段在表层带岩溶水的径流途径中进行拦截，将表层带岩溶水引出地表，再辅以相应的"蓄水"和"引水"工程，对表层岩溶水进行开发利用
		洞穴水开发技术	利用地下河天窗建有一定扬程的提水泵站抽取地下水，并在比供水目的地高的有利部位修建蓄水设施，配套输水管、渠系统，利用蓄水设施与供水目的地的高差以自流引水的形式将水输送到供水目的地
		水资源联合开发技术	采用联合开发技术对其水资源进行分段开发可获得更好的效果。通常是在上游段采用天窗提水技术进行开发，在中下游段采用拦坝引水或泵站提水等技术进行开发，而在地下河出口附近采用筑坝建库的技术进行开发
	坡面整地工程	坡改梯	坡耕地改造成水平梯地，达到保水、保土、保肥，拦蓄径流，防止冲刷
		穴坑整地	局部整地，推广鱼鳞坑整地、穴状整地、带状整地和块状整地和小梯田整地的方式，减少土壤水分流失
	沟道防护工程	石谷坊	坡度＞10°、有常流水的沟道。能固定沟床、抬高侵蚀基准面、防止沟底下切、沟岸扩展及崩岗发生，拦蓄泥沙
		拦沙坝	主要为浆砌石坝，可降低小流域土壤流失量
		防护堤	沟道两岸有基本农田且冲刷严重的地方，坡改梯与砌墙保土相结合，减少土壤侵蚀；田间水柜与沟渠相结合，调节预计洪水
	洼、谷地排洪防涝	落水洞治理	落水洞清淤，洞口扩大加固硬化，洞外灌草隔离带
		洼地排水系统	排水沟，隧道，暴雨集中，且岩溶管道淤塞的岩溶洼地
	能源工程	沼气池技术	农村的"三位一体"户用沼气池（即圈舍、厕所和沼气池连成一体），主要利用农业活动中产生的有机废弃物如秸秆、人畜粪便等，在固有的沼气池中进行厌氧发酵，从而产生沼气，并将其作为农村生活能源
		太阳能技术	石漠化地区光照时间长、太阳能资源丰富，可在广大农村推广使用太阳能热水器、太阳能灶台及照明灯技术

续表

石漠化单项生态技术			技 术 描 述
一级技术	二级技术	三级技术	
农业技术	间作轮作	等高垄作	在坡面上沿等高方向耕犁、作畦、开沟起垄或沿等高线方向条带状种植作物
		穴状种植	在坡耕地上沿等高线用锄挖穴，以作物株距为穴距（一般 30～40cm），以作物行距为上下两行穴间行距（一般 60～80cm）
		少耕免耕	传统耕作基础上，尽量减少整地次数和减少土层翻动，作物播种前不单独进行耕作
		复种轮作	根据不同作物的不同特性，如高秆与矮秆、富光与耐荫、早熟与晚熟、深根与浅根、豆科与禾本科，利用它们在生长过程中的时空差，合理地实行科学的复种、轮作、间作、套种、混种等配套种植，形成多种作物、多层次、多时序的立体交叉种植结构
		间混套种	一种能够提高农田生物多样性的种植方式，具有充分利用资源和大幅度增加产量的特点，也是利用种间互作控制病害发生的传统农作措施。石漠化山区旱地最为常见的间套混种方式是玉米间套种豆类、薯类、绿肥、经济作物和蔬菜作物
	土壤改良	种植绿肥改良技术	先分区荒地落岩区、石旮沓地、坡耕地、梯形地、平地；利用绿肥植物种植进入土壤
		客土改良技术	将质地较好的土壤，人工添加纤维材料、各类肥料和土壤改良剂等回填在挖走不适宜植物生长的原土处
		食用菌糠改良技术	食用菌剩余的废弃物入土发酵还田改良土壤
		糖厂滤泥和酒精厂废弃物改良技术	广西每年有大量的糖厂甘蔗渣、滤泥废弃物和酒精厂废弃物产生，价格低廉，用于改良土壤易于推广。在广西平果化实施推广适用于广西百色、南宁、柳州、来宾及河池部分县的岩溶地区
	灌溉节水	滴灌	塑料水瓶、水箱的根部人工点式滴灌法、机械线式滴灌法，潜在-轻度石漠化地区的高效集约农业
		喷灌	中度-强度石漠化地区适用喷灌技术
		水肥根灌	对植物根系最密集的土壤浅层，设置专门的水分输导管，让水分直接滴灌到作物根系最好的部分，有效提高水分的利用率
		管道输水技术	采用低压管道灌溉，只需要满足灌溉水能自流引至各灌区即可，对水压要求较低
		渠道防渗技术	混凝土"U"型槽防渗渠道是贵州喀斯特地区节水灌溉的一种重要技术，减少输水损失
		畦灌	耕地经平整后，利用畦埂将田块划分成小块进行灌溉
		集雨节灌技术	一般由集雨系统（集流场面和截流输水工程）、蓄水工程（窖窖、蓄水池及土井）、微灌系统 3 部分组成。通过修建集雨场，将雨水集中到小水窖、小水池等小型、微型水利工程中，再利用滴灌、膜下滴灌等高效节水技术进行灌溉
其他技术	生态旅游开发	生态旅游开发	充分发挥岩溶地貌景观与生物景观资源优势，结合区域民俗文化与人文资源，发展生态旅游产业，改善区域生态环境，降低群众对土地的直接依赖性
	生态移民工程	生态移民工程	原生态环境脆弱、自然环境条件恶劣、生态环境已不足以支持人类生存及发展，原住民进行搬离在生存条件较好、人口压力小的地区重建家园的主动或被动人口迁移

10.2　国内重大生态工程技术评价筛选系统平台构建

我国在退化生态系统治理方面做出了巨大努力，生态恢复理论和实践受到了广泛重视，生态脆弱区生态治理和恢复技术得到快速发展，但目前各行业领域对于生态治理技术并没有一个完整的归类与整理，这对于生态技术的有序选择和广泛应用十分不利。本书通过整合凝练前人研究成果、大胆创新，构建合理的生态治理和恢复技术的分类筛选平台，以事宜环境条件、治理目的等各类技术属性作为条件要素将各类技术进行归纳分类，对系统化解决生态问题和推动我国生态文明发展具有重要的意义。

10.2.1　技术评价筛选系统后台数据类型

国内重大生态工程技术评价筛选系统后台数据库录入需要以下 3 方面的数据文件，包括生态技术必选属性参数、生态技术描述以及得分结果。

10.2.1.1　生态技术必选属性参数

针对一项生态技术进行评价时，有些属性参数是必须要明确的，如技术名称、技术属性等。生态技术所属的脆弱区以及其一级、二级治理目的也应注释清楚，因为不同区域的同一种生态技术的应用材料可能不一样，如梯田技术在黄河上中游区和南方石漠化区的建造材料就不尽相同，喀斯特区多乱石，因此建造石坎梯田比较适宜，而黄土高原干旱区使用石料建造梯田则费财耗力。此外，生态技术所属区域的气候类型和降雨量也应描述清楚，这是因为南方石漠化区多雨，修建梯田的规格要求较高。由于南方石漠化区地形特殊，对梯田技术的要求也比黄河上中游区更高，所以需调查清楚修梯田前的土地利用类型。以梯田为例，所需记录的属性信息如下（黑色字体为示例所属类型）：

（1）技术名称：**梯田技术。**

（2）技术属性：①工程技术；②生物技术；③农业技术；④管理技术；⑤综合技术。

（3）一级治理目的属性：荒漠化治理、**石漠化治理**、水土流失治理等。

（4）二级治理目的属性：草场恢复、沙丘固定、边坡治理、**农田防护等**。

（5）所属脆弱区：①西北干旱荒漠区；②青藏高原高寒区；③黄河上中游区；④西南岩溶区；⑤西南山地区；⑥西南干热河谷区；⑦北方沙化草地区。

（6）行政区：**省市县。**

（7）降雨量：0～50mm、50～200mm、200～400mm、400～800mm、**800mm 以上。**

（8）气候类型：①**温带季风性气候**；②温带大陆性气候；③高原山地气候；④亚热带季风性气候；⑤热带季风性气候。

（9）地形：①平原；②山地；③**丘陵**；④高原；⑤盆地。

（10）地貌部位：山顶、**山坡**、沟道、陡坡、缓坡。

（11）地类：**农地、坡地、林地**、草地、荒地。

10.2.1.2　生态技术描述

一项生态技术的介绍包括技术定义及分类、技术分布区域、工艺特点、技术设计及参数、实施案例、实施效果、效益评价、参考文献（技术使用参考案例）。示例如下：

梯 田 技 术

（定义、区域、分布）：梯田技术是指在坡地上沿等高线方向修筑的条状阶台式或波浪式断面的田地，用于治理坡耕地水土流失的技术措施。按田面坡度不同可分为水平梯田技术、坡式梯田技术和复式梯田技术。梯田技术因其蓄水、保土、增产效果好，广泛应用于丘陵山区和干旱地区坡地。梯田技术在我国南方地区最为典型，代表性的有广西龙胜龙脊梯田、福建尤溪联合梯田、江西崇义客家梯田、湖南新化紫鹊界梯田、云南红河哈尼梯田等。

（特点、工艺、效果及实施案例）：南方石漠化地区坡耕地石多土少、土壤肥沃、土地贫瘠、降水不少但干旱严重，该地区梯田技术（又称"坡改梯"）多实行石埂坡改梯技术，辅助路沟池配套的道路灌溉系统，有利于该地区善生产条件、提高抗旱能力、夯实提高土地生产力和劳动生产率。该项技术已在贵州普定县、晴隆县和四川叙永县等治理试点予以实施，获得良好的效益，并受到了群众的欢迎。

（效益评价）：根据评价结果，石漠化地区坡改梯技术可以提高粮食产量＿＿＿＿＿＿＿＿，保持水土＿＿＿＿＿＿＿＿，植被覆盖度＿＿＿＿＿＿＿＿，提高生活水平＿＿＿＿＿＿＿＿。

（评价结果简要分析、在国内和国际的位置、适宜推广区域及意义）：石漠化坡改梯技术技术成熟稳定，生态效益明显，在世界范围内处于领跑地位，适宜在石漠化地区、丘陵和干旱地区推广，有利于提高改善生态环境和提高当地生活区水平。

（技术图文、示意图、工艺图）：梯田技术图如下图。

石漠化地区梯田（坡改梯）

（参考文献）

［1］ 李阳兵，谭秋，王世杰. 喀斯特石漠化研究现状、问题分析与基本构架［J］. 中国水土保持科学，2005，3（3）：27-34.

［2］ 罗林，胡甲均，姚建陆. 喀斯特石漠化坡耕地梯田建设的水土保持与粮食增产效益分析［J］. 泥沙研究，2007（6）：8-13.

［3］ 蒋忠诚. 广西岩溶及其生态环境领域近十年来的主要研究进展［J］. 南方国土资源，2004，11，19-22.

［4］ 何江，邱道持，谢德体，等. 重庆岩溶山区脆弱生态环境与不同尺度土地整理模式研究［J］. 中

国农学通报，2007，23（9）：473－477.

［5］ 罗林，胡甲均，姚建陆.岩溶山区坡耕地石坎坡改梯水土保持效益的神经网络模拟［J］.农业系统科学与综合研究，2006，22（4）：288－291.

［6］ 陈燕琴.黔南州喀斯特石漠化现状与综合防治对策［D］.南京：南京林业大学，2008.

［7］ 刘洋.喀斯特石漠化治理的水土保持效益监测评价研究［D］.贵阳：贵州师范大学，2014.

［8］ GB/T 16453.1—1996.水土保持综合治理技术规范 坡耕地治理技术［S］.1996.

［9］ GB/T 16453.4—1996.水土保持综合治理技术规范 小型蓄排引水工程［S］.1996.

10.2.1.3 生态技术得分

每项技术必须提供一级指标评价专家打分结果，包括以下5方面内容：①技术成熟度；②技术应用难度；③技术效益；④技术相宜性；⑤技术推广潜力。以梯田技术为例：

根据生态技术评价体系，石漠化坡改梯技术综合评分3.93分（总分5分），石漠化治理生态技术中排名21位，其中技术成熟度4.5分、技术应用难度3.2分、技术相宜性3.9分、技术效益4.0分、技术推广潜力4.0分。

若为主要或重点推荐技术，则包含二级或二级三级打分结果，也需列明。

10.2.2 技术评价筛选系统后台管理与分析功能

10.2.2.1 管理功能

后台创建管理员账号，管理员权限包括增加、修改、删除系统用户账号、个人信息及权限，技术模块增减功能。

基本功能：用户注册、密码修改、个人信息修改。

管理员：技术参数、详情录入功能，后台统计数据查看导出功能。

用户：搜索、查看功能，技术资料提交功能。

10.2.2.2 数据处理分析功能

（1）信息批量导入功能。生成固定格式文件，方便管理员进行各类型数据填充，以批量导入数据信息。

（2）用户关注热点统计分析功能。对用户的搜索、查看记录进行分析统计，了解用户关注的脆弱区类型、治理目的、技术类型等要素，为后续技术库的填充丰富提供参考依据。

（3）生态技术提交入库功能。用户可对新兴、效益良好、性价比优良的技术进行补充提交，按照系统技术参数和技术详情格式，对技术资料进行填充并提交，等待工作人员审核入库，有助于打破原项目组成员因人手不足、知识面有限等主客观局限性，便于更加全面地获取生态技术相关信息资料，同时可以减轻管理员工作量，不断完善该评价筛选系统。

（4）其他生态技术打分计算功能。用户可以对照系统内置的三级指标的评分标准，具体见表10－5、表10－6，对未在数据库中的某种生态技术实际情况进行点选，根据各指标权重，通过系统内部置入计算公式，可以计算出该项生态技术的定量评价分值，对生态技术起到科学评价的功能，为用户在生态建设中技术的选择和实施提供科学有效的参考依据。计算公式：综合得分 $Q=0.2241\times$（技术规程$\times0.3665$）＋（专利数＋设计年限）$\times$ 0.3944）＋$0.1499\times$（劳动文化程度$\times0.4818$＋技术购置费用$\times0.5182$）＋$0.2983\times$降雨量 需求量＋$0.2292\times0.4232\times$氮磷拦截能力/土壤水分提升/阻沙率/植被覆盖度＋$0.0985\times$ $0.6578\times$（性价比＋研究文献数量）

表 10-5　　　　　　　　三 级 指 标 打 分 依 据

一级指标	三级指标	评 分 标 准
技术成熟度	技术规程	无规范为 3 分，有约定俗成的规程为 4 分，有行业专业技术规程为 5 分
	专利数	小于 5 个为 1 分，大于等于 5 小于 8 为 2 分，大于等于 8 小于 12 个为 3 分，大于等于 12 为 5 分
	设计年限	10 年为 5 分，按照百分比计算
技术应用难度	劳动力文化程度和技能要求	技术实施需要的劳动力的文化程度。大学及以上的为 1 分；高中为 2 分；初中为 3 分；小学为 4 分；文盲为 5 分
	技术应用成本	年单位面积投资，以行业内标准设计定额和时价计算，单位面积投资/设计年限。非面积的计价值，按照实际中的宽度计算成为面积进行统计。小于 2000 元/（年·公顷）为 5 分，2000～5000 元/（年·公顷）为 4 分，5000～10000 元/（年·公顷）为 3 分，10000～20000 元/（年·公顷）为 2 分，大于 20000 元/（年·公顷）为 1 分
技术相宜性	降雨量	按照气候区划分标准，0～50mm 为 5 分，50～200mm 为 4 分，200～400mm 为 3 分，400～800mm 为 2 分，大于 800mm 为 1 分
技术效益	植被覆盖度	参考水利部颁布的《土壤侵蚀分类分级标准》（SL 190—2007）中的植被覆盖度分级标准。小于 30% 为 1 分，30%～45% 为 2 分，45%～60% 为 3 分，60%～75% 为 4 分，大于 75% 为 5 分
技术推广潜力	研究文献数量	不限制搜索年限，按主题搜索技术名称。小于 41 篇为 1 分，大于等于 41 篇小于 224 篇为 2 分，大于等于 224 篇小于 407 篇为 3 分，大于等于 407 篇小于 590 篇为 4 分，大于等于 590 篇为 5 分
	性价比	技术效益/技术应用成本×100，代表年均单位价格可达到多少百分点的效益值。小于 20 为 1 分，20～40 为 2 分，40～60 为 3 分，60～80 为 4 分，大于 80 为 5 分

表 10-6　　　　　　　　指 标 权 重

技 术 成 熟 度		技 术 应 用 难 度		技术相宜性	技术效益	技术推广潜力
0.2241		0.1499		0.2983	0.2292	0.0985
技术完整性	技术稳定性	技能水平需求层次	技术应用成本	技术相宜性	生态效益	技术与未来发展关联度
0.4817	0.5183	0.4818	0.5182	0.2983	0.4232	0.6578

（5）意见建议收集功能。意见收集模块主要是针对用户体验的调查与意见收集，来帮助课题研究人员与开发人员对数据库资料、系统功能等进行全方位、多角度的提升和完善。

10.2.3　技术评价筛选系统前台搜索与展示功能

10.2.3.1　我国重大生态工程科普展示功能

将我国国家级以及省级已建成和在建重大生态工程进行区位图展示，并在图上实现文字点选，点击某工程名称后，页面跳转至该生态工程的介绍。作为生态科普教育模块，使得更多的人能够了解我国重大生态治理工程举措，增加全民生态保护意识，大力推动生态文明建设发展。

10.2.3.2　生态技术筛选检索功能

首页查询检索功能，按照 10.2 中所介绍的不同条件（如脆弱区、技术类型、治理目的、环境要素、适宜行政区等）要素进行筛选检索，通过限制条件获得适宜的生态技术列表。此模块可以根据客户需求以及环境条件限制方便快捷地为用户实现快速锁定适宜条件的生态技术的目的。

10.2.3.3　生态技术展示功能

通过上述条件要素筛选检索出的生态技术列表展示，点选某项生态技术，进入技术信息展示页面，主要信息包括技术类别、技术定义和一张图。仅具有一级、二级专家打分结果的技术则只含有技术信息页面；通过筛选后具有三级指标评价结果的称为推荐技术，推荐技术则可以通过点击图片，进入技术详情展示页面。

技术详情展示则包括 10.2.1.2 节中的生态技术详情描述的相关内容。

用户可以通过此功能模块了解适合自己筛选条件的生态技术的详细介绍以及专家和定量评价情况和推荐指数，帮助他们选择合适的生态技术。

10.2.3.4　技术上传、评分与校正功能

用户可录入上传数据库未收录的技术/技术模式，在上传页面，根据系统内置的参数属性选择或输入，并将相关材料作为附件进行上传提交。管理员可在后台收集用户上传的技术资料，进行编辑、校正、审核和发布。

根据 10.2.2.2 中内置各指标赋分原则以及权重值，根据给定的计算公式，用户可对上传的技术/技术模式的实际情况进行指标得分的选择，点击"计算"，即可获得技术/技术模式的评分并上传至服务器数据库保存。

后台会对用户上传的技术/技术模式评分定期进行资料搜集、复核以及评分校正，经过专家评定审核通过后，收录入数据库。

10.2.3.5　意见反馈功能

用户在选框内输入意见建议，点击提交即可。

10.3　国内重大生态工程技术评价筛选系统展示与应用

10.3.1　面向用户的基本使用功能

10.3.1.1　用户创建

用户通过邮箱注册创建账户，系统登录界面如图 10-1 所示。用户可在个人中心修改

当前用户信息，包括账号、密码、联系方式等内容。

图 10 - 1　系统登录界面

10.3.1.2　重大生态工程资料查阅

　　系统登录之后，用户可查阅我国国家级及省级已建成和在建重大生态工程相关资料，工程展示部分如图 10 - 2 所示，用户点击进入某工程，可获得该生态工程详细文字资料及图片展示等，如图 10 - 3 所示。

图 10 - 2　重大生态工程资料查阅界面

10.3.1.3　生态技术筛选

　　根据技术属性、一级治理目的、二级治理目的、生态脆弱区类型、降水量、气候类

图 10-3　重大生态工程资料展示

型、地形、地貌条件、地类以及行政区为条件进行筛选，获得符合用户目的需求的生态技术列表，生态技术筛选界面如图 10-4 所示。

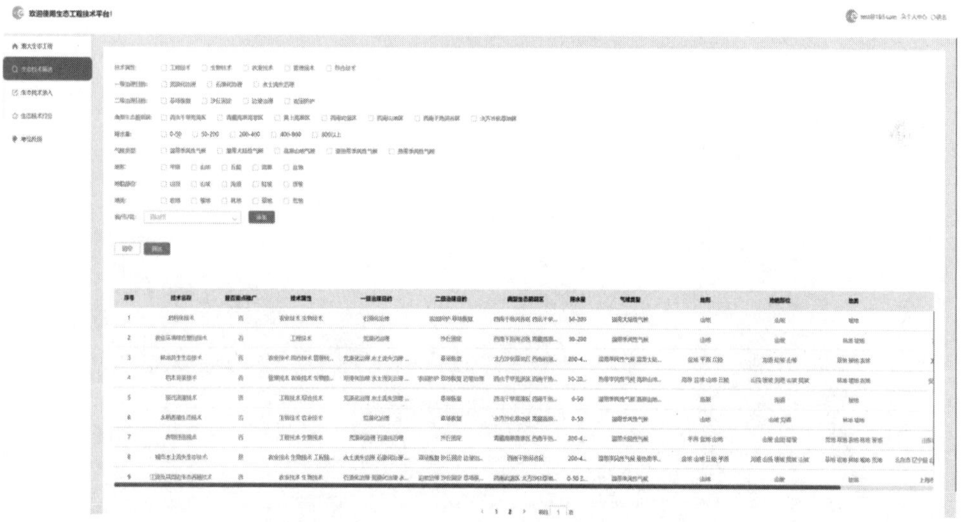

图 10-4　生态技术筛选界面

　　点击符合上述条件的生态技术，进入该生态技术详情页面，如图 10-5 所示，详情中包括一级、二级指标分值以及图片资料。用户可以一级、二级指标得分情况作为参考依据，选择获取符合需求的生态技术资料。

生态技术筛选< 生态技术

技术名称：肥料化技术　适宜推广条件：暂无数据

技术属性：农业技术 生物技术
一级治理目的：石漠化治理
二级治理目的：农田防护 草场恢复
典型生态脆弱区：西南干热河谷区 西北干旱荒漠区
降水量：50～200mm
气候类型：温带大陆性气候
地形：山地
地貌部位：山坡
地类：坡地
省/市/县：河北省
一级、二级指标分值

一级指标	分值	二级指标	分值
技术成熟度	3	技术完整性	3
		技术稳定性	3
		技术先进性	3
技术应用难度	3	技能水平需求层次	5
		技术应用成本	5
技术相宜性	3	目标适宜性	5
		立地适宜性	5
		经济发展适宜性	4
		政策法律适宜性	4
技术效益	2	生态效益	4
		经济效益	4
		社会效益	4
技术推广潜力	2	技术与未来发展关联度	4
		技术可替代性	4

图 10-5　生态技术详情展示界面

10.3.1.4　生态技术录入提交

生态技术录入提交界面如图 10 - 6 所示，用户可提交自主研发或施用未在本系统数据控的生态技术详情，通过输入"技术名称"，点选技术属性，一级、二级治理目的，所属生态脆弱区，降水量，气候类型，地形，地貌，地类，行政区，参考系统给出的赋分原则，对一级、二级、三级指标进行赋分，通过权重与内置公式可计算出一级、二级、三级指标得分，上传相关技术图片、添加技术详情描述（包括定义、区域、分布；特点、工艺、效果及实施案例；效益评价；评价结果简要分析、在国内和国际的位置、适宜推广区域及意义；参考文献）。完成后点击"提交"，可将该生态技术相关资料内容上传到本系统数据库，通过管理员专业审核通过后，即可在本系统内检索到并获得展示。

（a）基本信息

（b）一级、二级指标

图 10 - 6（一）　生态技术录入提交界面

（c）三级指标

（d）技术详情

图 10 - 6（二）　生态技术录入提交界面

10.3.1.5　生态技术打分

生态技术打分界面如图 10 - 7 所示，根据本书第 3 章所得出的生态技术评价方法，在平台中内置了打分计算系统，根据我们所提供的打分依据赋分原则，依次输入各指标所对应的分值，点击"计算"，即可获得该项生态技术所得的各级得分，为生态技术定性和定量评价提供规范化、科学化的方法和平台。

10.3.1.6　意见反馈

意见反馈界面如图 10 - 8 所示，用户在对于平台系统使用以及对于数据库内容有任何意见建议均可以通过意见反馈功能进行提交，为更好地完善系统和数据库具有极大的帮助。

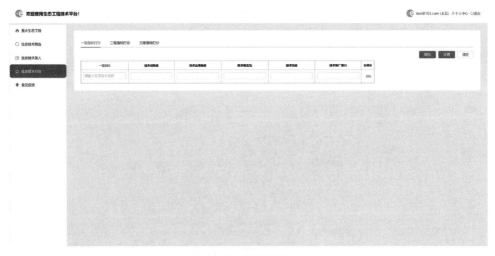

（a）一级指标打分

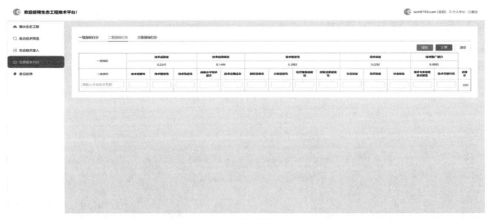

（b）二级指标打分

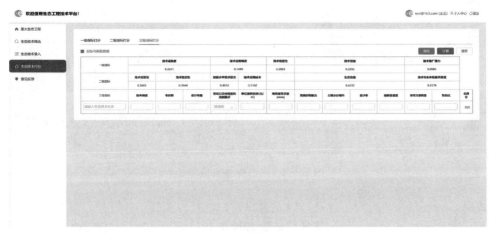

（c）三级指标打分

图 10-7　生态技术打分界面

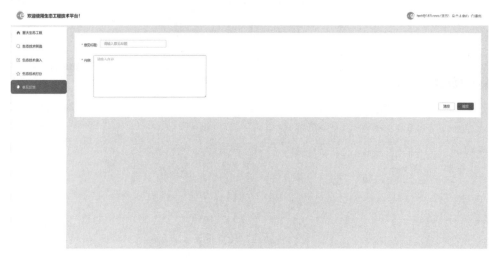

图 10-8　意见反馈界面

10.3.2　后台管理功能展示

10.3.2.1　用户账户及权限管理

登录管理员账户后，可对平台系统所有注册用户进行管理，包括"删除用户""启用账户""禁用账户"以及后台对账户资料进行编辑等功能，用户管理编辑界面如图 10-9 所示。

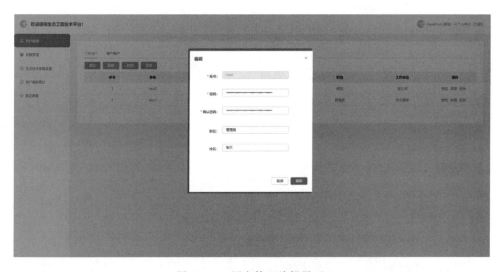

图 10-9　用户管理编辑界面

同时，管理员账户可对工作账户以及客户账户进行权限授予和管理，管理员设定的权限包括生态技术管理、客户偏好统计、生态技术审核、重大生态工程管理以及意见查看。用户的权限包括重大生态工程查看、生态技术筛选、生态技术录入、生态技术打分、意见反馈，账户权限管理界面如图 10-10 所示。

（a）管理员权限管理

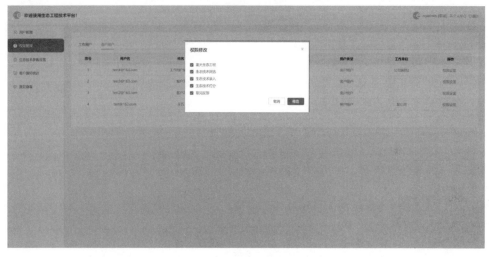

（b）用户权限管理

图 10 - 10　账户权限管理界面

10.3.2.2　数据处理分析功能展示

（1）生态技术参数管理。生态技术参数管理界面如图 10 - 11 所示，管理员可对平台系统中的各技术参数进行设置管理（增减或修改）。

（2）客户偏好统计。客户偏好统计查看界面如图 10 - 12 所示，系统后台可对用户搜索查看的生态技术从各个参数的角度进行有效统计。我们可以查看某项属性下的不同类型技术的查看次数总和以及某位用户对于某技术的单独查看次数。

10.3.2.3　意见查看功能展示

客户意见查看界面如图所示，管理员账户可对客户提交的意见建议进行查看，如图 10 - 13所示。

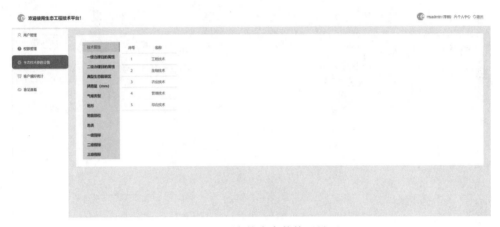

图 10 - 11 生态技术参数管理界面

图 10 - 12 客户偏好统计查看界面

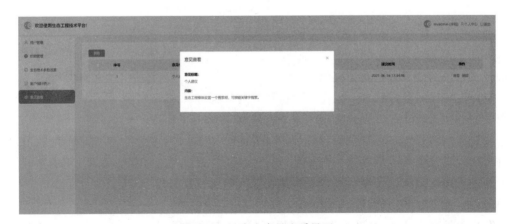

图 10 - 13 客户意见查看界面

10.3.3 工作功能展示

10.3.3.1 生态技术管理

管理员在管理员的授权下，对生态技术进行添加、删除以及编辑，生态技术管理界面如图 10-14 所示。其中编辑功能包括对必选参数的点选，一级、二级指标打分的输入以及示意图的上传修改等。

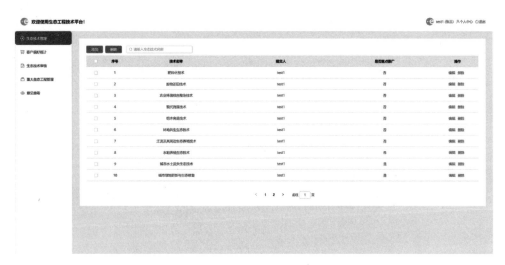

（a）生态技术管理列表界面

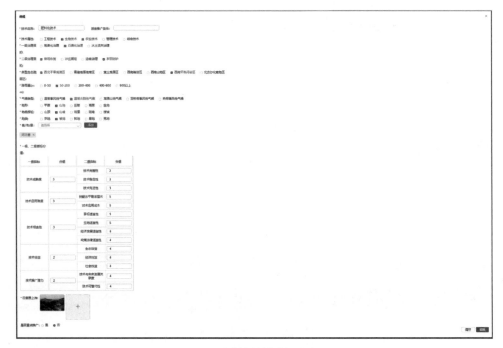

（b）生态技术详情编辑界面

图 10-14　生态技术管理界面

10.3.3.2 生态技术审核

生态技术审核界面如图 10-15 所示，管理员对用户提交的生态技术进行"通过"或"删除"的审核操作，审核通过的生态技术经过编辑以及打分校正后，可在生态技术检索列表中显示。

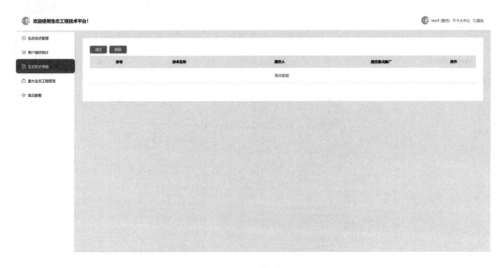

图 10-15 生态技术审核界面

10.3.3.3 重大生态工程管理

重大生态工程管理界面如图 10-16 所示，管理员对系统中的重大生态工程进行"添加""删除"以及"编辑"管理。其中编辑功能包括对于内容文字以及图片的上传和编辑。

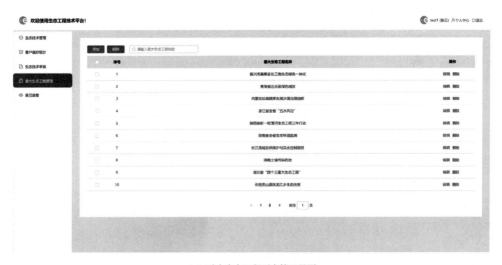

（a）重大生态工程列表管理界面

图 10-16（一） 重大生态工程管理界面

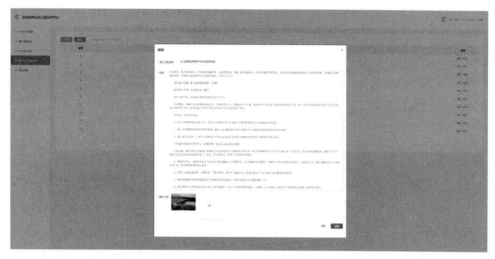

（b）重大生态工程详情编辑界面

图 10-16（二）　重大生态工程管理界面

10.3.3.4　客户偏好统计与意见查看

该项功能同 10.3.2.2 中所展示。

10.4　小　　结

通过整合上述成果中的技术清单、参数库、三级定量指标打分方法，以及重大生态工程两大行业生态技术评价结果，构建了我国重大生态工程技术评价筛选系统。系统平台主要有以下特点：

（1）实现了生态技术精准筛选检索。首页查询检索功能，可通过不同条件（如脆弱区、技术类型、治理目的、环境要素、行政区等）要素进行筛选检索，通过限制条件获得适宜的生态技术列表。

（2）提供了生态技术录入提交及自测打分依据和平台。用户可对新兴、效益良好、性价比优良的技术进行补充提交，按照系统技术参数和技术详情格式，对技术资料进行填充，并将相关材料作为附件进行上传提交。管理员在后台收集用户上传的技术资料，进行审核、编辑、校正和发布。对未在数据库中的某种生态技术实际情况进行点选，根据各指标权重，通过系统内部置入计算公式，可以计算出该项生态技术的定量评价分值。

（3）实现了检索热点分析与意见收集功能。系统定期对用户的搜索、查看内容、查看次数进行记录分析统计，了解用户关注的脆弱区类型、治理目的、技术类型等要素，为后续技术库的填充丰富提供参考依据。

系统集合了科普宣传、技术检索、技术评价、技术上传、意见反馈等功能，旨在为广大生态行业工作人员和科研人员提供一个科学有效的生态技术评价筛选平台。

第11章

结 论 与 建 议

本书梳理了我国北方土石山区、京津风沙源区、南方岩溶区、黄河上中游区以及水利交通行业主要的生态治理工程及技术。根据研究区相关资料和基础数据获取情况，本书选用德尔菲法、典型相关分析法、AHP层次分析法、模糊综合评价法等方法，对我国生态治理技术使用效果进行了分区域分问题评价，为未来生态治理工程选择生态治理技术提供依据，主要结论和建议如下。

11.1 结 论

（1）梳理了我国重大生态治理工程及其生态技术研究现状。我国在水土流失治理、荒漠化防治和石漠化治理方面开展了大量工作，许多重大生态治理工程都对改善生态环境、改善人民生活和促进当地经济发挥了重要作用，很多重要的生态技术和技术模式都将对发展中国家和"一带一路"沿线国家有重要的参考价值和分享意义，有效地评价这些生态技术和模式无疑将对我国未来重大生态工程建设和生态文明建设具有积极的指导意义，也对提升我国生态治理国际影响和话语权有重要作用。

针对我国京津风沙源区沙漠化，黄河上中游区水土流失，南方喀斯特区石漠化等具体的环境问题，从实施工程的概况，具体技术措施以及工程效益进行有条理的梳理。梳理形成了覆盖交通行业、水利行业、京津风沙源、黄河上中游、南方石漠化等领域国家重大生态工程生态技术基础数据库，包括生态技术清单共5份，涵盖生态技术群65个，生态技术350项。并总结凝练成覆盖京津风沙源、黄河上中游等5大领域，共计43个技术群、216项重大生态工程关键生态技术库。

构建有针对性的评估框架，并依此选取评价指标和搜集评价数据。针对某一区域存在的生态问题实施的生态技术，目前尚缺乏在时间和空间维度上的比较。现有研究专注于发现问题和解决问题，却忽略了对解决问题的方法的效果进行比较。缺少总结也使得各种生态技术"百花齐放"，究其根源仍是对于特定生态问题，现有的研究往往忽略时间的界限和地域的限制，有时还将不同属性的生态技术进行比较，而这是评价工作具有合理性的基础。

（2）完善了生态治理技术评价理论。在现有评价理论的基础上，本书从生态治理技术评价依据、评价原则、评价思路和评价过程4个方面分析了评价工作所面临的问题，初步形成了生态技术的评价理论。确定了生态技术评价要素所需要注意的问题，明确了评价工作遵照的原则，理顺了生态治理技术评价思路，总结了评价生态技术评价的基本过程，初步形成了生态治理技术的评价理论。首次提出应从时间维度、空间维度和技术维度3个维度评价生态技术。

不同生态技术在不同区域和不同时间下的效果具有不确定性，因此对其进行评价时应充分考虑自然条件，只有在地貌、气候等相近的情况下才能进行比较。生态技术特性差异明显，应根据不同区域开展相应的生态技术评价研究。长时间尺度的试验不仅需要较高的时间成本，也需要较大的经济投入。生态问题治理是个动态的过程，生态技术也具有时间维度的动态性。因此为求评价科学性，需限定在一定的时间内，因此选取我国重大生态治理工程（通常以5年为期）所涉及的生态技术作为评价对象，以观测数据为评价依据，并以研究区布设生态技术的实测效果来验证。选择重大生态工程检验评价模型主要有以下原因：①我国实施的重大生态工程都是以 5 年为期的，从时间尺度上可以避免不同时期的技术其成熟度，技术应用难度等指标的不同，最明显的就是不同时期生态技术的实施成本差别很大；②我国已开展的生态工程大多是针对地域突出的生态环境问题进行的治理研究，所实施的技术也是以问题为导向，针对这些技术进行评价避免了技术的地区差异性。

（3）开展了北方土石山区土壤侵蚀治理技术评价。北方土石山区板栗林土壤侵蚀受降雨因素的影响非常明显。常见的水保措施有水平沟、水平阶、木枋、地埂、苔藓覆盖、生草覆盖、农林间作等。由于板栗生产方式和栗农老龄化严重等问题，该区普遍使用的水保措施有水平沟、地埂、木枋，经实际调查，木枋措施的减流拦沙效果并不理想。典型相关分析表明不同防治措施下板栗林土壤侵蚀特征因子受降雨因素的影响不同，在水平沟和地埂的作用下，板栗林下水土流失受最大 30min 降雨强度影响较大，而无措施情况下则主要受降雨量的影响。为此，我们提出在小流域尺度上，主要以恢复板栗林的生产力为主的生草覆盖和农林间作措施为主；而在坡面尺度上，采用工程措施（如水平沟）和生物措施（如苔藓覆盖或生草覆盖）以减小降雨量等因素对板栗林坡面土壤侵蚀的影响，从而实现小流域间和坡面水土保持措施的协作。

（4）完成了京津风沙源区沙障固沙技术评价。我国在京津风沙源区在实践中探索出多种防治风沙危害的措施，主要有植物治沙、机械沙障固沙、封沙育草、机械沙障与栽植灌木相结合等。目前在评价沙障固沙技术实施效果时采用的指标不够科学和全面，本书基于文献频次法和层次分析法共筛选出 14 项二级指标和 25 项三级指标，构建出沙障固沙技术评价指标体系。该指标体系以技术效益为主导，兼顾功能性和应用性综合评价，从而对京津风沙源区沙障固沙技术进行全面评价。采用分层模糊积分模型对 6 种沙障固沙技术进行综合评价和排序，最终筛选出麦草沙障、秸秆沙障、黏土沙障、砾石沙障、塑料沙障和沙袋沙障 6 种经济性、技术性能和环境效益较优的技术模式，为沙障固沙工程建设提供参考。

（5）完成了南方岩溶区石漠化治理技术评价。针对南方岩溶区石漠化问题，主要的治理措施有封育、经济林、优良牧草、石改梯、植物篱埂、整地、饲料青贮、引流截水和能源开发。针对严重的石漠化问题，本书选择对植物防护工程，坡改梯工程和封育 3 种治理模式进行评价，采用 TOPSIS 法与熵权法相结合的评价模型，利用层次分析法构建了岩溶区石漠化生态治理模式评价指标体系，并确定了各评价指标的评分标准。采用熵权法确定岩溶区石漠化生态治理模式评价指标的权重。TOPSIS 法评价结果为植物防护工程模式最佳，坡改梯工程模式次之，封育模式最末，其结果与实际情况相符合。水土保持林和经济林结合鱼鳞坑、水平阶等工程措施兼顾经济效益和生态效益，可为岩溶区石漠化问题的治理提供有效的防护。

（6）完成了黄土高原区水土流失治理技术评价。黄土高原区水土流失治理按治理范围可分为小流域综合治理技术和区域综合治理技术；按治理对象可分为坡面治理技术和沟道工程技术，矿山修复技术和水库绿化技术。本书以 6 种生态治理技术为研究对象，建立了 2 级黄土高原水土流失生态治理技术评价指标体系框架，分别从技术成熟度、技术应用难度、技术效益和技术推广潜力 4 个方面分析了影响水土流失生态治理技术的因子，共有 12 个 2 级指标；然后对梯田、坝地、造林、种草、经济林、封育 6 种生态治理技术实证分析，根据各指标间的不可分辨关系实现属性约简，获得由 4 个一级指标、7 个二级指标组成的黄土高原水土流失生态治理技术评价指标体系。然后由属性重要性计算各二级指标权重，再由层次分析法得出各一级指标的权重。最后加权求和得到了 6 种生态治理技术的综合评价结果，即经济林（11.67）＞坝地（11.17）＞梯田（11.0）＞种草（9.67）＞造林（9.17）＞封育（8.67）。

（7）开展了水利行业国家重大生态工程技术评价。本书以水利工程行业中大江大河治理工程、水库枢纽工程、水资源配置工程、农村水利水电工程、水土保持工程等为主要调研对象，对这些水利工程中重大生态治理工程及所涉及的关键生态治理技术进行全面梳理，通过文献检索和实地调研，识别水利行业中重大生态治理工程和关键生态治理技术。根据关键生态治理技术识别的结果，初步选取层次分析法、模糊聚类法、专家打分法等对关键生态治理技术效果进行分析，提炼相应的评价指标，建立技术评价数据集，最终选择适合的评估方法建立水利行业重大生态治理工程中关键生态治理技术的指标评价体系。根据最终选择的技术评估方法及建立的指标评价体系，对水利行业重大生态治理工程中关键生态治理技术进行全面综合评估，主要包括生态治理技术的适用性、适用范围、治理效果等方面，利用层次分析法和专家打分法等评价系统，构建水利行业生态治理技术评价体系，筛选二级和三级评价指标，按照定性和定量相结合的原则，综合评价水利行业现有的生态治理技术，为水利行业生态建设的可持续发展和水利行业生态治理技术的推广应用提供有效技术支持。

（8）开展了交通行业国家重大生态工程技术评价。本书总结了近些年来交通行业关键生态治理技术，得到一份由 86 项技术组成的交通行业生态治理技术清单，包括公路边坡、铁路边坡、铁路取土场弃渣场以及南方丘陵区机场 4 个不同的使用场景的生态治理技术。通过一级、二级定性评价优选出 5 项技术，重点推出铁路边坡防护的沙柳＋柠条造林技术，研究表明这套技术评价体系适用于交通行业关键生态治理技术的评价。

（9）构建了重大生态工程的关键生态治理技术筛选与推荐系统。本研究通过整合上述成果中的技术清单、参数库、三级定量指标打分方法，以及三大工程两大行业生态技术评价结果，构建我国重大生态工程技术评价筛选系统。系统平台实现了生态技术精准筛选检索。提供了生态技术录入提交及自测打分依据和平台。用户可对新兴、效益良好、性价比优良的技术进行补充提交，按照系统技术参数和技术详情格式，对技术资料进行填充，并将相关材料作为附件进行上传提交。管理员在后台收集用户上传的技术资料，进行审核、编辑、校正和发布。对未在数据库中的某种生态技术实际情况进行点选，根据各指标权重，通过系统内部置入计算公式，可以计算出该项生态技术的定量评价分值。实现了检索势点分析与意见收集功能，了解用户关注的脆弱区类型、治理目的、技术类型等要素，为后续技术库的填充丰富提供参考依据。系统集合了科普宣传、技术检索、技术评价、技术上传、意见反馈等功能，为广大生态行业工作人员和科研人员提供一个科学有效的生态技术评价筛选平台。

11.2　建　　议

通过对我国重大生态工程和水利与交通行业生态工程的深入调研分析以及对其生态技术和生态模式的识别、甄别、筛选和定性与定量评价，提出了关键生态技术清单，建立了生态技术评价参数库，构建了重大生态工程关键生态技术的筛选和推介系统，为我国未来生态工程的发展提供了技术支撑，但由于生态治理的周期长、监测数据的可获取性难度大等，对生态治理技术的定量评价还有较大不确定性和不可靠性，建议未来国家继续增加经济和技术投入，不断完善重大生态工程和生态技术评价方法、评价模型和评价指标体系的可靠性和准确性，加大国际合作力度，为争取形成具有全球认可的国际化、规范化的评价指标体系而努力，不断提高我国的生态治理话语权和国际影响力。

参 考 文 献

［ 1 ］ 王宗军．综合评价的方法、问题及其研究趋势［J］．管理科学学报，1998，1（1）：75 - 79．

［ 2 ］ 顾基发．综合评价方法［M］．北京：中国科学技术出版社，1990：22 - 26．

［ 3 ］ 章穗，张梅，迟国泰．基于熵权法的科学技术评价模型及其实证研究［J］．管理学报，2010，7（1）：34 - 42．

［ 4 ］ 章穗．基于科学发展观的科学技术评价模型研究［D］．大连：大连理工大学，2014．

［ 5 ］ 顾雪松，迟国泰，程鹤．基于聚类-因子分析的科技评价指标体系构建［J］．科学学研究，2010，28（4）：508 - 514．

［ 6 ］ 石宝峰，迟国泰，章穗．基于矩阵距离时序赋权的科学技术评价模型及应用［J］．运筹与管理，2014，23（1）：166 - 178．

［ 7 ］ 谈毅，全允桓．中国科技评价体系的特点、模式及发展［J］．科学学与科学技术管理，2004（5）：15 - 18．

［ 8 ］ 曹卫兵．可再生能源产业技术评价与选择研究［D］．北京：北京交通大学，2011．

［ 9 ］ 黄光群，韩鲁佳，刘贤，等．农业机械化工程集成技术评价体系的建立［J］．农业工程学报，2012，28（16）：74 - 79．

［10］ 陈源泉，隋鹏，高旺盛．不同方法对保护性耕作的生态评价结果对比［J］．农业工程学报，2014，30（6）：80 - 87．

［11］ 翟治芬，王兰英，孙敏章，等．基于 AHP 与 Rough Set 的农业节水技术综合评价［J］．生态学报，2012，32（3）：931 - 941．

［12］ 贺诚，朱美玲．区域尺度农业高效节水技术效益评价指标体系研究［J］．节水灌溉，2013（12）：79 - 83．

［13］ 朱兴业，袁寿其，刘建瑞，等．轻小型喷灌机组技术评价主成分模型及应用［J］．农业工程学报，2010，26（11）：98 - 102．

［14］ 张庆华，白玉慧，倪红珍．节水灌溉方式的优化选择［J］．水利学报，2002（1）：47 - 51．

［15］ 路振广，杨宝中，张玉顺．节水灌溉工程的技术综合评价［J］．中国农村水利水电，2002（5）：26 - 28．

［16］ 刘玉甫，张明，王蓓．塔里木盆地节水灌溉综合效益评价及灌溉方式优化筛选［J］．南水北调与水利科技，2009，7（2）：70 - 72．

［17］ 王锦国，周志芳，袁永生．可拓评价方法在环境质量综合评价中的应用［J］．河海大学学报，2002，30（1）：15 - 18．

［18］ 刘扬，杨玉楠，王勇．层次分析法在我国小城镇分散型生活污水处理技术综合评价中的应用［J］．水利学报，2008，39（9）：1146 - 1150．

［19］ 张文静，董维红，苏小四，等．地下水污染修复技术综合评价［J］．水资源保护，2006，22（5）：1 - 4．

［20］ 郭伟，全向春，马楠．基于层次分析法的白洋淀水环境治理技术综合评价［J］．广州化工，2011，39（5）：126 - 130．

［21］ 沈丰菊，张克强，李军幸，等．基于模糊积分模型的农村生活污水处理模式综合评价方法［J］．农业工程学报，2014，30（15）：272 - 280．

［22］ 要杰，张越．模糊层次分析法在保定市城镇污水处理技术综合评价中的应用［J］．环境工程，

2103，31（3）：132－135.

［23］郭劲松，杨渊，方芳．西部小城镇污水处理技术评价指标体系研究［J］．重庆大学学报（社会科学版），2005，11（2）：14－17.

［24］赵翠，杨继富，潘丽雯，等．农村供水消毒技术评价指标与方法研究［J］．中国农村水利水电，2015（10）：104－107.

［25］徐得潜，夏鲲鹏．乡村河道生态修复技术评价与选择［J］．水土保持通报，2017，37（6）：184－188.

［26］张萍，卢少勇，潘成荣．基于层次-灰色关联法的洱海农业面源污染控制技术综合评价［J］．科技导报，2017，35（9）：50－55.

［27］刘有发．基于AHP的垃圾转运站的垃圾渗滤液处理技术综合评价［J］．科技论文与案例交流，2015（6）：77.

［28］龙腾锐，赵欣，林于廉，等．M－AHP－熵权组合赋权法在垃圾渗滤液处理技术评价中的应用［J］．环境工程学报，2010，4（11）：2455－2460.

［29］赵云皓，卢然，孙宁，等．重金属污染防治技术综合评价方法案例研究［J］．环境科学与技术，2013，36（6L）：414－418.

［30］国家环境保护总局．国家环境技术管理体系建设规划［EB/OL］．2007－09－29［2009－10－05］．http：//www.china environment.com.Administration of State Environmental Protection.

［31］清华大学．环境保护最佳可行技术评估指标体系［R］．北京：清华大学，2009.

［32］Charnes A，Cooper W W，Rhodes E.Measuring the efficiency of decision making units［J］.European Journal of Operational Research，1978，（2）：429－444.

［33］何小群．现代统计分析方法［M］．北京：中国人民大学出版社，1998，215－344.

［34］Saaty TL.Fundamentals of Decision Making and Priority Theory with the Analytic Hierarchy Process［M］.Princeton：RWS Publications，1994：35－127.

［35］Schen KS.Avoiding rank reversal in AHP decision support models［J］.European Journal of Operational Research，1994，74：4607－4619.

［36］孟海波，赵立欣，徐义田，等．用粗糙集理论评价生物质固体成型燃料技术的研究［J］．农业工程学报，2008，24（3）：198－202.

［37］刘越，孟海波，沈玉君，等．基于模糊层次分析法的生物燃气产业竞争力评价模型及应用［J］．农业工程学报，2016，32（z1）：275－283.

［38］徐庆福，王立海．现有生物质能转换利用技术综合评价［J］．森林工程，2007，23（4）：8－11.

［39］王德元，陈汉平，杨海平，等．生物质能利用技术综合评价研究［J］．能源工程，2009（1）：25－29.

［40］缪曹富，陆华山．基于AHP－FL模型的河道不同类型护坡技术综合评价［J］．水利规划与设计，2017，8：21－24.

［41］北京师范大学．环境无害化技术评价模型研制报告［R］．北京：北京师范大学，2000.

［42］邱立新，雷仲敏，周田君．洁净煤技术的评价方法研究——以煤炭气化技术的分析与评价为例［J］．洁净煤技术，2006（1）：5－8.

［43］中国科学技术信息研究所．能源技术领域分析报告（2008）［M］．北京：科技文献出版社，2008.

［44］谢双蔚，王铁宇，吕永龙，等．基于AHP的POPs污染控制技术评价方法研究［J］．环境工程学报，2012，6（2）：692－698.

［45］高新红，张玉华，张林霖．城市生活垃圾填埋场渗滤液处理工程实例［J］．环境科学与管理，2005，30（3）：80－81.

［46］RENOUS S，GIVAUDAN J G，POULAIN S，et al.Land fill leachate treatment：Review and opportunity [J]. Journal of Hazardous Materials，2008，150（3）：468-493.

［47］ ELLIS K V，TANG S L. Waste water treatment optimization model for developing world Ⅱ：Model testing [J]. Journal of Environmental Engineering Division，1994，120（3）：610-624.

［48］ POCH M，COMAS J，RODRIGUEZ-RODAL，et al. Designing and building real environmental decision support systems [J]. Environmental Modelling and Software，2004，19（9）：857-873.

［49］ 赵云皓，卢然，孙宁，等．重金属污染防治技术综合评价方法案例研究 [J]. 环境科学与技术，2013，36（6L）：414-418.

［50］ 龙腾锐，赵欣，林于廉，等．M-AHP-熵权组合赋权法在垃圾渗滤液处理技术评价中的应用 [J]. 环境工程学报，2010，4（11）：2455-2460.

［51］ 孙振钧，孙永明．我国农业废弃物资源化与农村生物质能源利用的现状与发展 [J]. 中国农业科技导报，2006，8（1）：6-13.

［52］ 彭靖．对我国农业废弃物资源化利用的思考 [J]. 生态环境学报，2009，18（2）：794-798.

［53］ 程序．中国农业有机废弃物利用中的创新和存在的问题 [J]. 农业工程学报，2002，18（5）：1-6.

［54］ 宋成军，张玉华，李冰峰．农业废弃物资源化利用技术综合评价指标体系与方法 [J]. 农业工程学报，2011，27（11）：289-293.

［55］ 周玮，黄波，管大海．农业固体废弃物肥料化技术模糊综合评价 [J]. 中国农学通报，2015，31（29）：129-135.

［56］ HWANG C L，Md Aasud AS. Multiple Objective Decision-Making Methods and Applications [M]. Berlin：Spring Verlag Press，1979. 2-325.

［57］ LICHTENBERG FANK R. Issues in measuring industrial R&D [J]. Research Policy，1990，19（1）：157-163.

［58］ CHARNES A，COOPER W W，RHODES E. Measuring the efficiency of decision making units [J]. European Journal of Operational Research，1978，（2）：429-444.

［59］ COOPER W W，TONE K. Measures of inefficiency in data envelopment analysis and stochastic frontierestimation [J]. European Journal of Operational Research，1997，（2）：72-78.

［60］ 李建政，王迎春，王立刚，等．农田生态系统温室气体减排技术评价指标 [J]. 应用生态学报，2015，26（1）：297-303.

［61］ 许建华．基于熵权未确知测度模型的烟气脱硫技术综合评价 [J]. 华北电力大学学报，2010，37（3）：69-73.

［62］ 俞珠峰，陈贵峰，杨丽．中国洁净煤技术评价方法及评价模型 CCTM [J]. 煤炭学报，2006，31（4）：515-519.

［63］ 刘有发．基于 AHP 的垃圾转运站的垃圾渗滤液处理技术综合评价 [J]. 科技论文与案例交流，2015（6），77.

［64］ 王军霞，官建成．复合 DEA 方法在测度企业知识管理绩效中的应用 [J]. 科学学研究，2002，（1）：84-88.

［65］ 陈衍泰，陈国宏，李美娟．综合评价方法分类及研究进展 [J]. 管理科学学报，2004，（2）：69-79.

［66］ 王书吉．大型灌区节水改造项目综合后评价指标权重确定及评价方法研究 [D]. 西安：西安理工大学，2009.

［67］ 环保部．《关于强化建设项目环境影响评价事中事后监管的实施意见》答记者问 [J]. 资源节约与环保，2018，（3）：4-5.

［68］ 杜一平．重大科技决策事后评价机制研究——以内部行政法为视角 [J]. 行政论坛，2015，22（6）：79-83.

［69］　闫东宇．东海县水生态文明城市建设后评价研究［D］.扬州：扬州大学，2019.

［70］　骆汉，胡小宁，谢永生，等．生态治理技术评价指标体系［J］.生态学报，2019，39（16）：5766-5777.

［71］　甄霖，王继军，姜志德，等．生态技术评价方法及全球生态治理技术研究［J］.生态学报，2016，36（22）：7152-7157.

［72］　徐国劲．重大生态工程规划设计关键问题研究［D］.西安：西北农林科技大学，2019.

［73］　胡小宁，谢晓振，郭满才，等．生态技术评价方法与模型研究——理论模型设计［J］.自然资源学报，2018，33（7）：1152-1164.

［74］　笪儒扣．绿地生态技术研究现状文献分析［D］.南京：南京林业大学，2011.

［75］　齐磊，唐权．多案例文献荟萃分析法的提出及其研究思路［J］.北京航空航天大学学报（社会科学版），2019，32（2）：139-145.

［76］　U ARSHAD，M G ZENOBI，C R STAPLES，J E P SANTOS. Meta-analysis of the effects of supplemental rumen-protected choline during the transition period on performance and health of parous dairy cows［J］.Journal of Dairy Science，2020，103（1）.

［77］　ANA ISABEL CORREGIDOR-SÁNCHEZ，ANTONIO SEGURA-FRAGOSO，MARTA RODRÍGUEZ-HERNÁNDEZ，JUAN JOSÉ CRIADO-ALVAREZ，JAIME GONZÁLEZ-GONZALEZ，BEGOÑA POLONIO-LÓPEZ. Can exergames contribute to improving walking capacity in older adults A systematic review and meta-analysis［J］.Maturitas，2020，132.

［78］　PATRIZIO PETRONE，JAVIER PEREZ-CALVO，COLLIN E M BRATHWAITE，SHAHIDUL ISLAM，D'ANDREA K JOSEPH. Traumatic kidney injuries：A systematic review and meta-analysis［J］.International Journal of Surgery，2020，74.

［79］　KNIGHT SOPHIE，AGGARWAL RAJESH，AGOSTINI AUBERT，LOUNDOU ANDERSON，BERDAH STÉPHANE，CROCHET PATRICE. Development of an objective assessment tool for total laparoscopic hysterectomy：A Delphi method among experts and evaluation on a virtual reality simulator［J］.PloS one，2018，13（1）：e0190580. doi：10.1371/journal.pone.0190580.

［80］　陈曦，曾亚武．基于层次分析法和模糊理论水库大坝安全综合评价［J］.水利与建筑工程学报，2017，15（6）：95-100.

［81］　康雅琼．基于模糊综合评价法的房地产项目风险评估研究［J］.重庆科技学院学报（社会科学版），2018（1）：68-72.

［82］　汤荣志，段会川，孙海涛．SVM训练数据归一化研究［J］.山东师范大学学报（自然科学版），2016，31（4）：60-65.

［83］　刘华崟，孙春雨，张方舟，等．基于粗集理论的气测录井数据归一化处理［J］.计算机技术与发展，2015，25（7）：189-192，197.

［84］　罗玉彬，牛冉雯．样本数据归一化对GPS高程转化结果的影响分析［J］.测绘通报，2013（8）：33-35.

［85］　王新志，陈伟，祝明坤．样本数据归一化方式对GPS高程转换的影响［J］.测绘科学，2013，38（6）：162-165.

［86］　符学葳．基于层次分析法的模糊综合评价研究和应用［D］.哈尔滨：哈尔滨工业大学，2011.

［87］　田军，张朋柱，王刊良，等．基于德尔菲法的专家意见集成模型研究［J］.系统工程理论与实践，2004（1）：57-62，69.

［88］　徐蔼婷．德尔菲法的应用及其难点［J］.中国统计，2006（9）：57-59.

［89］　邓雪，李家铭，曾浩健，等．层次分析法权重计算方法分析及其应用研究［J］.数学的实践与认识，2012，42（7）：93-100.

［90］　郭金玉，张忠彬，孙庆云．层次分析法的研究与应用［J］.中国安全科学学报，2008（5）：

148 – 153.

［91］ 常建娥，蒋太立.层次分析法确定权重的研究［J］.武汉理工大学学报（信息与管理工程版），2007（1）：153 – 156.

［92］ 金菊良，魏一鸣，丁晶.基于改进层次分析法的模糊综合评价模型［J］.水利学报，2004（3）：65 – 70.

［93］ 宋小敏，张国防，邢淑兰，等.基于数据挖掘的课程相关性分析方法［J］.山西财经大学学报，2012，34（S3）：240，257.

［94］ 冯启磊，王红瑞，白颖，等.中国农业产出水平的影响因素分析［J］.安徽师范大学学报（自然科学版），2010，33（3）：276 – 280.

［95］ 张晶，王景平，刘书忠.基于典型相关分析法的县域土地利用结构研究［J］.安徽农业科学，2008（1）：257 – 259.

［96］ 许雪燕.模糊综合评价模型的研究及应用［D］.成都：西南石油大学，2011.

［97］ 江高.模糊层次综合评价法及其应用［D］.天津：天津大学，2005.

［98］ 吴丽萍.模糊综合评价方法及其应用研究［D］.太原：太原理工大学，2006.

［99］ 叶珍.基于AHP的模糊综合评价方法研究及应用［D］.广州：华南理工大学，2010.

［100］ HUIDONG WANG，JINLI YAO，JUN YAN，Mingguang Dong. An Extended TOPSIS Method Based on Gaussian Interval Type – 2 Fuzzy Set［J］. International Journal of Fuzzy Systems，2019，21（6）.

［101］ SAMIRA YOUSEFZADEH，KAMYAR YAGHMAEIAN，AMIR HOSSEIN MAHVI，SIMIN NASSERI，NADALI ALAVI，RAMIN NABIZADEH. Comparative analysis of hydrometallurgical methods for the recovery of Cu from circuit boards：Optimization using response surface and selection of the best technique by two – step fuzzy AHP – TOPSIS method［J］. Journal of Cleaner Production，2019.

［102］ JING ZHAO，YAOQI DUAN，XIAOJUAN LOU. Study on the policy of replacing coal – fired boilers with gas – fired boilers for central heating based on the 3E system and the TOPSIS method：A case in Tianjin，China［J］. Energy，2019，189.

［103］ 王晨晖，袁颖，周爱红，等.基于粗糙集优化支持向量机的泥石流危险度预测模型［J］.科学技术与工程，2019，19（31）：70 – 77.

［104］ 黄迪森.基于粗糙集和可拓论的泉州市水资源风险评估［J］.黑龙江水利科技，2019，47（10）：193 – 196，234.

［105］ 张红霞，吴桐桐，冷雪亮.基于粗糙集理论的模糊聚类算法研究［J］.软件，2019，40（9）：156 – 163.

［106］ 杜彭.基于粗糙集对港口通航环境的评价指标体系的筛选［J］.中国水运（下半月），2019，19（8）：141 – 142.

［107］ 王健羽.基于熵权物元可拓理论的工程建设项目评标模型研究［D］.重庆：重庆交通大学，2015.

［108］ 唐棠.基于物元可拓模型的农村土地综合整治可行性评价研究［D］.北京：中国地质大学（北京），2014.

［109］ 李凯.基于物元可拓模型的水闸工程安全评价研究［D］.哈尔滨：东北农业大学，2013.

［110］ 鲁璐.基于物元可拓模型的土地整理综合效益评价研究［D］.武汉：华中师范大学，2012.

［111］ 李向东，李南.基于物元可拓分析的高新技术产业安全研究［J］.科学学与科学技术管理，2009，30（2）：142 – 147.

［112］ 吕洪德.城市生态安全评价指标体系的研究［D］.哈尔滨：东北林业大学，2005.

［113］ 陈衍泰.基于方法集的组合评价研究［D］.福州：福州大学，2004.

［114］ 黄晓霞．Web 技术在供电系统模拟仿真中的应用分析 ［J］．舰船科学技术，2019，41（12）：73－75．

［115］ 王伟．太阳能耦合热泵供能回热干燥系统模拟仿真及实验研究 ［D］．昆明：云南师范大学，2018．

［116］ 李题印．商务网络信息生态链价值流动机理及评价研究 ［D］．长春：吉林大学，2019．

［117］ 基于 ArcGIS Engine 的土地资源承载力评价系统设计与实现 ［D］．银川：宁夏大学，2019．

［118］ 袁超群．基于 FLUENT 的建筑排水系统模拟仿真分析 ［J］．电子测试，2014（12）：106－108．

［119］ 叶娟，陈君梅．基于 Matlab 的水田激光平地机系统模拟仿真 ［J］．电子测试，2014（8）：44－46．

［120］ 郭肇娴．Linux 操作系统模拟仿真教学软件的研究与设计 ［J］．装备制造技术，2009（2）：184－185．

［121］ 倪铮．基于 Anylogic 的奥运场馆物流系统模拟仿真 ［D］．北京：北京交通大学，2009．

［122］ 惠若瑾，黄明．SBR 工艺的 MATLAB 动态系统模拟仿真研究 ［J］．安徽建筑大学学报，2016，24（6）：57－60，66．

［123］ 吴海英．高速公路收费系统模拟仿真设计与实现 ［J］．电子技术与软件工程，2015（17）：67．

［124］ 马千惠．基于 BP 的浙江省海洋生态环境安全的评价 ［D］．舟山：浙江海洋大学，2019．

［125］ 陈霞．基于 FLUENT 的建筑排水系统模拟仿真分析 ［D］．天津：天津大学，2012．

［126］ 王岩．基于动态综合评价法的生态护坡方案优选分析 ［J］．水土保持应用技术，2019（3）：12－15．

［127］ 黄燕琴．我国省域绿色竞争力的动态监测实证研究 ［D］．南昌：江西师范大学，2016．

［128］ 赵涛，猴雪．中国省域环境压力综合评价 ［J］．安全与环境学报，2015，15（3）：331－334．

［129］ 陈健鹏，马建辉，王怡君．基于多轮交互的人机对话系统综述 ［J］．南京信息工程大学学报（自然科学版），2019，11（3）：256－268．

［130］ 郭娜，王田苗，胡磊，等．ACL 重建手术增强现实导航系统的人机交互技术 ［J/OL］．计算机工程与应用：1－10 ［2020－01－04］．

［131］ 王淑倩．基于云平台的服务机器人个性化对话系统研究和设计 ［D］．济南：山东大学，2019．

［132］ 栗梦媛．基于情感交互的服务机器人对话系统研究与设计 ［D］．济南：山东大学，2018．

［133］ 杨明浩，陶建华，李昊，等．面向自然交互的多通道人机对话系统 ［J］．计算机科学，2014，41（10）：12－18，35．

［134］ AKSOY H，& KAVVAS M L. A review of hill slope and watershed scale erosion and sediment transport modes ［J］. Catena，2005，64（2），247－271.

［135］ ZOKAIB S，NASER G. Impacts of land uses on runoff and soil erosion：A case study in Hilkot watershed Pakistan ［J］. International Journal of Sediment Research，2011，26：343－352.

［136］ 尚润阳，张亚玲．燕山山区板栗林林下水土流失危害及防治建议 ［J］．海河水利，2015（3）：12－14，35．

［137］ DURÁN ZUAZO V H，MARTÍNEZ RAYA A，& AGUILAR RUIZ J. Nutrient losses by runoff and sediment from the taluses of orchard terraces ［J］. Water Air Soil Pollution，2004（153）：355－373.

［138］ BARGIEL D，HERRMANN S，JADCZYSZYN J. Using high－resolution radar images to determine vegetation cover for soil erosion assessments ［J］. Journal of Environmental Management，2013（124）：82－90.

［139］ PEREIRA P，CERDÀ A，LOPEZ A J，et al. Short－term vegetation recovery after a grassland fire in lithuania：the effects of fire severity，slope position and aspect ［J］. Land Degradation & Development，2016，27（5）：1523－1534.

[140] PARDINI, G., GISPERT, M., & DUNJO, G. Runoff erosion and nutrient depletion in five Mediterranean soils of NE Spain under different land use [J]. Science of The Total Environment, 2003 (309): 213 - 224.

[141] SIRIWARDENA, L., FINLAYSON, B. L., & MCMAHON, T. A. The impact of land use change on catchment hydrology in large catchment, The Comet River, Central Queensland, Australia [J]. Journal of Hydrology, 2006, 326, 199 - 214.

[142] VADARI T. Runoff and sediment losses from 27 upland catchments in Southeast Asia: Impact of rapid land use changes and conservation practices [J]. Agriculture, Ecosystems & Environment, 2008, 128 (4), 225 - 238.

[143] SUN W, SHAO Q, LIU J, et al. Assessing the effects of land use and topography on soil erosion on the Loess Plateau in China [J]. Catena, 2014 (121): 151 - 163.

[144] YESILONIS I, SZLAVECZ K, POUYAT R, et al. Historical land use and stand age effects on forest soil properties in the Mid - Atlantic US [J]. Forest Ecology and Management, 2016 (370): 83 - 92.

[145] ZIADAT F M, TAIMEH A Y. Effect of rainfall intensity, slope, land use and antecedent soil moisture on soil erosion in an arid environment [J]. Land Degradation & Development, 2013, 24 (6): 582 - 590.

[146] SOMCHAI, D., & CHAIYUTH, C. Effects of rainfall intensity and slope gradient on the application of vetiver grass mulch in soil and water conservation [J]. International Journal of Sediment Research, 2012 (27): 168 - 177.

[147] VAN DIJK, AIJM, & BRUIJNZEEL, LA. Terrace erosion and sediment transport model: a new tool for soil conservation planning in bench - terraced steep lands [J]. Environmental Modelling & Software, 2003 (18): 839 - 850.

[148] CHEN D, WEI W, CHEN LD. Effects of terracing practices on water erosion control in China: A meta - analysis [J]. Earth - Science Reviews, 2017 (173): 109 - 121.

[149] CHEN H, ZHANG X, ABLA M, et al. Effects of vegetation and rainfall types on surface runoff and soil erosion on steep slopes on the Loess Plateau, China [J]. Catena, 2018 (170): 141 - 149.

[150] FANG, H W & RODI W. Three dimensional calculations of flow and suspended sediment transport in the neighborhood of the dam for the Three Gorges Project reservoir in the Yangtze River [J]. Journal of Hydraulic Research, 2003, 41 (4): 379 - 394.

[151] FANG, H W & WANG, G Q. Three - dimensional mathematical mode for suspended sediment transport [J]. Journal of Hydraulic Engineering, ASCE, 2000, 126 (8), 578 - 592.

[152] SHI, H. L., HU, C. H., WANG, Y. G., LIU, C., & LI, H. M. Analyses of trends and causes for variations in runoff and sediment load of the Yellow River [J]. International Journal of Sediment Research, 2017, 32 (2): 171 - 179.

[153] BOCHET E, POESSEN J, RUBIO JL. Runoff and soil loss from individual plants of a semi - arid Mediterranean scrubland, influence of plant morphology and rainfall intensity [J]. Earth Surface Processes and Landforms, 2006 (31): 536 - 549.

[154] DEFERSHA M B, MELESSE A M. Effect of rainfall intensity, slope and antecedent moisture content on sediment concentration and sediment enrichment ratio [J]. Catena, 2012 (90): 47 - 52.

[155] RAN Q, SU D, LI P, et al. Experimental study of the impact of rainfall characteristics on runoff generation and soil erosion [J]. Journal of Hydrology, 2012 (424): 99 - 111.

[156] SILES P, VAAST P, DREYER E, et al. Rainfall partitioning into throughfall, stemflow and in-

terception loss in a coffee（Coffea arabica L.）monoculture compared to an agroforestry system with Inga densiflora [J]. Journal of Hydrology，2010，395（1-2）：39-48.

[157] VAEZI A R，AHMADI M，CERDÀ A. Contribution of raindrop impact to the change of soil physical properties and water erosion from semi-arid rainfalls [J]. Science of The Total Environment，2017（583）：382-392.

[158] WANG B，STEINER J，ZHENG F，et al. Impact of rainfall pattern on interrill erosion process [J]. Earth Surface Processes and Landforms，2017，42（12）：1833-1846.

[159] XU X M，ZHENG，F L，WILSON G V，et al. Upslope inflow，hillslope gradient，and rainfall intensity impacts on ephemeral gully erosion [J]. Land Degradation & Development，2017（28）：2623-2635.

[160] YAN Y，DAI Q，YUAN Y，et al. Effects of rainfall intensity on runoff and sediment yields on bare slopes in a karst area，SW China [J]. Geoderma，2018（330）：30-40.

[161] YU Y，WEI W，CHEN LD，et al. Quantifying the effects of precipitation，vegetation，and land preparation techniques on runoff and soil erosion in a Loess watershed of China [J]. Science of The Total Environment，2018（652）：755-764.

[162] WISCHMEIR，W H. A rainfall erosion index for a Universal Soil-Loss Equation [J]. Proceedings of the Soil Science Society of America，1959（23）：246-249.

[163] WISCHMEIR，W H. Rainfall erosion potential [J]. Agricultural Engineering，1962（42）：212-215，225.

[164] ZHANG X C，WANG Z L. Interrill soil erosion processes on steep slopes [J]. Journal of Hydrology，2017（548）：652-664.

[165] 姜培坤，徐秋芳，邬奇峰，等. 施肥对板栗林土壤养分和生物学性质的影响 [J]. 浙江林学院学报，2007（4）：445-449.

[166] 姜培坤，徐秋芳，周国模，等. 种植绿肥对板栗林土壤养分和生物学性质的影响 [J]. 北京林业大学学报，2007（3）：120-123.

[167] 徐秋芳，姜培坤，邬奇峰，等. 集约经营板栗林土壤微生物量碳与微生物多样性研究 [J]. 林业科学，2007（3）：15-19.

[168] 邬奇峰，姜培坤，王纪杰，等. 板栗林集约经营过程中土壤活性碳演变规律研究 [J]. 浙江林业科技，2005（5）：9-11，18.

[169] LIU S L，DONG Y H，LI D，et al. Effects of different terrace protection measures in a sloping land consolidation project targeting soil erosion at the slope scale [J]. Ecological Engineering，2013（53）：46-53.

[170] JEMBERU W，BAARTMAN J E M，FLESKENS L，et al. Participatory assessment of soil erosion severity and performance of mitigation measures using stakeholder workshops in Koga catchment，Ethiopia [J]. Journal of Environmental Management，2018（207）：230-242.

[171] ZENEBE，A.，SIMON，L.，ROBYN，J.，WOLDE，M.，& TILAHUN，A. Impacts of soil and water conservation practices on crop yield，runoff，soil loss and nutrient loss in ethiopia：review and synthesis [J]. Environmental Management，2017（59）：87-101.

[172] AGUSTÍN R，ADRIÁN E. Clear-cut effects on chestnut forest soils from stressful conditions，lengthening of time-rotation [J]. Forest Ecology Management，2003（183）：195-204.

[173] BARGIEL D，HERRMANN S，JADCZYSZYN J. Using high-resolution radar images to determine vegetation cover for soil erosion assessments [J]. Journal of Environmental Management，2013（124）：82-90.

[174] 中国水利部. 土壤侵蚀分级标准 [S]. 北京：中国水利水电出版社，2007（9）.

[175] DE LAURENTIIS V, SECCHI M, BOS U, et al. Soil quality index: Exploring options for a comprehensive assessment of land use impacts in LCA [J]. Journal of Cleaner Production, 2018 (215): 63 – 74.

[176] ZHANG Y, WANG X, HU R, et al. Rainfall partitioning into throughfall, stemflow and interception loss by two xerophytic shrubs within a rain – fed revegetated desert ecosystem, northwestern China [J]. Journal of Hydrology, 2015 (527): 1084 – 1095.

[177] WU Y, OUYANG W, HAO Z, et al. Assessment of soil erosion characteristics in response to temperature and precipitation in a freeze – thaw watershed [J]. Geoderma, 2018 (328): 56 – 65.

[178] COSTANTINI E A C, CASTALDINI M, DIAGO M P, et al. Effects of soil erosion on agro – ecosystem services and soil functions: A multidisciplinary study in nineteen organically farmed European and Turkish vineyards [J]. Journal of Environmental Management, 2018 (223): 614 – 624.

[179] 张怀, 郝晓东, 尚润阳. 承德市密云水库上游生态清洁小流域建设探讨 [J]. 中国水土保持, 2015 (7): 16 – 19.

[180] EL KATEB H, ZHANG H, ZHANG P, et al. Soil erosion and surface runoff on different vegetation covers and slope gradients: A field experiment in Southern Shaanxi Province, China [J]. Catena, 2013 (105): 1 – 10.

[181] HUANG J, WANG J, ZHAO X N, et al. Simulation study of the impact of permanent ground cover on soil and water changes in jujube orchards on sloping ground [J]. Land Degradation and Development, 2016 (27): 946 – 954.

[182] TURRINI A, CARUSO G, AVIO L, et al. Protective green cover enhances soil respiration and native mycorrhizal potential compared with soil tillage in a high – density olive orchard in a long term study. Applied Soil Ecology, 2017 (116): 70 – 78.

[183] 高青春, 梁巨宝, 张卫华. 环山水平沟工程体系降雨侵蚀模拟试验研究 [J]. 河北水利水电技术, 2001 (2): 18 – 19.

[184] 李明田. 几种生态农业工程模式 [J]. 农村实用工程技术, 1999 (11): 18 – 19.

[185] 高见, 郭宗方, 李小新, 等. 京东板栗山地优质高效栽培技术 [J]. 果树实用技术与信息, 2019 (3): 8 – 10.

[186] WANG J, HUANG J, ZHANG X N, WU P T, HORWATH W R, LI H B, JING Z L, & CHEN X L. Simulated study on effects of ground managements on soil water and available nutrients in jujube orchards [J]. Land Degradation and Development, 2016 (27): 35 – 42.

[187] YANG Z C, ZHOU L D, SUN D F, LI H, CAO J, & LING Q M. The effect of cow dung and red bean straw dosage on soil nutrients and microbial biomass in chestnut orchards [J]. Procedia Environmental Sciences, 2011 (10): 1071 – 1077.

[188] DLAMINI P, ORCHARD C, JEWITT G, et al. Controlling factors of sheet erosion from degraded grasslands in the sloping lands of Kwa Zulu – Natal, South Africa [J]. Agricultural Water Management, 2011 (98): 1711 – 1718.

[189] EHIGIATOR O A, ANYATA B U. Effects of land clearing techniques and tillage systems on runoff and soil erosion in a tropical rain forest in Nigeria [J]. Journal of Environmental Management, 2011, 92 (11): 2875 – 2880.

[190] FRANCIA M J R, DURÁN Z V H, MARTÍNEZ R A. Environmental impact from mountainous olive orchards from different soil – management systems (SE Spain) [J]. Science of the Total Environment, 2006 (358): 46 – 60.

[191] KEESSTRA S, PEREIRA P, NOVARA A, et al. Effects of soil management techniques on soil

water erosion in apricot orchards [J]. Science of The Total Environment, 2016, 551 - 552: 357 - 366.

[192] JIN Z, DONG Y S, QI Y C, LIR W G, & AN Z S. Characterizing variations in soil particle – size distribution along a grass – desert shrub transition in the Ordos Plateau of Inner Mongolia, China [J]. Land Degradation and Development, 2013, 24 (2): 141 - 146.

[193] 刘杨, 孙志梅, 杨军, 等. 京东板栗主产区土壤氮磷钾的空间变异 [J]. 应用生态学报, 2010, 21 (4): 901 - 907.

[194] 董宛麟, 张立祯, 于洋, 等. 农林间作生态系统的资源利用研究进展 [J]. 中国农学通报, 2011, 27 (28): 1 - 8.

[195] 王颖, 袁玉欣, 裴保华, 等. 中国农林间作研究综述 [J]. 河北林业科技, 2001 (4): 18 - 22.

[196] 袁玉欣, 裴保华, 王九龄. 国外农林间作研究进展 [J]. 世界林业研究, 1998 (5): 27 - 32.

[197] 华隼. 关于农林间作的历史 [J]. 河北林学院学报, 1995 (3): 282.

[198] 丁新辉. 燕北山区板栗林地水土流失分区协同防治模式研究 [D]. 北京: 中国科学院大学 (中国科学院教育部水土保持与生态环境研究中心), 2017.

[199] 琚彤军, 刘普灵, 徐学选, 等. 不同次降雨条件对黄土区主要地类水沙动态过程的影响及其机理研究 [J]. 泥沙研究, 2007 (4): 65 - 71.

[200] 曹文洪, 张启舜, 姜乃森. 黄土地区一次暴雨产沙数学模型的研究 [J]. 泥沙研究, 1993 (1): 1 - 13.

[201] 毕华兴, 朱金兆, 张学培. 晋西黄土区小流域场暴雨径流泥沙模型研究 [J]. 北京林业大学学报, 1998, 20 (6): 14 - 19.

[202] 张明. 区域土地利用结构及其驱动因子的统计分析 [J]. 自然资源学报, 1999 (4): 381 - 384.

[203] 中国科学院兰州冰川冻土沙漠研究所沙漠研究室. 我国的沙漠及其治理 (Ⅱ) [J]. 中国科学, 1976 (5): 492 - 503, 549 - 551.

[204] 伊盟林业治沙研究所. 风力平地水力拉沙引洪淤澄治沙造田 [J]. 内蒙古林业科技, 1976 (1): 31 - 33.

[205] 苏联的治沙方法与前景 [J]. 陕西林业科技, 1978 (6): 65 - 66.

[206] 张军, 孔致祥, 管东红, 等. 污泥沙障对流动沙区植被恢复的作用 [J]. 中国沙漠, 2014, 34 (3): 747 - 751.

[207] 中国科学院兰州沙漠研究所玉门防沙组. 兰新线玉门段戈壁风沙流地区铁路沙害的治理 [J]. 中国沙漠, 1992 (2): 4 - 17.

[208] 许林书, 许嘉巍. 沙障成林的固沙工程及生态效益研究 [J]. 中国沙漠, 1996 (4): 65 - 69.

[209] 李树苹. 黄柳沙障柠条网格在水土保持中的作用及特性 [J]. 水土保持研究, 1998 (3): 126 - 128.

[210] 袁立敏, 高永, 张文军, 等. 布袋沙障对流动沙丘地表风沙和土壤湿度的影响 [J]. 科技导报, 2014, 32 (3): 71 - 76.

[211] 张登山, 吴汪洋, 田丽慧, 等. 青海湖沙地麦草方格沙障的蚀积效应与规格选取 [J]. 地理科学, 2014, 34 (5): 627 - 634.

[212] 翟庆虎, 夏小东, 何万义, 等. 宣化县黄羊滩流动沙地草方格沙障固沙技术研究 [J]. 河北林业科技, 2011 (3): 11 - 12.

[213] 蒙仲举, 任晓萌, 高永. 半隐蔽式沙柳沙障的防风阻沙效益 [J]. 水土保持通报, 2014, 34 (3): 178 - 180, 206.

[214] 甘肃省民勤治沙综合试验站. 粘土沙障的设置技术 [J]. 甘肃农业科技, 1974 (1): 8 - 15.

[215] 钟卫, 刘涌江, 杨涛. 3 种沙障防风固沙效益比较的风洞实验研究 [J]. 水土保持学报, 2008, 22 (6): 7 - 12.

[216] 王训明，陈广庭，韩致文，等．塔里木沙漠公路沿线机械防沙体系效益分析［J］．中国沙漠，1999（2）：25－32．

[217] 马学喜，王海峰，李生宇，等．两种固沙方格沙障的防护效益及地形适应性对比［J］．水土保持通报，2015，35（3）：344－349．

[218] 马述宏，李积山．不同沙障的作用及对周围治沙的影响——以民勤县青土湖重点风沙口为例［J］．安徽农业科学，2011，39（17）：10415－10416，10541．

[219] 孙涛，刘虎俊，朱国庆，等．3种机械沙障防风固沙功能的时效性［J］．水土保持学报，2012，26（4）：12－16，22．

[220] 李凯崇，薛春晓，刘贺业，等．不同类型挡沙墙风沙防护机理的风洞实验研究［J］．铁道工程学报，2015，32（1）：17－21．

[221] 何志辉，李生宇，王海峰，等．塔克拉玛干沙漠4种结构尼龙阻沙网的防风阻沙效益对比［J］．干旱区研究，2014，31（2）：369－374．

[222] 王翔宇，丁国栋，高函，等．带状沙柳沙障的防风固沙效益研究［J］．水土保持学报，2008（2）：42－46．

[223] 马瑞，王继和，屈建军，等．不同结构类型棉秆沙障防风固沙效应研究［J］．水土保持学报，2010，24（2）：48－51．

[224] 薛智德，刘世海，许兆义，等．青藏铁路措那湖沿岸防风固沙工程效益［J］．北京林业大学学报，2010，32（6）：61－65．

[225] 王涛．走向世界的中国沙漠化防治的研究与实践［J］．中国沙漠，2001，21（1）：1－3．

[226] 中国科学院寒区旱区环境与工程研究所组．中国科学院寒区旱区环境与工程科学50年［M］．北京：科学出版社，2009：191－261．

[227] 韩致文，王涛，董治宝，等．风沙危害防治的主要工程措施及其原理［J］．地球科学进展，2004，23（1）：13－21．

[228] 刘连友，刘玉璋，李小雁，等．砾石覆盖对土壤吹蚀的抑制效应［J］．中国沙漠，1999，19（1）：60－62．

[229] 马全林，王继和，詹科杰，等．塑料方格沙障的固沙原理及其推广应用前景［J］．水土保持学报，2005，19（1）：36－39．

[230] 张克存，屈建军，俎瑞平，等．不同结构的尼龙网和塑料网防沙效应研究［J］．中国沙漠，2005，25（4）：483－487．

[231] 郭力宏，曹志伟，张玉柱，等．嫩江沙地黄柳小红柳高立式活体沙障调查与分析［J］．防护林科技，2008（4）：15－16．

[232] 李生宇，雷加强．草方格沙障的生态恢复作用——以古尔班通古特沙漠油田公路扰动带为例［J］．干旱区研究，2003，20（1）：7－10．

[233] 徐峻龄，裴章勤，王仁化．半隐蔽式麦草方格沙障防护带宽度的探讨［J］．中国沙漠，1982，2（3）：16－23．

[234] 修竹奇，刘明义，刘艳军，等．植物网格沙障防风固沙试验研究［J］．中国水土保持，1995（8）：33－34．

[235] 马青江，耿生莲．流沙沙障防护效益研究［J］．青海农林科技，2002（2）：10－11．

[236] 高永，邱国玉，丁国栋，等．沙柳沙障的防风固沙效益研究［J］．中国沙漠，2004（3）：111－116．

[237] 马述宏，李积山．不同沙障的作用及对周围治沙的影响——以民勤县青土湖重点风沙口为例［J］．安徽农业科学，2011，39（17）：10415－10416．

[238] 苗仁辉，郭美霞，刘银占．不同生物沙障对科尔沁流动沙丘植被恢复及土壤湿度的影响［J］．生态环境学报，2018，27（11）：1987－1992．

[239] 赵国平，胡春元，张勇，等．高立式沙柳沙障防风阻沙效益的研究［J］．内蒙古农业大学学报（自然科学版），2006（1）：59-63．

[240] ZHAO W Z，HU G L，ZHANG Z H，HE Z B．Shielding effect of oasis-protection systems composed of various forms of wind break on sand fixation in an arid region：A case study in the Hexi Corridor，northwest China［J］．Ecological engineering，2008（33）：119-125．

[241] LI X R，XIAO H L，HE M Z，ZHANG J G．Sand barriers of straw checkerboards for habitat restoration in extremely arid desert regions［J］．Ecological Engineering，2006（28）：149-157．

[242] YAN C G，WAN Q，XU Y，XIE Y L，YIN P J．Experimental study of barrier effect on moisture movement and mechanical behaviors of loess soil［J］．Engineering Geology，2018（240）：1-9．

[243] 王训明，陈广庭．塔里木沙漠石油公路半隐蔽式沙障区与流沙区沙物质粒度变化［J］．中国沙漠，196（2）：180-184．

[244] JIA R L，LI X R，LIU L C，PAN Y X，GAO Y H，WEI Y P．Effects of sand burial on dew deposition on moss soil crustin a revegetated area of the Tennger Desert，Northern China［J］．Journal of Hydrology，2014（519）：2341-2349．

[245] QU J J，ZU R P，ZHANG K C，FANG H Y．Field observations on the protective effect of semi-buried checkerboard sand barriers［J］．Geomorphology，2007（88）：193-200．

[246] 王文彪，党晓宏，张吉树，等．库布齐沙漠北缘几种机械沙障对沙丘土壤水分的影响［J］．北方园艺，2011（24）：182-185．

[247] 党晓宏，虞毅，高永，等．PLA 沙障对沙丘土壤粒径的影响分析［J］．水土保持研究，2014（2103）：16-19，24．

[248] 赵纳祺，李锦荣，温文杰，等．乌兰布和沙漠黄河段不同治理措施固沙效果研究［J］．内蒙古林业科技，2018（4401）：7-12，28．

[249] 胡小宁，谢晓振，郭满才，等．生态技术评价方法与模型研究——理论模型设计［J］．自然资源学报，2018，33（7）：1152-1164．

[250] 李茂森，王继军，陈超，等．基于 GIS 的安塞县县南沟流域农用地生态适宜性评价［J］．水土保持研究，2018，25（1）：237-242．

[251] 王玉才．人工种植梭梭在荒漠化土地中植被恢复技术［J］．农业工程，2019，9（5）：68-71．

[252] 朴起亨．几种不同材料机械沙障防风效应研究［D］．北京：北京林业大学水土保持学院，2010．

[253] 党晓宏，高永，虞毅，等．新型生物可降解 PLA 沙障与传统草方格沙障防风效益［J］．北京林业大学学报，2015（3703）：118-125．

[254] 丁爱强，谢怀慈，徐先英，等．3 种不同机械沙障设置后期对沙丘植被和土壤粒度与水分的影响［J］．中国水土保持，2018（5）：59-63，69．

[255] 张圆，李芳，屈建军，等．机械沙障组合对土壤含水量及温度的影响［J］．中国沙漠，2016（3606）：1533-1538．

[256] 张雷，洪光宇，李卓凡，等．基于层次分析法的毛乌素沙地 3 种造林模式恢复成效评价［J］．林业资源管理，2017（6）：108-112，119．

[257] 肖芳，王钟涛，高永，等．新型低压水冲植柳技术下沙障铺设方式对沙柳造林效果的影响［J］．水土保持研究，2013，20（5）：82-85．

[258] 孙浩，刘晋浩，黄青青，等．多边形草沙障防风效果研究［J］．北京林业大学学报，2017（3910）：90-94．

[259] 贾丽娜，丁国栋，吴斌，等．几种不同材料类型带状沙障防风阻沙效益对比研究［J］．水土保持学报，2010，24（1）：41-44．

[260] 符学葳．基于层次分析法的模糊综合评价研究和应用［D］．哈尔滨：哈尔滨工业大学，2011．

[261] 王书吉，费良军，雷雁斌，等．两种综合赋权法应用于灌区节水改造效益评价的比较研究［J］．

水土保持通报，2009，29（4）：138-142.

[262] 曹庆奎，刘开展，张博文．用熵计算客观型指标权重的方法［J］．河北建筑科技学院学报，2000，17（3）：40-42.

[263] 李森，魏兴琥，黄金国，等．中国南方岩溶区土地石漠化的成因与过程［J］．中国沙漠，2007（6）：918-926.

[264] 熊康宁，池永宽．中国南方喀斯特生态系统面临的问题及对策［J］．生态经济，2015，31（1）：23-30.

[265] 方塈，李仕蓉．西南喀斯特石漠化治理研究进展［J］．江苏农业科学，2017，45（20）：10-16.

[266] 陈起伟，熊康宁，兰安军．生态工程治理下贵州喀斯特石漠化的演变［J］．贵州农业科学，2013，41（7）：195-199，243.

[267] 蔡志坚，蒋瞻，陈岩，等．南方石漠化变化影响因素分析：县域石漠化治理视角——基于第二次石漠化监测并以贵州省为例［J］．江淮论坛，2015（4）：54-61.

[268] 黄云龙．南方石质山区石漠化特点及防治对策［J］．南方农业，2014，8（33）：162-163.

[269] 刘洋．喀斯特石漠化治理的水土保持效益监测评价研究［J］．贵阳：贵州师范大学，2014.

[270] 李晋，熊康宁，李晓娜．中国南方喀斯特地区水土流失特殊性研究［J］．中国农学通报，2011，27（23）：227-233.

[271] 李晋，熊康宁．我国喀斯特地区水土流失研究进展［J］．土壤通报，2012，43（4）：1001-1007.

[272] 刘发勇．石漠化综合治理管理信息系统的构建与模式推广适宜性评价［D］．贵阳：贵州师范大学，2015.

[273] 朱殊慧，梅再美，张琦．喀斯特山地植被变化的地形分异特征——以贵州安龙县为例［J］．黔南民族师范学院学报，2018，38（4）：70-74.

[274] 熊康宁，陈起伟．基于生态综合治理的石漠化演变规律与趋势讨论［J］．中国岩溶，2010，29（3）：267-273.

[275] 蒋伟．湘中岩溶石漠化生态治理造林模式研究［J］．长沙：中南林业科技大学，2012.

[276] 韦清章，高守荣，焦丽．中国南方喀斯特地区石漠化综合治理模式构建与技术支撑研究——以贵州省毕节市朝营小流域为例［J］．安徽农业科学，2014，42（22）：7579-7584，7655.

[277] 梅再美．试论喀斯特石漠化产业的构建：以贵州省为例［J］．贵州师范大学学报（自然科学版），2017，35（6）：1-8.

[278] 周文龙，熊康宁，龚进宏，等．石漠化综合治理对喀斯特高原山地土壤生态系统的影响［J］．土壤通报，2011，42（4）：801-807.

[279] 张浩，熊康宁，苏蒙蒙，等．岩溶山区石漠化草畜治理工程区域对策分析——以花江顶坛小流域为例［J］．中国草地学报，2013，35（6）：4-8.

[280] 王代懿．喀斯特石漠化生态治理试验示范与监测评价［D］．贵阳：贵州师范大学，2005.

[281] 颜萍．喀斯特石漠化治理的水土保持模式与效益监测评价［D］．贵阳：贵州师范大学，2016.

[282] 符学葳．基于层次分析法的模糊综合评价研究和应用［D］．哈尔滨：哈尔滨工业大学，2011.

[283] 盛茂银，刘洋，熊康宁．中国南方喀斯特石漠化演替过程中土壤理化性质的响应［J］．生态学报，2013，33（19）：6303-6313.

[284] 隋晓丹．基于改进的 TOPSIS 法的水土保持生态工程水土保持效益评价［J］．黑龙江水利科技，2019，47（5）：212-215.

[285] CHENG Y T, LI P, XU G C, LI Z B, GAO H D, ZHAO B H, WANG T, WANG F C, CHENG S D. Effects of soil erosion and land use on spatial distribution of soil total phosphorus in small watershed on the Loess Plateau, China [J]. Soil and Tillage Research, 2018 (18): 142-152.

[286] XU Y, YANG B, TANG Q, LIU G B, LIU P L. Analysis of comprehensive benefits of tra

ming slope farmland to terraces on the Loess Plateau: A case study of the Yangou Watershed in Northern Shaanxi Province, China [J]. Journal of Mountain Science, 2011, 8 (3): 448 – 457.

[287] FU B J, ZHAO W W, CHEN L D, ZHANG Q J, LÜ Y H, GULINCK H, POESEN J. Assessment of soil erosion at large watershed scale using RUSLE and GIS: A case study in the Loess Plateau of China [J]. Land Degradation & Development, 2005, 16 (1): 73 – 85.

[288] WEI Y H, He Z, LI Y J, JIAO J Y, ZHAO G J, MU X M. Sediment yield deduction from check – dams deposition in the weathered sandstone watershed on the north Loess Plateau, China [J]. Land Degradation & Development, 2016, 28 (1): 217 – 231.

[289] KOSMOWSKI F. Soil water management practices (terraces) helped to mitigate the 2015 drought in Ethiopia [J]. Agricultural Water Management, 2018 (204): 11 – 16.

[290] BU C F, CAI Q G, NG S L, CHAU K C, DING S W. Effects of hedgerows on sediment erosion in Three Gorges Dam area, China [J]. International Journal of Sediment Research, 2008, 23 (2): 119 – 129.

[291] EHIGIATOR O A, ANYATA B U. Effects of land clearing technologies and tillage systems on runoff and soil erosion in a tropical rain forest in Nigeria [J]. Journal of Environmental Management, 2011, 92 (11): 2875 – 2880.

[292] SUN H, TANG Y, XIE J S. Contour hedgerow intercropping in the mountains of China: A review [J]. Agroforestry Systems, 2008, 73 (1): 65 – 76.

[293] TU, A, XIE, S, YU, Z, LI, Y, NIE, X. Long – term effect of soil and water conservation measures on runoff, sediment and their relationship in an orchard on sloping red soil of southern China [J]. Plos One 2018, 13 (9), e0203669.

[294] WEI, W, FENG, X, YANG, L, CHEN, L. D, FENG, T. J, CHEN, D. The effects of terracing and vegetation on soil moisture retention in a dry hilly catchment in China [J]. Science of The Total Environment 2019 (647): 1323 – 1332.

[295] WOLKA K, MULDER J, BIAZIN B. Effects of soil and water conservation technologies on crop yield, runoff and soil loss in Sub – Saharan Africa: A review [J]. Agricultural Water Management, 2018 (207): 67 – 79.

[296] XIONG M Q, SUN R H, CHEN L D. Effects of soil conservation technologies on water erosion control: A global analysis [J]. Science of The Total Environment, 2018 (645): 753 – 760.

[297] ZOKAIB S, NASER G. Impacts of land uses on runoff and soil erosion: A case study in Hilkot watershed, Pakistan [J]. International Journal of Sediment Research, 2011, 26 (3): 343 – 352.

[298] FANG H Y. Impact of land use change and dam construction on soil erosion and sediment yield in the black soil region, northeastern China [J]. Land Degradation & Development, 2017, 28 (4): 1482 – 1492.

FANG T J, WEI W, CHEN L D, SASKIA D K, YU Y. Effects of land preparation and lantings of vegetation on soil moisture in a hilly loess catchment in China [J]. Land Degradation & elopment, 2017, 29 (5): 1427 – 1441.

IYIWA K, HARRIS D, FILHO W L, GWENZI W, NYAMANGARA J. An assessment of lder soil and water conservation practices and perceptions in contrasting agro – ecological re-imbabwe [J]. Water Resources and Rural Development, 2017 (9): 1 – 11.

D, HERRMANN S, JADCZYSZYN J. Using high – resolution radar images to deter-on cover for soil erosion assessments [J]. Journal of Environmental Management, – 90.

E S, SAMARAKOON K K, ADIKARI S B, HEWAWASAM T. Impact of soil

9

and water conservation measures on soil erosion rate and sediment yields in a tropical watershed in the Central Highlands of Sri Lanka [J]. Applied Geography, 2017 (79): 103 – 114.

[303] FAN J, YAN L J, ZHANG P, ZHANG G. Effects of grass contour hedgerow systems on controlling soil erosion in red soil hilly areas, southeast China [J]. International Journal of Sediment Research, 2015, 30 (2): 107 – 116.

[304] JEMBERU W, BAARTMAN J E M, FLESKENS L, RITSEMA C J. Participatory assessment of soil erosion severity and performance of mitigation measures using stakeholder workshops in Koga catchment, Ethiopia [J]. Journal of Environmental Management, 2018 (207): 230 – 242.

[305] LEMANN T, ZELEKE G, AMSLER C, GIOVANOLI L, SUTER H, ROTH V. Modelling the effect of soil and water conservation on discharge and sediment yield in the upper Blue Nile basin, Ethiopia [J]. Applied Geography, 2016 (73): 89 – 101.

[306] LI Z J, LI X B, XU Z M. Impacts of water conservancy and soil conservation measures on annual runoff in the Chaohe River basin during 1961 – 2005 [J]. Journal of Geographical Sciences, 2010, 20 (6): 947 – 960.

[307] MAETENS W, POESEN J, VANMAERCKE M. How effective are soil conservation technologies in reducing plot runoff and soil loss in Europe and the Mediterranean [J]. Earth – Science Reviews, 2012, 115 (1 – 2): 21 – 36.

[308] LIN C W, TU S H, HUANG J J, CHEN Y B. The effect of plant hedgerows on the spatial distribution of soil erosion and soil fertility on sloping farmland in the purple – soil area of China [J]. Soil and Tillage Research, 2009, 105 (2): 307 – 312.

[309] MAETENS W, VANMAERCKE M, POESEN J, JANKAUSKAS B, JANKAUSKIENE G, IONITA I. Effects of land use on annual runoff and soil loss in Europe and the Mediterranean [J]. Progress in Physical Geography, 2012, 36 (5): 599 – 653.

[310] MANGO N, MAKATE C, TAMENE L, MPONELA P, NDENGU G. Awareness and adoption of land, soil and water conservation practices in the Chinyanja Triangle, Southern Africa [J]. International Soil and Water Conservation Research, 2017, 5 (2): 122 – 129.

[311] HU X N, SI M Z, LUO H, GUO M C, WANG J J. The method and model of ecological technology evaluation [J]. Sustainability, 2019 (11): 886.

[312] NEKHAY O, ARRIAZA M, BOERBOOM L. Evaluation of soil erosion risk using Analytic Network Process and GIS: A case study from Spanish mountain olive plantations [J]. Journal of Environmental Management 2009, 90 (10): 3091 – 3104.

[313] OKEYO A I, MUCHERU – MUNA M, MUGWE J, et al. Effects of selected soil and water conservation technologies on nutrient losses and maize yields in the central highlands of Kenya [J]. Agricultural Water Management 2014 (137): 52 – 58.

[314] PAROISSIEN J B, DARBOUX F, COUTURIER A, et al. A method for modeling the effects of climate and land use changes on erosion and sustainability of soil in a Mediterranean watershed (Languedoc, France)   [J]. Journal of Environmental Management 2015 (150): 57 – 68.

[315] SCHÖNBRODT – STITT S, BEHRENS T, SCHMIDT K, SHI X, SCHOLTEN T. Degradation of cultivated bench terraces in the Three Gorges Area: Field mapping and data mining [J]. Ecological Indicators 2013 (34): 478 – 493.

[316] Z PAWLAK. Rough sets [J]. International Journal of computer and information science, 1982 (11): 34.

[317] 张啸尘. 水利工程对河流生态系统胁迫问题的对策研究 [J]. 水利科技与经济, 2007, 13 (4):

267 - 268.

[318] 赵进勇,董哲仁,孙东亚.河流生物栖息地评估研究进展 [J].科技导报,2008,26 (17):
82 - 88.

[319] 赵谊,孙显春,蔡大咏.马马崖一级水电站过鱼措施研究 [J].水电勘测设计,2011 (3):
25 - 28.

[320] 赵志轩,严登华,翁白莎,等.南水北调西线工程建坝取水对坝下沼泽湿地水文影响初步研究
[J].水利水电技术,2011,42 (4):1 - 5.

[321] 周建波,袁丹红.东江建库后生态环境变化的初步分析 [J].水力发电学报,2001 (4):
108 - 116.

[322] 周鹏.项目验收与后评价 [M].北京:机械工业出版社,2007.

[323] 周小愿.水利水电工程对水生生物多样性的影响与保护措施 [J].中国农村水利水电,
2009 (11):144 - 146.

[324] 朱立琴,姜翠玲.新建水库蓄水初期富营养化发生机理研究 [D].徐州:中国矿业大学出版
社,2013.

[325] 曹珊珊.生态水利工程设计在水利建设中的运用 [J].现代农业科技.2021 (4):149 - 150.

[326] 杨晓彤,徐景涛.人工湿地污水处理技术研究进展 [J].科技创新,2021 (1):5 - 6.

[327] 古力娜,温艳萍.湿地生态系统服务功能价值评估研究 [J].中国农学通报,2013,29 (8):
165 - 168.

[328] 付磊,蒋应洪,崔小民.山区机场工程水土流失特点与防治措施研究——以贵州黎平机场改扩
建工程为例 [J].水土保持应用技术,2016 (4):27 - 29.

[329] 黎军,林延鹏.土工格栅 (格网) 在公路边坡防护及路基中的应用 [J].公路,2000 (9):
9 - 11.

[330] 田英.土工格栅护坡的运用及地基处理方案的选择 [J].科技情报开发与经济,2012,22 (9):
131 - 133.

[331] 王玮晶.土工格栅及生态袋在生态护坡中的应用 [J].水利科技与经济,2011,17 (7):
97,104.

[332] 王安会,李大华.高铁路基中三维排水柔性生态加筋土挡墙施工技术 [J].建筑技术,2013,
44 (6):524 - 527.

[333] 荣文文.内蒙古大塔-何家塔铁路风沙路基综合防护体系 [J].中国沙漠,2019,39 (4):
129 - 138.

[334] 张琳琳,张艳,吴林川,等.浑善达克沙地公路取土场边坡不同植被恢复模式效果评价 [J].绿
色科技,2019 (22):13 - 16,25.

[335] 赵名彦,丁国栋,罗俊宝,等.沙地公路取土场植被恢复模式与效果分析 [J].水土保持研究,
2009,16 (1):191 - 195.

[336] 李月,齐实.不同生态脆弱区机场建设项目的生态治理技术 (英文) [J].Journal of Resources
and Ecology,2017,8 (4):405 - 412.

[337] 付磊,蒋应洪,崔小民.山区机场工程水土流失特点与防治措施研究——以贵州黎平机场改扩
建工程为例 [J].水土保持应用技术,2016 (4):27 - 29.